教育部高等学校电子信息类专业教学指导委员会规划教材
高等学校电子信息类专业系列教材·新形态教材

数字信号处理
——使用Python分析与实现 新形态版

周治国 编著

清华大学出版社
北京

内容简介

《数字信号处理——使用 Python 分析与实现(新形态版)》是一本面向工程技术人员、高校学生及对数字信号处理感兴趣的读者的专业图书。本书以 Python 语言为工具,对数字信号处理的基本概念、理论和方法进行了系统的阐述,并提供了大量的编程实例来加深理解。

全书共分为 7 章,内容涵盖了数字信号处理概述、离散时间信号和系统分析、离散傅里叶变换、快速傅里叶变换、数字滤波器的结构、无限冲激响应滤波器设计和有限冲激响应滤波器设计。

本书的特点在于将 Python 编程与数字信号处理相结合,使理论与实践相结合,提高读者的学习效率;提供丰富的编程实例,帮助读者深入理解数字信号处理的概念和方法;强调工程应用,使读者能够将所学知识应用于解决实际问题;内容新颖,反映了数字信号处理领域的最新发展。

本书适用于高等院校通信与信息系统、电子科学与技术、电子信息工程等相关专业的本科生和研究生,也可作为通信、雷达信号处理、生物医学信号处理等相关领域工程技术人员的参考资料。通过学习,读者可掌握运用 Python 进行数字信号处理的相关分析和实现方法。

版权所有,侵权必究。举报: 010-62782989,beiqinquan@tup.tsinghua.edu.cn。

图书在版编目(CIP)数据

数字信号处理: 使用 Python 分析与实现: 新形态版 / 周治国编著. -- 北京: 清华大学出版社, 2025.2. --(高等学校电子信息类专业系列教材). -- ISBN 978-7-302-68434-3

Ⅰ.TN911.72

中国国家版本馆 CIP 数据核字第 2025X25C66 号

策划编辑: 刘 星
责任编辑: 李 锦
封面设计: 刘 键
责任校对: 李建庄
责任印制: 沈 露

出版发行: 清华大学出版社
网　　址: https://www.tup.com.cn, https://www.wqxuetang.com
地　　址: 北京清华大学学研大厦 A 座　　邮　编: 100084
社 总 机: 010-83470000　　邮　购: 010-62786544
投稿与读者服务: 010-62776969, c-service@tup.tsinghua.edu.cn
质量反馈: 010-62772015, zhiliang@tup.tsinghua.edu.cn
课件下载: https://www.tup.com.cn,010-83470236

印 装 者: 三河市铭诚印务有限公司
经　　销: 全国新华书店
开　　本: 185mm×260mm　　印 张: 17.75　　字 数: 429 千字
版　　次: 2025 年 4 月第 1 版　　印 次: 2025 年 4 月第 1 次印刷
印　　数: 1~1500
定　　价: 59.00 元

产品编号: 100521-01

前言
PREFACE

数字信号处理是一门工程性、技术性和实践性很强的课程。随着开源软件的发展，Python 语言以其简洁性、易读性以及可扩展性，被广泛地应用于数字信号处理的课程教学和实验中。Python 标准库命名接口清晰、文档良好，很容易学习和使用。Python 社区提供了大量的第三方模块，使用方式与标准库类似。第三方模块功能强大，可覆盖科学计算、Web 开发、数据库接口、图形系统等多个领域，并且大多成熟且稳定。SciPy 是一个开源的 Python 算法库和数学工具包，它基于 NumPy 科学计算库，用于数学、科学、工程学等领域。SciPy 包含的模块有最优化、线性代数、积分、插值、特殊函数、快速傅里叶变换、信号处理和图像处理、常微分方程求解和其他科学与工程中常用的计算。自 2001 年发布以来，SciPy 已经成为 Python 语言中科学算法的行业标准。Python 完全免费，众多开源的科学计算库都提供了 Python 的调用接口。用户可以在任何计算机上免费安装 Python 及其绝大多数扩展库。

本书配以 Python 代码示例，由浅入深地向读者介绍数字信号处理的相关知识及其应用。本书共分 7 章。

第 1 章数字信号处理概述，介绍数字信号和系统概念，数字信号处理过程和优点，以及数字信号处理软件工具。

第 2 章离散时间信号和系统分析，介绍采样定理，离散时间信号与系统的时域分析，离散时间信号与系统的频域分析和系统函数。

第 3 章离散傅里叶变换，介绍傅里叶变换的 4 种形式：离散傅里叶级数，离散傅里叶变换的定义及性质，频域采样，用 DFT 对连续时间信号逼近的问题和窗函数与加权。离散傅里叶变换是数字信号处理两大核心内容之一，本书对其理论、性质、特点等都做了深入论述。

第 4 章快速傅里叶变换，介绍 FFT 算法的基本思想，基 2 按时间抽取的 FFT 算法，基 2 按频率抽取的 FFT 算法，实序列 FFT 算法和 FFT 的应用。

第 5 章数字滤波器的结构，介绍数字滤波器概述，无限冲激响应(Infinite Impulse Response，IIR)数字滤波器的结构和有限冲激响应(Finite Impulse Response，FIR)数字滤波器的结构。

第 6 章无限冲激响应数字滤波器设计，介绍采用常用模拟低通滤波器进行 IIR 数字滤波器设计，采用脉冲响应不变变换法和双线性变换法从模拟滤波器设计数字滤波器。

第 7 章有限冲激响应数字滤波器，介绍线性相位 FIR 数字滤波器的特点，FIR 数字滤波器的窗函数设计法和频率采样设计法。

每章都配以 Python 代码为示例，引导读者通过编程的方式来准确地理解数字信号处理的相关知识及其应用。此外，本书在 GitHub 上提供了 Python 信号处理程序示例源代码,方便读者下载阅读和调试运行。

配 套 资 源

- **程序代码等资源**：扫描目录上方的"配套资源"二维码下载。
- **教学课件、教学大纲等资源**：到清华大学出版社官方网站本书页面下载,或者扫描封底的"书圈"二维码在公众号下载。
- **微课视频(470分钟,32集)**：扫描书中相应章节中的二维码在线学习。
- **大模型智能助教**：该智能体基于智谱清言平台,使用说明详见"配套资源"。

注：请先扫描封底刮刮卡中的文泉云盘防盗码进行绑定后再获取配套资源。

由于编者水平有限,书中难免存在不足,恳请广大读者批评指正。

编 者

2025 年 1 月

微课视频清单

序号	视频名称	时长/min	书中位置
1	1-数字信号处理概述	13	第1章章首
2	2-1-连续时间信号的取样及取样定理	30	2.1节节首
3	2-2-离散时间信号的表示及运算规则	10	2.2.1节节首
4	2-3-离散时间线性非时变系统	12	2.2.4节节首
5	2-4-离散时间信号和系统的频域分析	20	2.3.1节节首
6	2-5-DTFT的对称性质	17	2.3.2节节首
7	2-6-z变换	8	2.3.4节节首
8	2-7-拉普拉斯变换、傅里叶变换与z变换关系	6	2.3.5节节首
9	2-10-系统函数	16	2.4节节首
10	3-1-傅里叶变换的几种形式	17	3.1节节首
11	3-2-离散傅里叶级数(DFS)	18	3.2节节首
12	3-3-离散傅里叶变换(DFT)	10	3.3节节首
13	3-4-a-离散傅里叶变换的性质	18	3.4.1节节首
14	3-4-b-离散傅里叶变换的性质	26	3.4.8节节首
15	3-4-c-离散傅里叶变换的性质	10	3.4.9节节首
16	3-4-d-离散傅里叶变换的性质	14	3.4.10节节首
17	3-5-频域采样	9	3.5节节首
18	3-6-用DFT对连续时间信号逼近的问题	11	3.6节节首
19	3-7-加权技术与窗函数	8	3.7节节首
20	4-1-DFT运算效率问题	11	4.1节节首
21	4-2-按时间抽取的FFT算法	21	4.2节节首
22	4-3-按频率抽取的FFT算法	16	4.3节节首
23	4-6-实序列的FFT算法	7	4.4节节首
24	4-8-FFT的应用	7	4.5节节首
25	5-1-数字滤波器概述	12	5.1节节首
26	5-2-数字滤波器的结构	30	5.2节节首
27	5-3-IIR数字滤波器设计-模拟低通滤波器	16	6.1节节首
28	5-4-IIR数字滤波器-脉冲响应不变换法	18	6.2节节首
29	5-5-IIR数字滤波器-双线性变换法	10	6.3节节首
30	5-7-FIR数字滤波器-线性相位	14	7.1节节首
31	5-8-FIR数字滤波器-窗函数设计法	17	7.2节节首
32	5-9-FIR数字滤波器-频率采样设计法	18	7.3节节首

目 录
CONTENTS

配套资源

第 1 章　数字信号处理概述 ·················· 1

▶ 视频讲解：13 分钟，1 集

　1.1　信号和系统 ·································· 1
　1.2　数字信号处理过程 ························ 2
　1.3　数字系统的优点 ···························· 2
　1.4　数字信号处理软件工具 ·················· 3

第 2 章　离散时间信号和系统分析 ·········· 5

▶ 视频讲解：119 分钟，8 集

　2.1　采样定理 ······································ 5
　　2.1.1　信号的采样 ··························· 5
　　2.1.2　信号的恢复 ························· 11
　2.2　离散时间信号与系统的时域分析 ··· 13
　　2.2.1　序列表示及运算 ·················· 13
　　2.2.2　典型序列 ···························· 15
　　2.2.3　序列的周期性 ····················· 18
　　2.2.4　卷积运算 ···························· 19
　　2.2.5　系统的稳定性和因果性 ········ 23
　2.3　离散时间信号与系统的频域分析 ··· 24
　　2.3.1　系统的频率响应 ·················· 24
　　2.3.2　离散时间傅里叶变换 ··········· 28
　　2.3.3　对称性术语 ························· 30
　　2.3.4　z 变换 ································ 32
　　2.3.5　拉普拉斯变换、傅里叶变换及 z 变换间关系 ············ 37
　2.4　系统函数 ····································· 40
　　2.4.1　系统函数的定义 ·················· 40
　　2.4.2　系统函数和差分方程的关系 ·· 40
　　2.4.3　系统函数的收敛域 ··············· 41
　　2.4.4　系统频率响应的几何确定法 ·· 42

2.4.5 无限冲激响应系统与有限冲激响应系统 ……………………………… 49
2.5 习题 …………………………………………………………………………… 50

第3章 离散傅里叶变换 ……………………………………………………………… 54

▶ 视频讲解：141分钟，10集

3.1 4种傅里叶变换 …………………………………………………………………… 54
    3.1.1 非周期连续时间信号的傅里叶变换 …………………………………… 54
    3.1.2 周期连续时间信号的傅里叶变换 ……………………………………… 55
    3.1.3 非周期离散时间信号的傅里叶变换 …………………………………… 55
    3.1.4 周期离散时间信号的傅里叶变换 ……………………………………… 56
3.2 离散傅里叶级数 …………………………………………………………………… 57
    3.2.1 离散傅里叶级数变换的推导 …………………………………………… 57
    3.2.2 傅里叶级数的主要性质 ………………………………………………… 59
3.3 离散傅里叶变换 …………………………………………………………………… 62
    3.3.1 DFT只有N个独立的复值 …………………………………………… 62
    3.3.2 DFT隐含周期性 ………………………………………………………… 63
    3.3.3 DFT是连续傅里叶变换的近似 ………………………………………… 63
3.4 离散傅里叶变换的性质 …………………………………………………………… 64
    3.4.1 线性特性 ………………………………………………………………… 64
    3.4.2 离散傅里叶逆变换的另一个公式 ……………………………………… 64
    3.4.3 对称定理 ………………………………………………………………… 66
    3.4.4 反转定理 ………………………………………………………………… 66
    3.4.5 序列的总和 ……………………………………………………………… 66
    3.4.6 序列的始值 ……………………………………………………………… 66
    3.4.7 延长序列的离散傅里叶变换 …………………………………………… 67
    3.4.8 序列的圆周移位 ………………………………………………………… 68
    3.4.9 圆周卷积及其与有限长序列的线性卷积关系 ………………………… 72
    3.4.10 圆周相关定理 …………………………………………………………… 82
    3.4.11 帕塞瓦尔定理 …………………………………………………………… 83
    3.4.12 离散傅里叶变换的奇偶性及对称性 …………………………………… 84
    3.4.13 可将离散傅里叶变换看作一组滤波器 ………………………………… 89
    3.4.14 DFT与z变换 …………………………………………………………… 92
3.5 频域采样 …………………………………………………………………………… 93
    3.5.1 对$X(z)$采样时采样点数的限制 ……………………………………… 93
    3.5.2 $X(z)$的内插公式 ……………………………………………………… 94
3.6 用DFT对连续时间信号逼近的问题 ……………………………………………… 96
    3.6.1 计算的变换与所需变换间相对数值的确定 …………………………… 96
    3.6.2 计算的变换与所需变换间的误差 ……………………………………… 97
3.7 窗函数和加权 ……………………………………………………………………… 99
    3.7.1 加权 ……………………………………………………………………… 100
    3.7.2 常用的窗函数 …………………………………………………………… 102
3.8 习题 ………………………………………………………………………………… 120

第 4 章　快速傅里叶变换 ·············· 124

▶ 视频讲解：62 分钟，5 集

4.1　DFT 效率问题 ·············· 124
4.1.1　直接计算 DFT ·············· 124
4.1.2　改善 DFT 效率的基本途径 ·············· 125

4.2　按时间抽取的 FFT 算法 ·············· 126
4.2.1　算法原理 ·············· 126
4.2.2　按时间抽取的 FFT 算法与直接计算 DFT 运算量的比较 ·············· 132
4.2.3　按时间抽取的 FFT 算法的特点 ·············· 134
4.2.4　按时间抽取的 FFT 算法的若干变体 ·············· 137

4.3　按频率抽取的 FFT 算法 ·············· 139
4.3.1　算法原理 ·············· 139
4.3.2　时间抽取算法与频率抽取算法的比较 ·············· 141
4.3.3　离散傅里叶逆变换的快速算法（IFFT） ·············· 142
4.3.4　按频率抽取的 FFT 算法的若干变体 ·············· 143

4.4　实序列 FFT 算法 ·············· 143
4.4.1　问题的提出 ·············· 143
4.4.2　一个 N 点 FFT 同时运算两个 N 点实序列 ·············· 143
4.4.3　一个 N 点的 FFT 一个 $2N$ 点的实序列 ·············· 144

4.5　FFT 的应用 ·············· 145
4.5.1　利用 FFT 求卷积——快速卷积 ·············· 146
4.5.2　利用 FFT 求相关——快速相关 ·············· 148

4.6　习题 ·············· 148

第 5 章　数字滤波器的结构 ·············· 150

▶ 视频讲解：42 分钟，2 集

5.1　数字滤波器概述 ·············· 150
5.1.1　滤波器的技术指标 ·············· 151
5.1.2　数字滤波器的设计过程 ·············· 152

5.2　无限冲激响应数字滤波器的结构 ·············· 153
5.2.1　直接型 ·············· 153
5.2.2　级联型 ·············· 159
5.2.3　并联型 ·············· 162

5.3　有限冲激响应数字滤波器的结构 ·············· 165
5.3.1　直接型 ·············· 165
5.3.2　级联型 ·············· 167
5.3.3　线性相位的 FIR 系统网络结构 ·············· 169
5.3.4　频率采样型 ·············· 171

5.4　习题 ·············· 175

第 6 章　无限冲激响应数字滤波器设计 ·············· 177

▶ 视频讲解：44 分钟，3 集

6.1　模拟原型滤波器 ·············· 178
6.1.1　巴特沃斯滤波器 ·············· 179

6.1.2　切比雪夫滤波器 ………………………………………………………………… 183
　　6.1.3　从模拟滤波器设计数字滤波器的方法 …………………………………………… 192
6.2　脉冲响应不变变换法 ……………………………………………………………………… 192
　　6.2.1　变换原理 …………………………………………………………………………… 192
　　6.2.2　模拟滤波器的数字化 ……………………………………………………………… 194
　　6.2.3　逼近的情况 ………………………………………………………………………… 197
　　6.2.4　优缺点 ……………………………………………………………………………… 197
　　6.2.5　用脉冲响应不变变换法设计数字巴特沃斯滤波器 ……………………………… 197
6.3　双线性变换法 ……………………………………………………………………………… 201
　　6.3.1　变换原理 …………………………………………………………………………… 201
　　6.3.2　模拟滤波器的数字化 ……………………………………………………………… 202
　　6.3.3　逼近的情况 ………………………………………………………………………… 203
　　6.3.4　优缺点 ……………………………………………………………………………… 204
　　6.3.5　用双线性变换法设计数字切比雪夫滤波器 ……………………………………… 206
　　6.3.6　用双线性变换法设计数字巴特沃斯滤波器 ……………………………………… 211
6.4　习题 ………………………………………………………………………………………… 213

第7章　有限冲激响应数字滤波器设计 ……………………………………………………… 216

▶视频讲解：49分钟，3集

7.1　线性相位FIR数字滤波器 ………………………………………………………………… 216
　　7.1.1　频率响应特点 ……………………………………………………………………… 216
　　7.1.2　零点位置 …………………………………………………………………………… 229
7.2　窗函数设计法 ……………………………………………………………………………… 230
　　7.2.1　设计原理 …………………………………………………………………………… 230
　　7.2.2　矩形窗截断的影响 ………………………………………………………………… 231
　　7.2.3　窗口修正 …………………………………………………………………………… 235
　　7.2.4　设计步骤与存在问题 ……………………………………………………………… 246
7.3　频率采样设计法 …………………………………………………………………………… 255
　　7.3.1　设计原理 …………………………………………………………………………… 255
　　7.3.2　线性相位约束条件 ………………………………………………………………… 256
　　7.3.3　过渡带采样的优化设计 …………………………………………………………… 257
　　7.3.4　频率采样的两种方法 ……………………………………………………………… 258
7.4　习题 ………………………………………………………………………………………… 271

参考文献 ……………………………………………………………………………………… 272

第1章 数字信号处理概述

数字信号处理(Digital Signal Processing,DSP)是一门涉及信号的数字化以及使用数字计算方法来改进信号的学科,它是在 20 世纪 60 年代随着计算机和集成电路技术的发展而兴起的,特别是在半导体技术取得突破性进展后,数字信号处理的硬件基础得以确立。数字信号处理的核心在于将模拟信号转换为数字信号,这一过程通常通过模数转换器(Analog to Digital Converter,ADC)完成。数字信号的优势在于其不易受到噪声的影响,便于存储和传输,并且可以通过软件算法进行高效的处理和分析。随着时间的推移,数字信号处理已经广泛应用于各个领域。在通信领域,数字信号处理被用于调制解调、回声消除、信号检测和编码等;在音频和语音处理中,数字信号处理用于降噪、声音合成、语音识别等任务;在图像处理领域,数字信号处理技术用于图像压缩、增强、边缘检测等;在生物医学工程中,数字信号处理帮助分析心电图、脑电图等生理信号。数字信号处理的发展也推动了相关算法的研究,包括傅里叶变换、小波变换、滤波器设计等。这些算法为信号的分析和处理提供了强大的工具。同时,随着机器学习和人工智能技术的发展,数字信号处理也开始与这些领域结合,形成了更加智能化的信号处理方法。随着 5G、物联网和大数据等技术的普及,数字信号处理在处理海量数据、实现实时信号处理和提高系统智能化方面发挥更大的作用。此外,随着量子计算等新技术的探索,数字信号处理可能会迎来新的理论和方法革新,进一步拓展其应用范围和效能。总之,数字信号处理作为一门基础而关键的技术,将持续推动科技的进步和社会的发展。

视频讲解

1.1 信号和系统

信号可以被定义为携带信息的函数,其自变量通常为时间,尽管信号的含义远不止于此。信号的自变量可以是时间,也可以是空间坐标或其他抽象变量。例如,图像信号就是以时间点和二维空间坐标为自变量的亮度函数,它描述了图像的像素强度。信号的分类通常基于时间和幅度的特性。模拟信号是在连续时间范围内定义的,其幅值可以在连续范围内取任意值。而连续时间信号则是指在给定的连续时间内,其幅值可以是连续的也可以是离散的(即幅值随时间发生跳跃式变化)。在大多数情况下,"连续时间信号"和"模拟信号"这两个术语可以互换使用,但为了避免与"模拟"(模仿)混淆,本书倾向于使用"连续时间信号"这一表述。只有在与"数字"相对比时,才会使用"模拟"这个术语。在本书的后续内容中将统一使用"连续时间信号"来指代模拟信号。离散时间信号是在一系列离散时间点上定义的信号,它通常是由模拟信号在时间上以均匀或非均匀间隔采样得到的,因此也被称为采样信号或序列。数字信号则是在时间和幅度上都经过量化处理的信号。量化是使用一组特定的数值来表示变量的过程,因此数字信号可以表示为一系列数值,而这些数值又由有限的数码组成。在很多情况下,"离散时间"和"数字"这两个术语也被用来描述同一种信号,且离散时间信号的理论同样适用于数字信号。

在科学技术的大多数领域中,信号处理都是提取信号信息的关键步骤。所有能够反映信号处理因果关系的设备或运算都可以被称为系统。信号处理系统可以根据其处理的信号类型进行分类。连续时间系统处理的是连续时间信号,而离散时间系统处理的是离散时间信号。模拟系统处理的是模拟信号,数字系统则处理数字信号。

1.2 数字信号处理过程

信号处理本质上是一种变换过程,它涉及使用数字技术对信号波形进行转换,以实现对原始信号的优化或提取有用信息。数字信号处理的目的通常是为了改善信号的特性,使其在特定应用中更为适用。包括从混合信号中分离出单独的信号成分、增强信号的特定部分或特征,或者对信号的某些参数进行估计和分析。从更广泛的角度来看,数字信号处理是一系列计算机算法的集合,它将信号处理与计算数学紧密结合,形成了计算数学的一个重要分支。信号处理可以根据处理对象的维度进行分类,包括一维信号处理和多维信号处理。一维信号处理关注单个维度上的信号,如时间序列或一维空间信号,而多维信号处理则涉及多个维度,如图像(二维)或视频(三维)信号。本书专注于一维数字信号处理的理论和方法,涵盖了信号的采样、量化、滤波、变换和分析等内容。

模拟信号的数字处理原理框图如图 1.2.1 所示。模拟信号 $x_a(t)$ 首先经预处理,滤除信号中的杂散分量后,经采样和模拟数字(A/D)转换后成为数字信号,再进行数字信号处理,处理结果以数字信号形式输出,必要时也可以经过数字/模拟(D/A)变换后再转换为模拟信号,平滑滤波后输出。

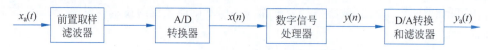

图 1.2.1　模拟信号的数字处理原理框图

1.3 数字系统的优点

尽管数字信号处理涉及模数转换、数字处理和数模转换等复杂步骤,但其经济性和必要性是显而易见的,是现在信号处理中不可或缺的一部分。作为实现数字信号处理的平台,数字系统不仅能够完成信号处理的任务,而且具有一系列显著的优势。

(1) 数字系统具有极高的精度。模拟电路的元件精度受限,而数字系统仅使用 17 位字长,就能达到非常精确的计算精度。例如,在雷达技术中的脉冲压缩应用,数字系统能够实现 35~40dB 的信噪比,远超模拟系统的能力。

(2) 数字系统的灵活性远超模拟系统。数字系统的性能主要取决于存储在系数存储器中的乘法器系数。通过改变这些系数，可以轻松地调整系统的特性，这是模拟系统难以比拟的。

（3）数字系统的可靠性更强。数字系统只有两种信号电平，对噪声和环境条件的变化不敏感。与模拟系统相比，数字系统通常采用大规模集成电路，其故障率远低于由多个分立元件构成的模拟系统。

（4）数字系统还易于实现大规模集成。数字部件的高度规范性使得大规模集成和生产变得简单高效。数字电路主要在截止饱和状态工作，对电路参数的要求不严格，因此产品的成品率高，成本逐渐降低。

（5）此外，数字系统支持时分复用，即通过一套计算设备同时处理多个通道的信号。这种技术允许多个信号共享同一套处理设备，大幅提高了处理效率和资源利用率。时分复用系统如图 1.3.1 所示。

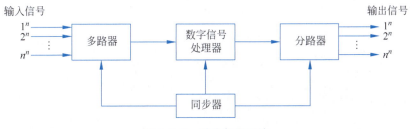

图 1.3.1　时分复用系统

随着信号处理技术的不断进步，对实时性、准确性和灵活性的要求日益提高。数字系统因其在这些方面的优势而变得越来越重要。

1.4　数字信号处理软件工具

Python，这门由 Guido van Rossum 于 1990 年初设计的编程语言，以其简洁、直观的语法和强大的可扩展性，在全球范围内获得了广泛的认可和应用。Python 最初被设计为 ABC 语言的替代品，旨在提供高效的高级数据结构和简化面向对象编程的复杂性。其动态类型和解释型语言的特性，使得 Python 成为跨平台脚本编写和快速应用开发的理想选择。

随着 Python 版本的迭代和新功能的不断增加，它已经逐步成为大型项目开发的有力工具。Python 解释器的可扩展性极高，可以通过 C 或 C++ 等语言编写的代码来增强其功能和数据类型，这使得 Python 不仅能够作为独立的软件开发语言，还能作为可定制化软件中的扩展语言。

Python 的优势在于其丰富的标准库，它为开发者提供了适用于各种系统平台的源代码和机器码。无论是基础的数据类型操作功能，还是复杂的系统管理、网络通信、文本处理、数据库接口和图形系统等功能，Python 标准库都提供了清晰命名的接口和完善的文档，易于学习和使用。

在科学计算领域，Python 的应用日益广泛。全球众多研究机构和知名大学已经采用 Python 进行科学研究和程序设计教学。Python 的第三方模块库，覆盖了科学计算、Web 开发、数据库接口和图形系统等多个领域，提供了大量成熟稳定的模块供开发者使用。

特别地，Python 在数字信号处理领域的应用尤为突出。得益于 NumPy 库、SciPy 库和

Matplotlib 库等科学计算扩展库，Python 为 DSP 提供了强大的数组处理、数值计算和数据可视化功能。NumPy 库支持高效的多维数组和矩阵运算，而 SciPy 库则在此基础上增加了线性代数、信号处理、图像处理等科学计算领域的专业功能。Matplotlib 库则使得复杂的数据可视化变得简单直观。

综上所述，Python 及其扩展库构建了一个功能全面、高效便捷的开发环境，非常适合工程技术人员和科研人员在处理实验数据、制作图表以及开发科学计算应用程序时使用。Python 的易学易用、强大功能和活跃社区，使其成为数字信号处理领域的一个重要工具。

第2章 离散时间信号和系统分析

本章基于一维信号讨论离散时间信号和信号处理系统的基本概念。离散时间信号和系统的基本理论是数字信号处理的基础。本章简要介绍连续时间信号的采样与采样定理；连续时间信号的采样内插公式；离散时间信号的表示及运算规则；离散时间线性非时变系统；离散时间信号和系统的频域分析；离散时间傅里叶变换；z 变换及其性质。

2.1 采样定理

视频讲解

2.1.1 信号的采样

对连续时间信号进行数字处理，首先需要对信号进行采样。采样器一般由电子开关组成，其工作原理如图 2.1.1(a)所示。开关每隔 T s 短暂地闭合一次，接通连续时间信号实现一次采样。每次开关闭合时间为 τ s，采样器输出一列重复周期为 T、宽度为 τ 的脉冲串。脉冲幅度等于该脉冲所在时刻相应的连续时间信号的幅度，即这组脉冲信号的幅度被原来的连续时间信号所调制。这组脉冲信号称为采样信号。图 2.1.1(b)中，$x_a(t)$ 代表输入的连续时间信号；图 2.1.1(c)中，$p(t)$ 是幅度为 1 重复周期为 T、宽度为 τ 的周期性采样脉冲；图 2.1.1(d)中，$\hat{x}(t)$ 表示采样信号。

$$\hat{x}(t) = x_a(t) p(t) \tag{2.1.1}$$

实际采样所得出的采样信号，在 τ 趋于零的极限情况下，将成为冲激函数序列，即理想采样信号，如图 2.1.2(c)所示。实际采样是不可能达到采样脉冲宽度 τ 为零的极限情况的，当采样脉冲宽度与系统中各时间常数相比是十分小的时候，采用冲激函数的假定将使分析简化。

以 $x_a(t)$ 表示连续时间信号；$\hat{x}(t)$ 表示理想冲激采样信号；冲激函数序列记作 $p_\delta(t)$，则

$$p_\delta(t) = \sum_{n=-\infty}^{\infty} \delta(t - nT) \tag{2.1.2}$$

$p_\delta(t)$ 波形如图 2.1.2(b)所示。理想采样同样可以看作连续时间信号对脉冲载波的调幅过程，因而理想冲激采样信号 $\hat{x}(t)$ 可表示为

$$\hat{x}(t) = x_a(t) p_\delta(t) = x_a(t) \sum_{n=-\infty}^{\infty} \delta(t - nT) \tag{2.1.3}$$

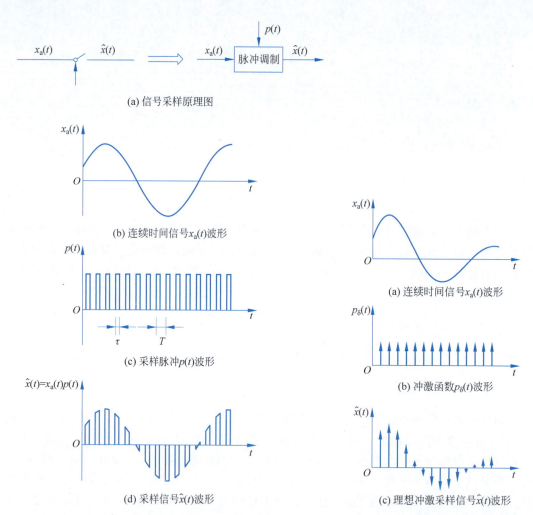

图 2.1.1 用一定宽度的脉冲进行采样　　图 2.1.2 利用理想冲激进行采样

$\delta(t-nT)$ 只有在 $t=nT$ 时非零。因此，式(2.1.3)中 $x_a(t)$ 值只有当 $t=nT$ 时才有意义，故有

$$\hat{x}(t) = \sum_{n=-\infty}^{\infty} x_a(nT)\delta(t-nT) \quad (2.1.4)$$

理想冲激采样可以看作实际采样的一种科学的本质的抽象，并更集中地反映采样过程的一切本质特性。对连续时间信号采样所得的离散时间信号能否代表并恢复成原来的连续时间信号？如能恢复，应具备哪些条件？这些问题关系到能否用数字的方法处理连续时间信号。采样定理就是用来说明这个问题的。理想采样后的信号如式(2.1.4)所示。其中，冲激函数序列 $p_\delta(t)$ 是以采样间隔 T 为周期的周期性函数，所以可用傅里叶级数展开为

$$p_\delta(t) = \sum_{n=-\infty}^{\infty} \delta(t-nT) = \sum_{m=-\infty}^{\infty} c_m e^{jm\frac{2\pi}{T} \cdot t}$$

级数的基频即采样频率 $f_s = \dfrac{1}{T}$，采样角频率 $\Omega_s = \dfrac{2\pi}{T}$。根据傅里叶级数可得

$$c_{\mathrm{m}} = \frac{1}{T}\int_{-T/2}^{T/2}\sum_{n=-\infty}^{\infty}\delta(t-nT)\mathrm{e}^{-\mathrm{j}m\frac{2\pi}{T}t}\mathrm{d}t$$

在积分区间 $\left[-\dfrac{T}{2}, \dfrac{T}{2}\right]$ 内,只有一个冲激脉冲 $\delta(t)$,而其他冲激脉冲 $\delta(t-nT)$,$(n\neq 0)$ 都在积分区间外,因此

$$c_{\mathrm{m}} = \frac{1}{T}\int_{-T/2}^{T/2}\delta(t)\mathrm{e}^{-\mathrm{j}m\frac{2\pi}{T}t}\mathrm{d}t = \frac{1}{T}$$

由此可得

$$p_{\delta}(t) = \sum_{n=-\infty}^{\infty}\delta(t-nT) = \frac{1}{T}\sum_{m=-\infty}^{\infty}\mathrm{e}^{\mathrm{j}m\frac{2\pi}{T}\cdot t} \tag{2.1.5}$$

式(2.1.5)表明冲激函数序列 $p_{\delta}(t)$ 的各次谐波的幅度都等于 $\dfrac{1}{T}$,其梳状谱的结构如图 2.1.3(b)所示。

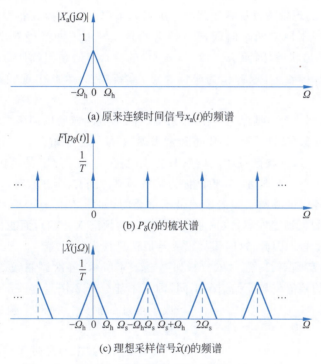

图 2.1.3 理想采样信号的频谱

理想采样信号 $\hat{x}(t)$ 的频谱为 $\hat{x}(t)$ 的傅里叶变换,即

$$\hat{X}(\mathrm{j}\Omega) = \int_{-\infty}^{\infty}\hat{x}(t)\mathrm{e}^{-\mathrm{j}\Omega t}\mathrm{d}t = \int_{-\infty}^{\infty}x_{\mathrm{a}}(t)p_{\delta}(t)\mathrm{e}^{-\mathrm{j}\Omega t}\mathrm{d}t$$

将式(2.1.5)代入得

$$\hat{X}(\mathrm{j}\Omega) = \frac{1}{T}\int_{-\infty}^{\infty}x_{\mathrm{a}}(t)\sum_{m=-\infty}^{\infty}\mathrm{e}^{\mathrm{j}m\Omega_{\mathrm{s}}t}\mathrm{e}^{-\mathrm{j}\Omega t}\mathrm{d}t$$

$$= \frac{1}{T}\sum_{m=-\infty}^{\infty}\int_{-\infty}^{\infty}x_{\mathrm{a}}(t)\mathrm{e}^{-\mathrm{j}(\Omega-m\Omega_{\mathrm{s}})t}\mathrm{d}t \tag{2.1.6}$$

原输入连续时间信号 $x_{\mathrm{a}}(t)$ 的频谱应为 $x_{\mathrm{a}}(t)$ 的傅里叶变换,即

$$X_a(j\Omega) = \int_{-\infty}^{\infty} x_a(t) e^{-j\Omega t} dt \qquad (2.1.7)$$

设 $X_a(j\Omega)$ 的频谱如图 2.1.3(a)所示，比较式(2.1.6)和式(2.1.7)，可得

$$\hat{X}(j\Omega) = \frac{1}{T} \sum_{m=-\infty}^{\infty} X_a[j(\Omega - m\Omega_s)] \qquad (2.1.8)$$

或写作

$$\hat{X}(j\Omega) = \frac{1}{T} \sum_{m=-\infty}^{\infty} X_a\left[j\left(\Omega - m\frac{2\pi}{T}\right)\right] \qquad (2.1.9)$$

由式(2.1.9)可见，一个连续时间信号经理想采样后频谱发生了两个变化：一是乘以 $\frac{1}{T}$ 因子；另一个是出现了无穷多个分别以 $\pm\Omega_s$；$\pm 2\Omega_s$…为中心的和 $\frac{1}{T}X_a(j\Omega)$ 形状完全一样的频谱，即频谱产生了周期延拓，如图 2.1.3(c)所示，因为频谱是复数，这里只画了其幅度。这种频谱周期延拓的现象也可从脉冲调制角度得到解释。根据频域卷积定理，时间上相乘的信号，其频谱相当于原来两个时间函数频谱的卷积。由于冲激函数序列 $p_\delta(t)$ 具有如图 2.1.3(b)所示的梳状谱，因而 $X_a(j\Omega)$ 与 $p_\delta(t)$ 的梳状谱的卷积就是简单地将 $X_a(j\Omega)$ 在 $p_\delta(t)$ 各次谐波坐标位置上(以此作为坐标原点)重新构图，因此出现频谱 $X_a(j\Omega)$ 的周期延拓。

由以上讨论得到一个重要结论：在时域的采样，形成频域的周期函数，其周期等于采样角频率 Ω_s。这个概念在以后的讨论中将经常出现，必须清楚理解。

$x_a(t)$ 是带限信号，其频谱只就正频率来说，限制在 $0 \leqslant \Omega \leqslant \Omega_h$ 的范围之内，Ω_h 是可能的最高频率，如图 2.1.3(a)所示，其频谱称为基带频谱。当 $\Omega_s \geqslant 2\Omega_h$ 时，理想采样信号频谱中，基带频谱以及各次谐波调制频谱彼此是不重叠的，如图 2.1.3(c)所示。这时可用一个带宽为 $\Omega_s/2$ 的理想低通滤波器，取出原信号 $x_a(t)$ 的频谱 $X_a(j\Omega)$，而滤掉它的各次调制频谱，从而恢复出原信号。因此，这时采样没有造成信息损失。

但若信号的最高频率 Ω_h 超过 $\Omega_s/2$，如图 2.1.4 所示，各次调制频谱就会互相交叠起来，有些频率部分的幅值就与原始情况不同，因而不能分开和恢复这些部分。这时，采样造成了信息的损失。频谱重叠的出现称为"混叠现象"。

理论上，如果不是带限信号，通过理想采样后，就不可避免发生混叠现象。但绝大多数实际信号是带限信号，或在超出某频率之上的成分已微弱到工程上可以忽略的程度。实际上，在很多采样数据系统中采样前常加一个保护性的前置低通滤波器，先对连续时间信号进行滤波，以保证满足带限的条件，避免高于 Ω_h 的杂散频谱进入采样器造成混叠，如图 2.1.5 所示。

由图 2.1.3(c)可见，为了避免发生混叠现象，必须使 $\Omega_s - \Omega_h \geqslant \Omega_h$，这样就得到一个很重

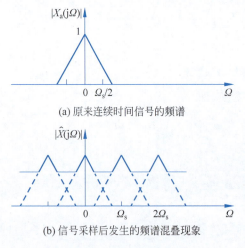

(a) 原来连续时间信号的频谱

(b) 信号采样后发生的频谱混叠现象

图 2.1.4　频谱的混叠

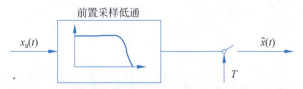

图 2.1.5　利用前置低通滤波器防止频谱混叠的产生

要的不等式

$$\Omega_s \geqslant 2\Omega_h \tag{2.1.10}$$

式(2.1.10)就是著名的香农(Shannon)采样定理。它指出采样频率必须大于或等于原模拟信号频谱中最高频率的 2 倍，则 $x_a(t)$ 可由其采样信号 $x(nT)$ 来唯一表示。

由上面讨论可知，只要满足下面条件之一就将出现混叠现象：

(1) 信号不是带限信号；

(2) 采样频率太低。

满足采样定理的采样信号，通过一个截止频率落于 Ω_h 和 $\Omega_s - \Omega_h$ 之间的低通滤波器后，即可恢复出原始信号。但是由于：

(1) 不可能制造出截止特性非常锐陡的低通滤波器，所以在 Ω_h 和 $\Omega_s - \Omega_h$ 之间需要一个保护带；

(2) 一般对频带的上限 Ω_h 有一个技术上的约定，例如指半功率点，所以当频率稍高于 Ω_h 时仍有小部分信号分量存在，在 $\Omega_s = 2\Omega_h$ 时，经过采样所产生的副瓣频谱将有一小部分和有用信号频带重叠引起失真。

采样频率必须稍大于理想的最小值，一般可取

$$\Omega_s = (2.5 \sim 3)\Omega_h \tag{2.1.11}$$

如果采样频率太高，技术实现起来比较困难。

【例 2.1】　模拟信号 $x_a(t) = \sin(2\pi f_1 t) + \cos(2\pi f_2 t)$，$f_1 = 1\text{Hz}$，$f_2 = 2\text{Hz}$ 的，以采样频率 $f_s = 16\text{Hz}$ 对 $x_a(t)$ 进行采样 16 点，分别画出模拟信号、模拟信号采样和数字序列。

```
import numpy as np
from scipy import signal

# analog filter transfer function
b_analog = np.array([1,1])                    # numerator
a_analog = np.array([1,5,6])                  # denominator
T = 0.001;fs = 1/T                            # sampling rate

# bilinear transformation method
filtz = signal.bilinear(b_analog,a_analog,fs)
display(filtz)


import numpy as np
import matplotlib.pyplot as plt

# 参数设置
fs = 16                                        # Hz
```

```python
f1 = 1                                      # Hz
f2 = 2                                      # Hz
N = 16
n = np.arange(N)
dt = 0.001                                  # 仿真步长：0.001s
t = np.arange(0, 1 + dt, dt)                # 仿真时长：2s

# 模拟信号
xt = np.sin(2 * np.pi * f1 * t) + np.cos(2 * np.pi * f2 * t)
plt.subplot(3, 1, 1)
plt.plot(t, xt)
plt.xlim(0, 1)
plt.ylim(-2, 2)
plt.xlabel('时间 s')
plt.ylabel('幅值')
plt.title('信号 x(t)')

# 模拟信号采样
plt.subplot(3, 1, 2)
plt.plot(t, xt)
plt.xlim(0, 1)
plt.ylim(-2, 2)
x = np.sin(2 * np.pi * (f1 / fs) * n) + np.cos(4 * np.pi * (f1 / fs) * n)
plt.stem(n / 16, x)
plt.xlabel('时间 s')
plt.ylabel('幅值')
plt.title('信号 x(t)')

# 数字序列
plt.subplot(3, 1, 3)
plt.stem(n, x)
plt.xlim(0, 16)
plt.ylim(-2, 2)
plt.xlabel('序列号')
plt.ylabel('序列值')
plt.title('序列 x(n)')

plt.tight_layout()
plt.show()
```

模拟信号、模拟信号采样和数字序列的图形如图 2.1.6 所示。

折叠频率 Ω_0 的定义是

$$\Omega_0 = \Omega_s/2 \quad 或 \quad f_0 = \frac{f_s}{2} = \frac{1}{2T} \tag{2.1.12}$$

折叠频率是指当利用一个采样频率为 Ω_s 或 f_s 的离散时间系统进行信号处理时，该系统所能通过的信号频谱分量中的最高频率。信号频谱中任何大于 Ω_0（或 f_0）的分量，都将以折叠频率为对称点被折叠回来，从而造成频谱的混叠。

信号中最高频率 Ω_h 称为奈奎斯特频率。理论上，能够再恢复出原信号的最小采样频率为 $\Omega_s = 2\Omega_h$，这个采样频率称为奈奎斯特采样率。

容易发生混淆的一个问题是在有些文献中将频率 $\Omega_s = 2\Omega_h$ 也称为奈奎斯特频率。因

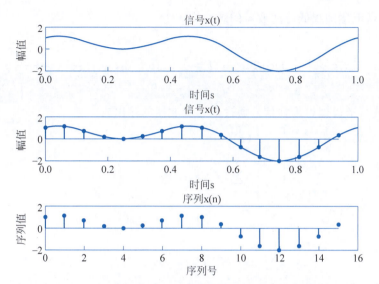

图 2.1.6 模拟信号、模拟信号采样和数字序列的图形

为 Ω_0 是进行数字信号处理时系统所能允许的最高频率，不一定就等于信号的最高频率，为避免混淆，取 IEEE 声频和电声组所建议的定义和术语，将 $\Omega_0 = \dfrac{\Omega_s}{2}$ 称为折叠频率。这些术语在数字信号处理的有关文献中经常碰到，必须明确其真实含义。

2.1.2 信号的恢复

满足采样定理后，用采样信号能否恢复出原来连续时间信号呢？

从频域看，该信号最高频率不超过折叠频率

$$X_a(j\Omega) = \begin{cases} X_a(j\Omega), & |\Omega| < \Omega_s/2 \\ 0, & |\Omega| \geqslant \Omega_s/2 \end{cases}$$

则理想采样后的频谱就不会产生混叠，故有

$$\hat{X}(j\Omega) = \frac{1}{T} \sum_{m=-\infty}^{\infty} X_a(j\Omega - jm\Omega_s)$$

$$\hat{X}(j\Omega) = \frac{1}{T} X_a(j\Omega), \quad |\Omega| < \Omega_s/2$$

让采样信号 $\hat{x}(t)$ 通过一个带宽等于折叠频率的理想低通滤波器

$$H(j\Omega) = \begin{cases} T, & |\Omega| < \Omega_s/2 \\ 0, & |\Omega| \geqslant \Omega_s/2 \end{cases}$$

采样信号的恢复如图 2.1.7 所示。滤波器只允许通过基带频谱，即原信号频谱

$$Y(j\Omega) = \hat{X}(j\Omega) H(j\Omega) = X_a(j\Omega)$$

$$y(t) = x_a(t)$$

因此在滤波器的输出端得到了恢复的原模拟信号。

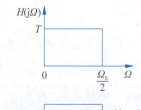

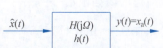

图 2.1.7 采样信号的恢复

从时域看,上述理想低通滤波器的脉冲响应为

$$h_a(t) = \frac{1}{2\pi}\int_{-\infty}^{\infty} H(j\Omega)e^{j\Omega t}d\Omega = \frac{T}{2\pi}\int_{-\frac{\Omega_s}{2}}^{\frac{\Omega_s}{2}} e^{j\Omega t}d\Omega = \frac{\sin\frac{\Omega_s}{2}t}{\frac{\Omega_s}{2}t} = \frac{\sin\frac{\pi}{T}t}{\frac{\pi}{T}t} \quad (2.1.13)$$

根据卷积公式可求得理想采样信号通过低通滤波器的输出为

$$\begin{aligned}
y(t) &= \int_{-\infty}^{\infty} \hat{x}(\tau)h_a(t-\tau)d\tau \\
&= \int_{-\infty}^{\infty} \left[\sum_{n=-\infty}^{\infty} x_a(\tau)\delta(\tau-nT)\right] h_a(t-\tau)d\tau \\
&= \sum_{n=-\infty}^{\infty} \int_{-\infty}^{\infty} x_a(\tau)h_a(t-\tau)\delta(\tau-nT)d\tau \\
&= \sum_{n=-\infty}^{\infty} x_a(nT)h_a(t-nT)
\end{aligned} \quad (2.1.14)$$

由式(2.1.13)可得

$$h_a(t-nT) = \frac{\sin\frac{\pi}{T}(t-nT)}{\frac{\pi}{T}(t-nT)} \quad (2.1.15)$$

将式(2.1.15)代入式(2.1.14)则得

$$y(t) = \sum_{n=-\infty}^{\infty} x_a(nT) \frac{\sin\frac{\pi}{T}(t-nT)}{\frac{\pi}{T}(t-nT)} = x_a(t) \quad (2.1.16)$$

式(2.1.15)的 $h_a(t-nT)$ 称为内插函数,其波形如图 2.1.8 所示,特点为在采样点 nT 上,函数值为 1,其余采样点上函数值都为零。式(2.1.16)称为采样内插公式,它可由 $\hat{X}(j\Omega)$ 逆变换求 $x_a(t)$ 来得到,请读者自行推导。

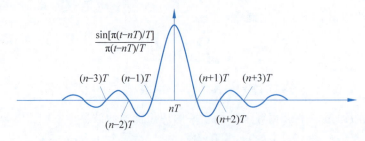

图 2.1.8 内插函数波形

采样内插公式表明只要满足采样频率高于两倍信号最高频率,连续时间函数 $x_a(t)$ 就可用它的采样值 $x_a(nT)$ 来表达而不损失任何信息。这时只要把每个采样瞬间的函数值乘以对应的内插函数 $\frac{\sin(\pi/T)(t-nT)}{(\pi/T)(t-nT)}$ 并求其总和,即可得出 $x_a(t)$,如图 2.1.9 所示。在每个采样点上,由于只有该采样值所对应的内插函数不为零,所以各采样点上的信号值不变,而采样点之间的信号则由各采样值内插函数波形延伸叠加而成。由上分析可见,这也正是理想低通滤波器 $H(j\Omega)$ 的响应过程。这样就从时域与频域两方面说明了采样定理的正确。

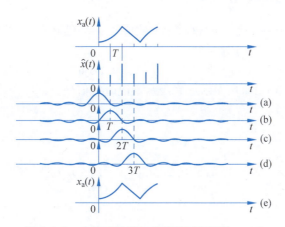

图 2.1.9 内插函数叠加成连续时间函数 $x_a(t)$

(a) $x_a(0T)\dfrac{\sin\left(\dfrac{\pi}{T}\right)(t-0T)}{\left(\dfrac{\pi}{T'}\right)(t-0T)}$；(b) $x_a(1T)\dfrac{\sin\left(\dfrac{\pi}{T}\right)(t-1T)}{\left(\dfrac{\pi}{T'}\right)(t-1T)}$；(c) $x_a(2T)\dfrac{\sin\left(\dfrac{\pi}{T}\right)(t-2T)}{\left(\dfrac{\pi}{T'}\right)(t-2T)}$；

(d) $x_a(3T)\dfrac{\sin\left(\dfrac{\pi}{T}\right)(t-3T)}{\left(\dfrac{\pi}{T'}\right)(t-3T)}$；(e) $x_a(t)=\sum\limits_{n=-\infty}^{\infty}x_a(nT)\dfrac{\sin\left(\dfrac{\pi}{T}\right)(t-nT)}{\left(\dfrac{\pi}{T'}\right)(t-nT)}$

2.2 离散时间信号与系统的时域分析

2.2.1 序列表示及运算

在采样信号的表示中，本书以等间隔的时间 nT 作为信号的变量，表明这些信号是在离散时间 nT 点上出现的。但在信号处理过程中信号存储在储存器中，可以根据需要随时取用，甚至可以把它们的时间顺序颠来倒去。并且很多情况下，信号处理是非实时的，都是先记录，后分析，因而 nT 并不代表具体的时刻而只表明离散时间信号在序列中前后位置的顺序。另外，序列可以是离散时间信号或从数字处理过程中得来的，所以序列可不必以 nT 为变量，而直接以 $x(n)$ 表示数字序列 x 的第 n 个数字，n 表示 $x(n)$ 在数字序列 x 中前后变量的序号，则序列 x 可写为

$$x=\{x(n)\} \quad -\infty<n<+\infty \tag{2.2.1}$$

$\{\}$ 是集合的符号。为避免符号的烦琐，常用序列的普遍项 $x(n)$ 或 x_n 来表示整个序列，而不常用式(2.2.1)所示的表达式。

时域离散信号也常用图形描述，如图 2.2.1 所示，用有限长线段表示数值大小。虽然横

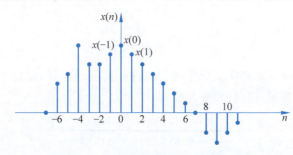

图 2.2.1 离散时间信号的图形表示

坐标画成一条连续的直线,但 $x(n)$ 仅对于整数值的 n 才有定义,而对于非整数值 n 没有定义,此时认为 $x(n)$ 为 0 是不正确的。

【例 2.2】 序列序号 N=[−3 −2 −1 0 1 2 3 4 5 6 7 8 9 10],序列值 X=[0 2 3 3 2 3 0 −1 −2 −3 −4 −5 1 2],用图示法来表示离散时间信号。

```python
import numpy as np
import matplotlib.pyplot as plt

# 序列序号和序列值
N = np.array([-3, -2, -1, 0, 1, 2, 3, 4, 5, 6, 7, 8, 9, 10])
X = np.array([0, 2, 3, 3, 2, 3, 0, -1, -2, -3, -4, -5, 1, 2])

# 绘制离散值图
plt.subplot(2, 1, 1)
plt.stem(N, X)

plt.xlabel('序列号')
plt.ylabel('序列值')

# 绘制随时间的变化
dt = 1                          # 时间间隔(采样周期)
t = N * dt                      # 时间序列
plt.subplot(2, 1, 2)
plt.plot(t, X)

plt.xlabel('时间/s')
plt.ylabel('函数值')

plt.show()
```

离散时间信号图如图 2.2.2 所示。

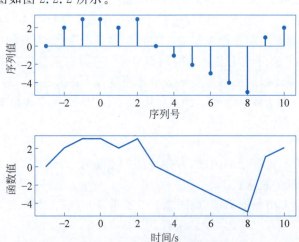

图 2.2.2　离散时间信号图

在数字信号处理中常常要在多个序列之间进行适当的运算,以得到一个新的序列。最基本的运算是序列的相加、相减、相乘及延时。

1. 两序列的积

$$x \cdot y = x(n)y(n) = w(n)$$

表示两序列同一序号(n)的序列值,逐个对应相乘所形成的新序列,其运算表示符号如图 2.2.3(a)所示。

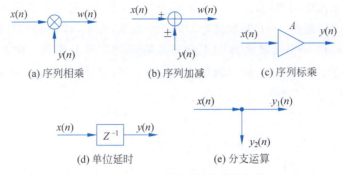

图 2.2.3 实现离散时间序列的运算

2. 序列的加减

$$x \pm y = x(n) \pm y(n) = w(n)$$

表示两序列同一序号(n)的序列值,逐个相加(或相减)所形成的新序列,其运算表示符号如图 2.2.3(b)所示。在实际实现中,同一点上可能有多于两个信号相加,这时,实现图中必须标明每一路输入信号是加还是减,否则理解为相加器的输出端为各信号的代数和。

3. 序列的标乘

$$Ax = Ax(n) = y(n)$$

表示序列 x 的每个采样值同乘以数 A 所形成的新序列,其运算符号如图 2.2.3(c)所示。

4. 序列的延时(有时也称移位)

若序列 $y(n)$ 具有下列取值

$$y(n) = x(n - n_0)$$

则称序列 $y(n)$ 是序列 $x(n)$ 经延时 n_0 个采样间隔的复现,式中 n_0 为整数。当 $n_0 = 1$ 时称单位延时,其运算符号如图 2.2.3(d)所示。由后面介绍的 z 变换性质可知,z^{-1} 表示序列的单位延时,也称位移算子。$x(n)$ 序列也可向前移(左移)n_0 位,则 $y(n) = x(n + n_0)$。

5. 分支运算

一个信号同时加到系统中两点或更多点的过程称为分支运算,其运算表示符号如图 2.2.3(e)所示,设 $x(n)$ 同时加于 $y_1(n)$,$y_2(n)$ 两点,则有

$$y_1(n) = x(n) \quad y_2(n) = x(n)$$

硬件设计时每增加一个分支,则前级必须供出更多的功率,因此对具体的数字线路来说,存在最多的分支数。

2.2.2 典型序列

下面介绍的几种常用的典型序列,在分析和表示更复杂的序列时起重要作用。

1. 单位采样序列

定义为

$$\delta(n) = \begin{cases} 1, & n = 0 \\ 0, & n \neq 0 \end{cases}$$

其在 $n=0$ 处值为单位值 1，其余点处值皆为 0，因此称为单位采样序列，如图 2.2.4(a) 所示，是最常用最重要的一种序列。它在离散时间系统中的作用，类似于单位冲激函数 $\delta(t)$ 在连续时间系统中的作用，但 $\delta(t)$ 是脉宽为零，幅度为 ∞ 的一种数学极限，并非任何现实的信号，而 $\delta(n)$ 却是在 $n=0$ 时取值为 1 的一个现实序列。由序列的延时表示法不难看出，$\delta(n-m)$ 是在 $n=m$ 时，取值为 1，其余各点取值均为零的序列。图 2.2.4(b) 给出了 $\delta(n-2)$ 的图形，显然它是 $\delta(n)$ 向右偏移 2 得到的。单位采样序列也称单位脉冲序列，或称时域离散冲激，或简称为冲激。

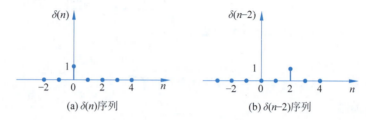

图 2.2.4　$\delta(n)$ 序列及其偏移

2. 单位阶跃序列

其定义为

$$u(n)=\begin{cases}1, & n\geqslant 0\\ 0, & n<0\end{cases}$$

其图形如图 2.2.5(a) 所示，另外 $u(-n)$ 表示 $-n\geqslant 0$ 时取值为 1 的序列，即 $n\leqslant 0$ 时函数取值为 1 的序列，如图 2.2.5(b) 所示。$u(-n-m)$ 则表示单位阶跃序列 $u(-n)$ 左移 m 点，图 2.2.5(c) 所示为 $u(-n-1)$ 的图形。

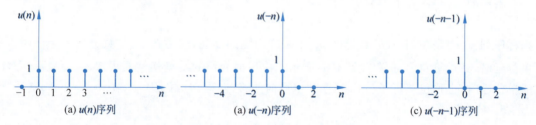

图 2.2.5　单位阶跃序列及其偏移

可用单位阶跃序列表示单位采样序列

$$\delta(n)=u(n)-u(n-1)$$

其图形如图 2.2.6 所示。

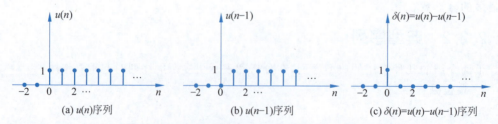

图 2.2.6　用单位阶跃序列表示单位采样序列

同样，可用单位采样序列表示单位阶跃序列，单位阶跃序列可看成由无穷多个移位的单

位采样序列叠加而成

$$u(n) = \sum_{k=0}^{\infty} \delta(n-k)$$

3. 矩形序列

$$R_N(n) = \begin{cases} 1, & 0 \leqslant n \leqslant N-1 \\ 0, & n < 0, n \geqslant N \end{cases}$$

矩形序列的图形如图 2.2.7 所示。

$R_N(n)$ 和 $u(n)$、$\delta(n)$ 的关系为

$$R_N(n) = u(n) - u(n-N) = \sum_{k=0}^{N-1} \delta(n-k)$$

4. 正弦序列

$$x(n) = \sin n\omega_0$$

ω_0 是正弦序列数字域频率,在 $\dfrac{2\pi}{\omega_0}$ 为整数或有理数时(见 2.2.3 节关于序列周期性的讨论),它反映序列按次序周期变化快慢的速率。例如 $\omega_0 = \dfrac{2\pi}{16}$,则序列值每 16 个重复一次正弦循环,若 $\omega_0 = \dfrac{2\pi}{32}$,则序列值每 32 个重复一次正弦循环。由此可见 ω_0 数值大,则序列值按次序周期变化快。正弦序列的图形如图 2.2.8 所示。

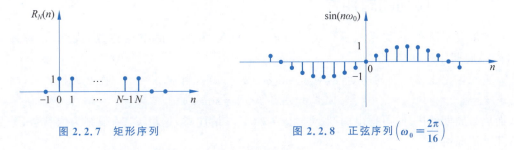

图 2.2.7 矩形序列   图 2.2.8 正弦序列 $\left(\omega_0 = \dfrac{2\pi}{16}\right)$

对连续时间正弦信号进行采样也可以得到正弦序列。例如

$$x_a(t) = \sin\Omega_0 t$$

它的采样值为

$$x(n) = x_a(nT) = \sin n\Omega_0 T$$

因此

$$\omega_0 = \Omega_0 T = \Omega_0/f_s \tag{2.2.2}$$

式(2.2.2)表明,采样正弦信号的数字域频率 ω_0 是模拟域角频率 Ω_0 rad/s 的 T 倍,或者说是模拟域角频率 Ω_0 采样频率 f_s,取归一化的值 Ω_0/f_s。以后本书以 ω 表示数字域频率,而以 Ω 及 f 表示模拟域角频率及模拟域频率。

相应地,余弦序列可表示为

$$x(n) = \cos n\omega_0$$

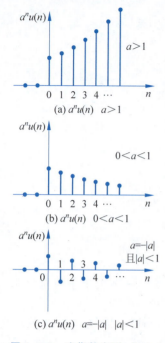

图 2.2.9 实指数序列 $a^n u(n)$

5. 实指数序列

$$x(n) = \begin{cases} a^n, & n \geq 0 \\ 0, & n < 0 \end{cases} \quad 即 \quad x(n) = a^n u(n)$$

此处 a 为实数，$|a|>1$ 时，序列是发散的，$|a|<1$ 时，序列是收敛的，a 为负时，序列是摆动的。实指数序列如图 2.2.9 所示。

6. 复指数序列

复序列的每一个序列值都是一个复数，具有实部与虚部两部分。复指数序列是最常用的一种复序列，即

$$x(n) = e^{(\sigma + j\omega_0)n}$$

展开为实部与虚部后表示为

$$x(n) = e^{\sigma n} \cos(\omega_0 n) + j e^{\sigma n} \sin(\omega_0 n)$$

可以用单独的实数部分和虚部部分两个图形来描写 $x(n)$。

复序列也可采用极坐标表示为

$$x(n) = |x(n)| e^{j \arg[x(n)]}$$

如果复指数序列的 $\sigma = 0$，则

$$|x(n)| = 1, \quad \arg[x(n)] = \omega_0 n$$

2.2.3 序列的周期性

如果对于所有 n，关系式 $x(n) = x(n+N)$（N 为某一最小正整数）成立，则称序列 $x(n)$ 是周期序列，周期为 N。

首先讨论正弦序列的周期性，对于 $\sin[\omega_0(n+N)]$，当 $\omega_0 N = 2\pi k$ 而 k 为整数时，则

$$\sin[\omega_0(n+N)] = \sin\omega_0 n$$

从而成为周期性序列，可得出周期 $N = 2\pi \cdot k/\omega_0$。请注意，这里 k,N 限制为取整数，分如下几种情况讨论。

(1) 当 $2\pi/\omega_0$ 是整数时，只要取 $k=1$，就能保证 N 是整数。显然此时 $N = 2\pi/\omega_0$，也即具有周期 $2\pi/\omega_0$。

(2) 当 $2\pi/\omega_0$ 不是整数而是有理数时，例如 $2\pi/\omega_0 = Q/P$，其中 Q/P 是互质的整数，此时只有 k 取为 P 时，才能保证 N 为整数。这时 $N = 2\pi/\omega_0 \cdot P = Q$，即正弦序列仍然是周期性的，但周期大于 $2\pi/\omega_0$。

(3) 当 $2\pi/\omega_0$ 是无理数时，则 k（整数）无论如何取值，均不能使 N 成为整数。所以此时正弦序列不是周期性的。

接着讨论复指数序列的周期性，对于复指数序列 $e^{(\sigma + j\omega_0)n} = e^{\sigma n}\cos(\omega_0 n) + je^{\sigma n}\sin(\omega_0 n)$，当 $\sigma = 0$ 时，复指数序列的周期性与正弦序列的相同。

无论正弦序列或复指数序列是否为周期性，参数 ω_0 皆称作它们的频率。

对于正弦序列或复指数序列而言，可以在一个连续数值范围内来选取频率。然而由于在 $2\pi k \leq \omega_0 \leq 2\pi(k+1)$ 范围内改变 ω_0 所获得的正弦序列或复指数序列，对于任何 k 值都

精确地恒等于在 $0\leqslant\omega_0\leqslant2\pi$ 范围内改变 ω_0 所获得的序列。因此把 ω_0 限制在连续区间 $0\leqslant\omega_0\leqslant2\pi$（或等价地限制在 $-\pi\leqslant\omega_0\leqslant\pi$ 区间）内，并不失去普遍性。

2.2.4　卷积运算

视频讲解

数字信号处理就是将输入序列变换为所要求的输出序列。本书将输入序列变换为输出序列的算法或设备称为“离散时间系统”，它们可用图 2.2.10 表示，其中 $T[\cdot]$ 用来表示这种运算关系，即如果 $x(n)$ 表示输入序列，$y(n)$ 表示输出序列，则

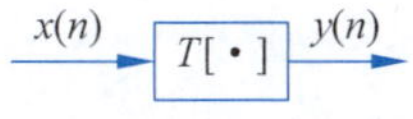

图 2.2.10　离散时间系统

$$y(n)=T[x(n)]$$

对 $T[\cdot]$ 加不同的约束条件可定义为各类离散时间系统。离散时间线性非时变系统在数学上表征比较容易，并由于它们可以设计成执行多种有用的信号处理功能，所以是离散时间系统中最重要、最常用的。

1. 线性系统

若系统在输入为 $x_1(n)$ 和 $x_2(n)$ 时，输出分别为 $y_1(n)$ 及 $y_2(n)$，即

$$y_1(n)=T[x_1(n)]$$
$$y_2(n)=T[x_2(n)]$$

则当且仅当

$$\begin{aligned}T[ax_1(n)+bx_2(n)]&=aT[x_1(n)]+bT[x_2(n)]\\&=ay_1(n)+by_2(n)\end{aligned}\tag{2.2.3}$$

时，系统为线性系统，其中 a，b 为任意常数。所以线性系统对信号满足均匀性（比例性）与叠加性。

2. 非时变系统

非时变系统是系统的运算关系 $T[\cdot]$ 在整个运算过程中不随时间（即不随序列的先后）而变化。若系统输入为 $x(n)$ 时，系统的输出为 $y(n)$，则将输入序列移动 k 位（k 为任意整数）成为 $x(n-k)$ 后加到系统，系统的输出是 $y(n)$ 移动相同的 k 位成为 $y(n-k)$，而数值保持不变。用数学表达式表示为，若

$$T[x(n)]=y(n)$$

则

$$T[x(n-k)]=y(n-k)$$

也即序列 $x(n)$ 先移位后变换与先变换后移位是等效的。非时变系统也称非移变系统。

3. 单位采样响应与卷积

所谓单位采样响应是系统输入端加入单位采样序列 $\delta(n)$ 时的输出响应序列，设其为 $h(n)$ 则

$$h(n)=T[\delta(n)]$$

如果令 $h_k(n)$ 表示系统对移位 k 步的单位采样序列 $\delta(n-k)$ 的响应，则有

$$h_k(n)=T[\delta(n-k)]\tag{2.2.4}$$

当系统仅是线性时，$h_k(n)$ 同时取决于 n 和 k，式(2.2.4)对计算系统响应用处不大。

如果对线性系统加上非时变条件，则有

$$h(n-k) = T[\delta(n-k)] \quad (2.2.5)$$

此时系统对于 $\delta(n-k)$ 的响应 $h(n-k)$，仅是系统对 $\delta(n)$ 的响应 $h(n)$ 移位 k 位的结果，此外再无其他不同。不像一般线性系统对 $\delta(n-k)$ 响应 $h_k(n)$ 同时取决于 n 和 k。

将任何一个输入序列表示为加权延时单位采样序列的线性组合

$$x(n) = \sum_{k=-\infty}^{\infty} x(k)\delta(n-k)$$

当将此任意序列加入线性非时变系统时，系统的输出为

$$y(n) = T[x(n)] = T\left[\sum_{k=-\infty}^{\infty} x(k)\delta(n-k)\right]$$

考虑到线性非时变系统满足式(2.2.3)的均匀性与叠加性及式(2.2.5)的非时变条件，因此

$$y(n) = \sum_{k=-\infty}^{\infty} x(k) T[\delta(n-k)] \quad (\text{线性系统的叠加性均匀性})$$

$$= \sum_{k=-\infty}^{\infty} x(k) h(n-k) \quad (\text{非时变性}) \quad (2.2.6)$$

所以任何离散时间线性非时变系统，完全可以通过其单位采样响应 $h(n)$ 来表示，如图 2.2.11 所示。式(2.2.6)表明系统的输出序列和输入序列之间存在卷积和的关系，称为离散卷积，记为 $y(n) = x(n) * h(n)$。为了与圆周卷积相区别，离散卷积也称为"线性卷积"或"直接卷积"，或简称"卷积"。

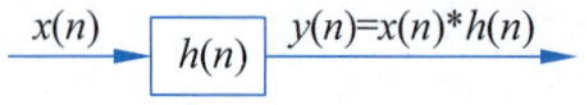

图 2.2.11　离散时间线性非时变系统

卷积是一个非常重要的运算，它除了理论上的重要性之外，还可用于实现离散时间线性非时变系统，所以不仅要知道它的意义，还应熟练掌握其运算技巧。下面举例说明卷积的计算方法。

【例 2.3】　已知输入 $x(n) = u(n) - u(n-N)$，系统的单位采样响应为

$$h(n) = \begin{cases} a^n, & n \geq 0 \\ 0, & n < 0 \end{cases} \quad \text{其中 } 0 < a < 1$$

求系统的输出，即求

$$y(n) = x(n) * h(n) = \sum_{k=-\infty}^{\infty} x(k) h(n-k)$$

观察上面卷积公式的右端可见，连加项的变量是 k，而 n 是以参变量形式出现的。一般计算卷积的基本步骤如下。

(1) 先在哑元坐标 k 上作出 $x(k)$ 和 $h(k)$，如图 2.2.12(a),(b)所示。将 $h(k)$ 以 $k=0$ 的垂直轴为轴作一个反卷得 $h(-k)$，如图 2.2.12(c)所示。

(2) 将 $h(-k)$ 位移 n 即得 $h(n-k)$，如图 2.2.12(e)所示。

(3) 再将 $h(n-k)$ 和 $x(k)$ 的对应点序列相乘，并把所有对应点的乘积叠加起来，即得 $y(n)$，如图 2.2.12(f)的 $y(4)$。

(4) 分别取 $n=0,\pm 1,\pm 2,\cdots,\pm \infty$ 各值，即可求得全部 $y(n)$ 的值，如图 2.2.12(g)所示。

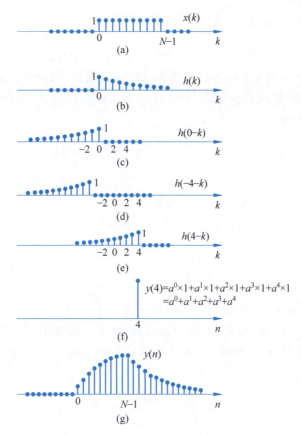

图 2.2.12 离散卷积计算过程

依据上述步骤,求解本例要求的输出响应。分成几个区间考虑。

$n<0$ 时,$x(k)$ 是在 $k=0$ 到 $N-1$ 各点处均为 1,而其余各点均为零的有限长序列。$h(k)$ 是在 $k<0$ 时均为零的右半边序列(从而 $h(-k)$ 是 $k>0$ 时全为零的左半边序列),如图 2.2.12(a)、(b)、(c)所示。对于 $h(n-k)$,当取 $n<0$ 时,由 $h(-k)$ 向左偏移了 $|n|$ 点。这样对于任何 k 点,不是 $x(k)=0$,就是 $x(k)$ 与 $h(-k)$ 同时为零,两者对应的序列相乘再求总和还是零。故得 $n<0$ 时 $y(n)=0$。

$0 \leqslant n < N$ 时,$h(n-k)$ 的右边 $(n+1)$ 个点和 $x(k)$ 由 $k=0$ 到 $k=n$ 的 $n+1$ 个点是非零的对应点。把 $x(k)$ 和 $h(n-k)$ 对应点的序列相乘,把所有对应点的乘积相加即得一点 $y(n)$ 的输出。按等比数列求和公式可得

$$y(n) = a^{n-0} \times 1 + a^{n-1} \times 1 + \cdots + a^{n-n} \times 1$$
$$= \sum_{k=0}^{n} 1 \times a^{n-k} = a^n \frac{1-a^{-(n+1)}}{1-a^{-1}} \quad 0 \leqslant n < N$$

这一区间对应着图 2.2.12(g)的上升部分。

$n \geqslant N$ 以后,由于 $k \geqslant N$ 以后,$x(k)=0$,所以和最右边的一个不为零的 $x(k)=x(n-1)=1$ 相对应的值为 $a^{n-(N-1)}=a^{n-N+1}$。然后向左分别为 a^{n-N+2},a^{n-N+3} ……直到 $k=0$ 点处对应的 $h(n-k)=a^{n-N+N}=a^n$。再往左侧由于 $x(k)=0$ 而无考虑的必要。故根据 N 项等比数列求和公式得

$$y(n) = \sum_{k=0}^{N-1} a^{n-k} = a^n \frac{1-a^{-N}}{1-a^{-1}} \quad n \geqslant N$$

这一区间对应着图 2.2.12(g)的下降部分,图中 $y(n)$ 只是示意,未按比例画出。

由上例可见,卷积运算包括 3 种基本操作,即加法、乘法和延时(存取)。因此可以借助数字计算机或数字硬件实现卷积运算。

4. 卷积运算基本规律

1) 交换律

$$y(n) = x(n) * h(n) = h(n) * x(n)$$

两个序列 $x(n),h(n)$ 在次序上究竟谁对谁卷积是无关紧要的,即一输入序列 $x(n)$ 作用到单位采样响应为 $h(n)$ 的离散时间线性非时变系统,和一个输入序列 $h(n)$ 作用到单位采样响应为 $x(n)$ 的离散时间线性非时变系统,二者输出响应相同。

2) 结合律

$$y(n) = [x(n) * h_1(n)] * h_2(n) = [x(n) * h_2(n)] * h_1(n)$$
$$= x(n) * [h_1(n) * h_2(n)]$$

式中方括号表示括在其中的两个有限序列作卷积运算。

卷积的结合律表示:级联(串联)系统的变换,在合成效果上与级联的次序无关,而且级联系统总的单位采样响应为级联子系统单位采样响应的卷积。这一特性如图 2.2.13 所示。

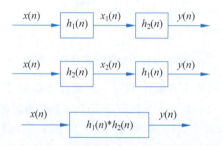

图 2.2.13 3 个离散时间线性非时变系统响应相同

3) 分配律

$$y(n) = x(n) * [h_1(n) + h_2(n)]$$
$$= x(n) * h_1(n) + x(n) * h_2(n)$$

卷积的分配律表明:两个并联系统总的单位采样响应 $h(n)$ 为各并联子系统单位采样响应之和,如图 2.2.14 所示。

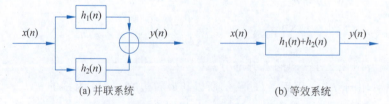

(a) 并联系统　　　　　　　　　(b) 等效系统

图 2.2.14 离散时间线性非时变系统的并联组合及等效系统

以上 3 个卷积运算的规律,利用卷积的定义,很容易证明,请读者自己证明。

2.2.5 系统的稳定性和因果性

离散时间线性非时变系统是否稳定，可否物理实现，要视系统是否满足稳定性和因果性的约束。因此还要用稳定性和因果性的约束条件来定义有重要实际意义的一类线性非时变系统。

1. 稳定系统

输入信号有界，输出信号也必定是有序的系统称为稳定系统。单位采样响应 $h(n)$ 表征着系统的特性，当 $h(n)$ 在什么条件下才能使得其所表征的系统具有输出有界的性质？线性非时变系统稳定的充分必要条件是系统的单位采样响应绝对可和，即

$$s = \sum_{n=-\infty}^{\infty} |h(n)| < \infty \tag{2.2.7}$$

证明：

充分性，若 $h(n)$ 满足式(2.2.7)，输入信号 $x(n)$ 有界，即对所有 n，$|x(n)| \leqslant M$，则输出 $y(n)$ 满足

$$|y(n)| = \left| \sum_{k=-\infty}^{\infty} h(k)x(n-k) \right| \leqslant \sum_{k=-\infty}^{\infty} |h(k)||x(n-k)|$$

$$\leqslant M \sum_{k=-\infty}^{\infty} |h(k)| < \infty$$

因此输出信号 $y(n)$ 是有界的。

必要性，用反证法，若不满足式(2.2.7)的条件，即 $\sum_{n=-\infty}^{\infty} |h(n)| = s = \infty$，则当有界输入为下式时

$$x(n) = \begin{cases} h^*(-n)/|h(-n)|, & h(n) \neq 0 \\ 0, & h(n) = 0 \end{cases} \quad (* \text{ 表示取共轭})$$

输出序列 $y(n)$ 在 $n=0$ 点的值为

$$y(0) = \sum_{k=-\infty}^{\infty} x(0-k)h(k) = \sum_{k=-\infty}^{\infty} \frac{|h(k)|^2}{|h(k)|} = s = \infty$$

即在 $n=0$ 点得到了无穷大的输出。

2. 因果系统

输出序列一定在加入输入序列之后才出现的系统，即输出变化不超前于输入变化的系统称为因果系统或物理可实现的系统。否则在时间上就违背了因果关系，因而是非因果系统，即不现实的系统。

线性非时变系统具有因果性的充分必要条件是

$$h(n) = 0, \quad n < 0 \tag{2.2.8}$$

证明：

充分性，若式(2.2.8)成立，则系统是因果的。对于线性非时变系统

$$y(n) = \sum_{k=-\infty}^{\infty} x(k)h(n-k)$$

因 $n<0$ 时，$h(n)=0$，则 $k>n$ 时，$h(n-k)=0$ 所以

$$y(n)=\sum_{k=-\infty}^{n}x(k)h(n-k)$$

输出 $y(n)$ 只和 $k\leqslant 0$ 时的 $x(k)$ 值有关，系统的输出只取决于此时及此时以前的输入，故系统是因果的。

必要性，若系统是因果的，则 $n<0$ 时，$h(n)=0$。用反正法。假如 $n<0$ 时，$h(n)\neq 0$，则 $k>n$ 时，$h(n-k)$ 就不为零，卷积

$$y(n)=\sum_{k=-\infty}^{\infty}x(k)h(n-k)=\sum_{k=-\infty}^{n}x(k)h(n-k)+\sum_{k=n+1}^{\infty}x(k)h(n-k)$$

中的和式 $\sum_{k=n+1}^{\infty}x(k)h(n-k)$ 中，至少有一项不等于零。$y(n)$ 至少和 $k>n$ 时的一个 $x(k)$ 值有关，即输出取决于未来的输入，因而是非因果系统。

在模拟系统中理想低通滤波器等许多重要网络，都是非因果的，不可实现的系统。但对数字信号处理而言，即便是实时处理也允许有很大延时。这时，对于某一输出 $y(n)$ 来说，已有大量的"未来"输入 $x(n+1)$，$x(n+2)$…存储在存储器中可被调用，因而可用具有很大延时的因果系统去逼近非因果系统，以获得比模拟系统更接近理想的特性。这也是数字系统的特点之一，数字 FIR 滤波器的设计还要用到这一概念。

3. 因果序列

类似因果系统的定义，习惯上称 $n<0$ 时，$x(n)=0$ 的序列 $x(n)$ 为因果序列。一个因果系统的单位采样响应就是一个因果序列。

4. 稳定的因果系统

满足稳定性，因果性条件，即满足

$$s=\sum_{n=-\infty}^{\infty}|h(n)|<\infty,\quad h(n)=0,\quad n<0$$

条件的系统称为稳定的因果系统。这种系统的单位采样响应既是单边的又是有界的，因而这种系统既是可实现的又是稳定工作的。稳定的因果系统是设计一切数字系统的目标。

2.3 离散时间信号与系统的频域分析

在数字信号处理系统中经常使用频域分析的概念和方法，而且有时频域分析法比时域分析法更方便。

2.3.1 系统的频率响应

视频讲解

与正弦信号和复指数信号对连续时间系统所起的作用相似，正弦序列和复指数序列对离散时间系统也起着特别重要的作用。假设差分方程所描述的系统的输入序列是频率为 ω 的复指数序列，即

$$x(n)=A\mathrm{e}^{\mathrm{j}(\omega n+\phi_x)}=A\mathrm{e}^{\mathrm{j}\omega n}\cdot\mathrm{e}^{\mathrm{j}\phi_x},\quad -\infty<n<\infty$$

式中，A 为幅度，ω 为数字域频率，ϕ_x 为起始相位。

而 $x(n-r)=A\mathrm{e}^{\mathrm{j}\omega(n-r)}\cdot\mathrm{e}^{\mathrm{j}\phi_x}=\mathrm{e}^{-\mathrm{j}\omega r}\cdot A\mathrm{e}^{\mathrm{j}(\omega n+\phi_x)}=\mathrm{e}^{-\mathrm{j}\omega r}\cdot x(n)$。

根据线性非时变系统的性质,当输入是复指数序列时,其稳态输出仍是同类型的指数序列,其频率与输入频率相同,其幅度和相位取决于系统。即

$$y(n) = B\mathrm{e}^{\mathrm{j}(\omega n + \phi_y)} = B\mathrm{e}^{\mathrm{j}\omega n} \cdot \mathrm{e}^{\mathrm{j}\phi_y}$$

而 $y(n-k) = \mathrm{e}^{-\mathrm{j}\omega k} \cdot B\mathrm{e}^{\mathrm{j}(\omega n + \phi_y)} = \mathrm{e}^{-\mathrm{j}\omega k} \cdot y(n)$。

因此差分方程式变为如下代数方程

$$\sum_{k=0}^{N} a_k \mathrm{e}^{-\mathrm{j}\omega k} \cdot y(n) = \sum_{r=0}^{M} b_r \mathrm{e}^{-\mathrm{j}\omega r} \cdot x(n) \tag{2.3.1}$$

不难解出

$$y(n) = \frac{\sum_{r=0}^{M} b_r \mathrm{e}^{-\mathrm{j}\omega r}}{\sum_{k=0}^{N} a_k \mathrm{e}^{-\mathrm{j}\omega k}} \cdot x(n) = H(\mathrm{e}^{\mathrm{j}\omega}) \cdot x(n) = H(\mathrm{e}^{\mathrm{j}\omega}) \cdot A \cdot \mathrm{e}^{\mathrm{j}\omega n} \cdot \mathrm{e}^{\mathrm{j}\phi_x} \tag{2.3.2}$$

其中

$$H(\mathrm{e}^{\mathrm{j}\omega}) = \frac{\sum_{r=0}^{M} b_r \mathrm{e}^{-\mathrm{j}\omega r}}{\sum_{k=0}^{N} a_k \mathrm{e}^{-\mathrm{j}\omega k}} = \frac{y(n)}{x(n)} = \frac{B\mathrm{e}^{\mathrm{j}\phi_y}}{A\mathrm{e}^{\mathrm{j}\phi_x}} \tag{2.3.3}$$

式(2.3.3)称为离散时间系统的频率响应,它是由系统的结构参数决定的。当输入为频率 ω 的复指数序列时,其输出仍为同一频率的复指数序列,且乘上一因子 $H(\mathrm{e}^{\mathrm{j}\omega})$。随着输入序列频率 ω 的不同,$H(\mathrm{e}^{\mathrm{j}\omega})$ 的值也不同。因此系统频率响应 $H(\mathrm{e}^{\mathrm{j}\omega})$ 描述了系统对不同频率的复指数序列的传输能力。

一般地说,$H(\mathrm{e}^{\mathrm{j}\omega})$ 是复数,可用其虚部和实部表示为

$$H(\mathrm{e}^{\mathrm{j}\omega}) = H_R(\mathrm{e}^{\mathrm{j}\omega}) + \mathrm{j}H_I(\mathrm{e}^{\mathrm{j}\omega})$$

或者用幅度相位表示为

$$H(\mathrm{e}^{\mathrm{j}\omega}) = |H(\mathrm{e}^{\mathrm{j}\omega})| \mathrm{e}^{\mathrm{j}\arg[H(\mathrm{e}^{\mathrm{j}\omega})]}$$

其中,$|H(\mathrm{e}^{\mathrm{j}\omega})|$ 称为系统的"振幅特性",$\arg[H(\mathrm{e}^{\mathrm{j}\omega})]$ 称为系统的"相位特性"。

有时用群时延 $\tau_g(\omega)$ 比用相位表示更为方便。群时延定义为相位对于 ω 的一阶导数的负值,即

$$\tau_g(\omega) = \frac{-\mathrm{d}\{\arg[H(\mathrm{e}^{\mathrm{j}\omega})]\}}{\mathrm{d}\omega} \tag{2.3.4}$$

1. 系统频率响应的两个性质

(1) $H(\mathrm{e}^{\mathrm{j}\omega})$ 是 ω 的连续函数。虽然 $H(\mathrm{e}^{\mathrm{j}\omega})$ 是离散时间线性非时变系统的频率响应,但切不可错误地认为 $H(\mathrm{e}^{\mathrm{j}\omega})$ 仅是在 ω 的离散点上取值,这一概念对正确理解数字滤波器的物理意义是很重要的。

(2) $H(\mathrm{e}^{\mathrm{j}\omega})$ 是 ω 的周期性函数,且周期为 2π,设系统的输入为

$$x_1(n) = \mathrm{e}^{\mathrm{j}(\omega + 2\pi)n} = \mathrm{e}^{\mathrm{j}\omega n} \cdot \mathrm{e}^{\mathrm{j}2\pi n} = \mathrm{e}^{\mathrm{j}\omega n}$$

则系统的输出为

$$y_1(n) = H(\mathrm{e}^{\mathrm{j}(\omega+2\pi)} x_1(n)) = H(\mathrm{e}^{\mathrm{j}(\omega+2\pi)}) \mathrm{e}^{\mathrm{j}\omega n}$$

同一系统对于输入 $x_2(n)=\mathrm{e}^{\mathrm{j}\omega n}$ 的输出为

$$y_2(n)=H(\mathrm{e}^{\mathrm{j}\omega})\mathrm{e}^{\mathrm{j}\omega n}$$

由于同一系统对相同输入的输出应相等,即

$$y_1(n)=y_2(n)$$

因此可得

$$H(\mathrm{e}^{\mathrm{j}(\omega+2\pi)})=H(\mathrm{e}^{\mathrm{j}\omega})$$

故系统在频率为 ω 和 $\omega+2\pi$ 处的响应数值相同。因此,$H(\mathrm{e}^{\mathrm{j}\omega})$ 是 ω 的周期为 2π 的周期性函数。一般只取系统在频率 ω 为 $0\sim 2\pi$ 范围内的频率响应。

2. 系统频率响应与单位采样响应的关系

系统的频率响应与单位采样响应是分别从频域与时域两个不同方面去说明同一离散时间线性非时变系统的特性的,因此系统的频率响应与单位采样响应之间一定有可以相互转化的关系。

加入 $x(n)=A\mathrm{e}^{\mathrm{j}(\omega n+\phi_x)}=A\mathrm{e}^{\mathrm{j}\omega n}\cdot \mathrm{e}^{\mathrm{j}\phi_x}$ 到单位采样响应为 $h(n)$ 的系统,可得输出为

$$y(n)=\sum_{k=-\infty}^{\infty}h(k)x(n-k)=\left[\sum_{k=-\infty}^{\infty}h(k)\mathrm{e}^{-\mathrm{j}\omega k}\right]\cdot A\mathrm{e}^{\mathrm{j}(\omega n+\phi_x)} \quad (2.3.5)$$

比较式(2.3.2)与式(2.3.5)两式可见

$$H(\mathrm{e}^{\mathrm{j}\omega})=\sum_{k=-\infty}^{\infty}h(k)\mathrm{e}^{\mathrm{j}\omega k}=\sum_{n=-\infty}^{\infty}h(n)\mathrm{e}^{-\mathrm{j}\omega n} \quad (2.3.6)$$

所以离散时间线性非时变系统的频率响应 $H(\mathrm{e}^{\mathrm{j}\omega})$ 就是系统的单位采样响应 $h(n)$ 的傅里叶变换,是 $h(n)$ 的频谱。

3. 序列的频域表示法

离散时间系统的频率响应 $H(\mathrm{e}^{\mathrm{j}\omega})$ 是以 2π 为周期的 ω 的周期函数,所以可作傅里叶级数展开。按照惯例,在频域表示式中用负指数,时域表示式中用正指数,故有

$$H(\mathrm{e}^{\mathrm{j}\omega})=\sum_{n=-\infty}^{\infty}C_n\mathrm{e}^{-\mathrm{j}\omega n}$$

$$C_n=\frac{1}{2\pi}\int_{-\pi}^{\pi}H(\mathrm{e}^{\mathrm{j}\omega})\mathrm{e}^{\mathrm{j}\omega n}\mathrm{d}\omega$$

事实上式(2.3.6)已将 $H(\mathrm{e}^{\mathrm{j}\omega})$ 表示成了傅里叶级数的形式

$$H(\mathrm{e}^{\mathrm{j}\omega})=\sum_{n=-\infty}^{\infty}h(n)\mathrm{e}^{-\mathrm{j}\omega n}$$

可见 C_n 正是系统单位采样响应,因此对序列 $h(n)$,可得如下傅里叶变换对

$$h(n)=\frac{1}{2\pi}\int_{-\pi}^{\pi}H(\mathrm{e}^{\mathrm{j}\omega})\mathrm{e}^{\mathrm{j}\omega n}\mathrm{d}\omega \quad (2.3.7)$$

$$H(\mathrm{e}^{\mathrm{j}\omega})=\sum_{n=-\infty}^{\infty}h(n)\mathrm{e}^{-\mathrm{j}\omega n} \quad (2.3.8)$$

式(2.3.8)起着对序列 $h(n)$ 的正变换作用,而式(2.3.7)为傅里叶反变换。如果式(2.3.8)中的级数收敛,则这样的傅里叶变换对成立。

【例 2.4】 理想低通滤波器具有如图 2.3.1 所示的频率响应 $H(\mathrm{e}^{\mathrm{j}\omega})$,即对于 $-\pi<\omega<\pi$,有

$$H(e^{j\omega}) = \begin{cases} 1 & |\omega| \leqslant \omega_{co} \\ 0 & \omega_{co} < |\omega| \leqslant \pi \end{cases}$$

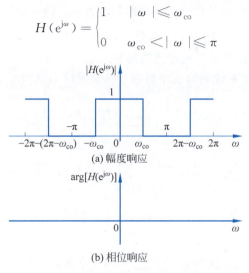

图 2.3.1　理想时域离散低通滤波器的频率响应

$H(e^{j\omega})$是周期性的,重复周期为2π,因此也就规定了对所有ω的频率响应。这样一个系统显然滤掉频率在$\omega_{co} < |\omega| \leqslant \pi$范围内的所有输入分量。

据式(2.3.7)可求得单位采样响应

$$h(n) = \frac{1}{2\pi}\int_{-\omega_{co}}^{\omega_{co}} e^{j\omega n} d\omega = \frac{\sin\omega_{co} n}{\pi n}$$

图 2.3.2 是当$\omega_{co} = \pi/2$时的$h(n)$图形。理想低通滤波器不是因果性的(因$h(n) \neq 0$,当$n < 0$时),而且$h(n)$不是绝对可和的,因此滤波器也是不稳定的。但它在概念上极其重要,在下文滤波器的逼近设计中将起相当大的作用。

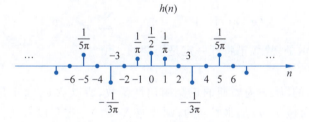

图 2.3.2　截止频率$\omega_{co} = \pi/2$时理想低通滤波器单位采样响应

式(2.3.7)和式(2.3.8)表示系统单位采样响应变换的方法,可用于表示任何序列。若序列$x(n)$满足绝对可和条件

$$\sum_{n=-\infty}^{\infty} |x(n)| < \infty$$

则其傅里叶变换为

$$X(e^{j\omega}) = \sum_{n=-\infty}^{\infty} x(n) e^{-j\omega n} \qquad (2.3.9)$$

而其傅里叶逆变换为

$$x(n) = \frac{1}{2\pi}\int_{-\pi}^{\pi} X(e^{j\omega}) e^{j\omega n} d\omega \qquad (2.3.10)$$

实际上,本书早在 2.2 节中已经得出了序列的频域表示。因为 $x(n)$ 可由对连续时间信号的采样得到,$\hat{x}(t)$ 就是 $x(n)$,因此 $\hat{X}(\mathrm{j}\Omega)$ 就是 $X(\mathrm{e}^{\mathrm{j}\omega})$。

4. 输出序列与输入序列的傅里叶变换间的关系

离散时间线性非时变系统的输入序列为 $x(n)$,则输出序列 $y(n)$ 为

$$y(n) = \sum_{k=-\infty}^{\infty} x(k) h(n-k)$$

$y(n)$ 的傅里叶变换为

$$\begin{aligned}
Y(\mathrm{e}^{\mathrm{j}\omega}) &= \sum_{n=-\infty}^{\infty} y(n) \mathrm{e}^{-\mathrm{j}\omega n} = \sum_{n=-\infty}^{\infty} \left[\sum_{k=-\infty}^{\infty} x(k) h(n-k) \right] \mathrm{e}^{-\mathrm{j}\omega n} \\
&= \sum_{k=-\infty}^{\infty} x(k) \sum_{n=-\infty}^{\infty} h(n-k) \mathrm{e}^{-\mathrm{j}\omega n} \\
&= \sum_{k=-\infty}^{\infty} x(k) \mathrm{e}^{-\mathrm{j}\omega k} \sum_{n=-\infty}^{\infty} h(n-k) \mathrm{e}^{-\mathrm{j}\omega(n-k)}
\end{aligned} \tag{2.3.11}$$

因而

$$Y(\mathrm{e}^{\mathrm{j}\omega}) = H(\mathrm{e}^{\mathrm{j}\omega}) X(\mathrm{e}^{\mathrm{j}\omega}) \tag{2.3.12}$$

于是,输出序列的傅里叶变换等于输入序列傅里叶变换与系统频率响应的乘积。

根据式(2.3.10)的逆变换公式,可得输出序列为

$$y(n) = \frac{1}{2\pi} \int_{-\pi}^{\pi} H(\mathrm{e}^{\mathrm{j}\omega}) X(\mathrm{e}^{\mathrm{j}\omega}) \mathrm{e}^{\mathrm{j}\omega n} \mathrm{d}\omega \tag{2.3.13}$$

2.3.2 离散时间傅里叶变换

视频讲解

序列 $x(n)$ 的离散时间傅里叶变换(DTFT)定义为

$$X(\mathrm{e}^{\mathrm{j}\omega}) = \mathrm{DTFT}[x(n)] = \sum_{n=-\infty}^{\infty} x(n) \mathrm{e}^{-\mathrm{j}\omega n} \tag{2.3.14}$$

由于时域是离散的,故频谱特性一定是周期的。由

$$\mathrm{e}^{\mathrm{j}\omega n} = \mathrm{e}^{\mathrm{j}(\omega+2\pi)n}$$

可以看出,$\mathrm{e}^{\mathrm{j}\omega n}$ 是 ω 的以 2π 为周期的正交周期性函数,所以 $X(\mathrm{e}^{\mathrm{j}\omega})$ 也是以 2π 为周期的周期性函数;又由于时域 $x(n)$ 是非周期的,则频域 $X(\mathrm{e}^{\mathrm{j}\omega})$ 一定是以 ω 为变量的连续函数。

离散时间傅里叶逆变换(IDTFT)为

$$x(n) = \mathrm{IDTFT}[X(\mathrm{e}^{\mathrm{j}\omega})] = \frac{1}{2\pi} \int_{-\pi}^{\pi} X(\mathrm{e}^{\mathrm{j}\omega}) \mathrm{e}^{\mathrm{j}\omega n} \mathrm{d}\omega \tag{2.3.15}$$

$X(\mathrm{e}^{\mathrm{j}\omega})$ 是 $x(n)$ 的频谱密度,简称频谱,它是 ω 的复函数,可表示为

$$X(\mathrm{e}^{\mathrm{j}\omega}) = \mathrm{Re}[X(\mathrm{e}^{\mathrm{j}\omega})] + \mathrm{jIm}[X(\mathrm{e}^{\mathrm{j}\omega})] = |X(\mathrm{e}^{\mathrm{j}\omega})| \mathrm{e}^{\mathrm{jarg}[X(\mathrm{e}^{\mathrm{j}\omega})]}$$

式中,$\mathrm{Re}[\cdot]$ 表示实部,$\mathrm{Im}[\cdot]$ 表示虚部,$|\cdot|$ 表示幅度谱,$\mathrm{arg}|\cdot|$ 表示相位谱它们都是 ω 的连续、周期(周期为 2π)函数。

【例 2.5】 模拟信号 $x_a(t) = \sin(2\pi f_1 t) + \cos(2\pi f_2 t)$,$f_1 = 1\mathrm{Hz}$,$f_2 = 2\mathrm{Hz}$ 的,以采样频率 $f_s = 16\mathrm{Hz}$ 对 $x_a(t)$ 进行采样 16 点,求数字序列的 DTFT。

```
import numpy as np
import matplotlib.pyplot as plt
```

```python
fs = 16                              # Hz
f1 = 1                               # Hz
f2 = 2                               # Hz
N = 16
n = np.arange(0, N)
dt = 0.001                           # 仿真步长: 0.001s
t = np.arange(0, 1 + dt, dt)         # 仿真时长: 1s
xt = np.sin(2 * np.pi * f1 * t) + np.cos(2 * np.pi * f2 * t)

# 数字序列图
plt.figure(figsize = (10, 12))

plt.subplot(3, 1, 1)
x = np.sin(2 * np.pi * (f1/fs) * n) + np.cos(4 * np.pi * (f1/fs) * n)
plt.stem(n, x)
plt.xlim([0, 15])
plt.ylim([-2, 2])
plt.xlabel('序列号')
plt.ylabel('序列值')
plt.title('序列 x(n)')

# 增加轮廓线,便于观察;采样频率16Hz,采样间隔 0.0625s
plt.plot(t * 16, xt, 'red')

# 序列 DTFT 图
K = 512
dw = 2 * np.pi/K
k = np.arange(0, 512)
X = np.dot(x, np.exp(-1j * dw * np.outer(n, k)))

plt.subplot(3, 1, 2)
plt.plot(k * dw, np.abs(X))
plt.xlim([0, 2 * np.pi])
plt.ylim([0, 10])
plt.xlabel('数字频率 0~2π')
plt.ylabel('幅值')
plt.title('幅频响应|X(e^jω)|')

plt.subplot(3, 1, 3)
plt.plot(k * dw, np.angle(X))
plt.xlim([0, 2 * np.pi])
plt.ylim([-np.pi, np.pi])
plt.xlabel('数字频率 0~2π')
plt.ylabel('相位')
plt.title('相频响应 arg{X(e^jω)}')

plt.show()
```

数字序列及其 DTFT 谱如图 2.3.3 所示。

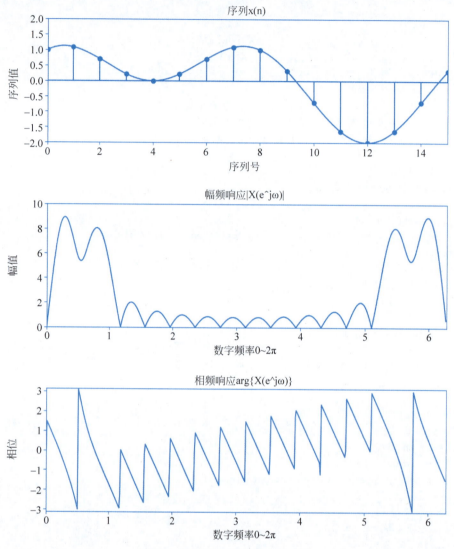

图 2.3.3 数字序列及其 DTFT 谱

2.3.3 对称性术语

1. 序列的共轭对称与共轭反对称

若序列 $x_e(n)$ 是对应于 $x_e^*(-n)$ 的共轭复数,即 $x_e(n)=x_e^*(-n)$,则称 $x_e(n)$ 是共轭对称的序列。

若 $x_o(n)=-x_o^*(-n)$,则称 $x_o(n)$ 是共轭反对称的序列。符号 * 表示复共轭。

讨论下式所示序列的对称性:

$$x_e(n) = \frac{1}{2}[x(n) + x^*(-n)] \tag{2.3.16}$$

以 $-n$ 代 n,则

$$x_e(-n) = \frac{1}{2}[x(-n) + x^*(n)]$$

而
$$x_e^*(-n) = \frac{1}{2}[x^*(-n) + x(n)]$$

可见
$$x_e(n) = x_e^*(-n)$$

故称 $x_e(n)$ 为 $x(n)$ 的共轭对称序列。

同样可以证明，对于序列
$$x_o(n) = \frac{1}{2}[x(n) - x^*(-n)] \tag{2.3.17}$$

有
$$x_o(n) = -x_o^*(-n)$$

故称 $x_o(n)$ 为 $x(n)$ 的共轭反对称序列。

明显可见，任意序列 $x(n)$ 可表示为共轭对称和共轭反对称序列之和，即
$$x(n) = x_e(n) + x_o(n) \tag{2.3.18}$$

2. 偶序列与奇序列

若 $x_e(n)$ 及 $x_o(n)$ 是实序列，因实数的共轭复数还是其本身，所以共轭对称的实序列满足 $x_e(n) = x_e(-n)$，一般又称偶序列。

共轭反对称的实序列满足 $x_o(n) = -x_o(-n)$，一般称为奇序列。

3. 傅里叶变换的共轭对称与共轭反对称

傅里叶变换也可分解成共轭对称函数 $X_e(e^{j\omega})$ 和共轭反对称函数 $X_o(e^{j\omega})$ 之和。
$$X(e^{j\omega}) = X_e(e^{j\omega}) + X_o(e^{j\omega}) \tag{2.3.19}$$

式中，
$$X_e(e^{j\omega}) = \frac{1}{2}[X(e^{j\omega}) + X^*(e^{-j\omega})] \tag{2.3.20}$$

$X_e(e^{j\omega})$ 是共轭对称的，即 $X_e(e^{j\omega}) = X_e^*(e^{-j\omega})$。

$X_o(e^{j\omega})$ 是共轭反对称的，即 $X_o(e^{j\omega}) = -X_o^*(e^{-j\omega})$。

与序列的情况一样，若实函数是共轭对称的，则称为偶函数。若实函数是共轭反对称的，则称为奇函数。

4. 对称性质

(1) 若复序列 $x(n)$ 的离散时间傅里叶变换为 $X(e^{j\omega})$，则 $x^*(n)$ 的离散时间傅里叶变换是 $X^*(-e^{j\omega})$，$x^*(-n)$ 的离散时间傅里叶变换为 $X^*(e^{j\omega})$。

证明：

① $\sum\limits_{n=-\infty}^{\infty} x^*(n) e^{-j\omega n} = \left(\sum\limits_{n=-\infty}^{\infty} x(n) e^{j\omega n} \right)^* = X^*(e^{-j\omega})$

② $\sum\limits_{n=-\infty}^{\infty} x^*(-n) e^{-j\omega n} = \sum\limits_{n'=-\infty}^{\infty} x^*(n') e^{j\omega n'} = \left(\sum\limits_{n'=-\infty}^{\infty} x(n') e^{-j\omega n'} \right)^* = X^*(e^{j\omega})$

(2) 若复序列 $x(n)$ 的离散时间傅里叶变换为 $X(e^{j\omega})$，则 $x(n)$ 实部($\text{Re}[x(n)]$)的离散时间傅里叶变换为共轭对称函数 $X_e(e^{j\omega})$，$x(n)$ 的虚部($j\text{Im}[x(n)]$)的离散时间傅里叶变换为共轭反对称函数 $X_o(e^{j\omega})$，相应的 $x_e(n)$ 的离散时间傅里叶变换为 $\text{Re}[X(e^{j\omega})]$，$x_o(n)$

的离散时间傅里叶变换为 $j\mathrm{Im}[X(\mathrm{e}^{j\omega})]$。

(3) 当 $x(n)$ 是实序列时，其离散时间傅里叶变换是共轭对称的，即 $X(\mathrm{e}^{j\omega}) = X^*(\mathrm{e}^{-j\omega})$，若将 $X(\mathrm{e}^{j\omega})$ 表示为

$$X(\mathrm{e}^{j\omega}) = \mathrm{Re}[X(\mathrm{e}^{j\omega})] + j\mathrm{Im}[X(\mathrm{e}^{j\omega})]$$

实序列 $x(n)$ 的 $X(\mathrm{e}^{j\omega})$ 的实部是偶函数，$\mathrm{Re}[X(\mathrm{e}^{j\omega})] = \mathrm{Re}[X(\mathrm{e}^{-j\omega})]$，实序列 $x(n)$ 的 $X(\mathrm{e}^{j\omega})$ 的虚部是奇函数，$\mathrm{Im}[X(\mathrm{e}^{j\omega})] = -\mathrm{Im}[X(\mathrm{e}^{-j\omega})]$。

若将实序列 $x(n)$ 的 $X(\mathrm{e}^{j\omega})$ 表示为极坐标形式

$$X(\mathrm{e}^{j\omega}) = |X(\mathrm{e}^{j\omega})| \mathrm{e}^{j\arg[X(\mathrm{e}^{j\omega})]}$$

则幅度是 ω 的偶函数 $|X(\mathrm{e}^{j\omega})| = |X(\mathrm{e}^{-j\omega})|$。

相位是 ω 的奇函数 $\arg[X(\mathrm{e}^{j\omega})] = -\arg[X(\mathrm{e}^{-j\omega})]$。

同样，实序列 $x(n)$ 的偶序列部分变换成 $\mathrm{Re}[X(\mathrm{e}^{j\omega})]$，而 $x(n)$ 的奇序列部分变换成 $j\mathrm{Im}[X(\mathrm{e}^{j\omega})]$。

2.3.4　z 变换

视频讲解

拉普拉斯变换是连续时间信号与系统的复频域变换法，是傅里叶变换的推广，它把不绝对可积的信号展成了指数函数的积分形式。同样，将序列的傅里叶变换推广以便将不满足绝对可和的信号展成指数序列之和，该变换称为 z 变换。这是离散时间信号和系统的复频域变换。

通过拉普拉斯变换可把解微分方程的工作转化为解代数方程的工作，也可通过 z 变换把解差分方程的工作转化为解代数方程的工作，因此 Z 域分析在离散时间线性非时变系统中起着重要的作用。

1. z 变换的定义

序列 $x(n)$ 的 z 变换定义为

$$X(z) = \sum_{n=-\infty}^{\infty} x(n) z^{-n} \tag{2.3.21}$$

式中 z 是一个以实部为横坐标，虚部为纵坐标的复平面上的复变量，这个平面也称为 z 平面。这种 z 变换，序列的取值范围是 $-\infty \sim +\infty$，故称为双边 z 变换。下文还将介绍一种只对单边序列进行的 z 变换，称为单边 z 变换。序列 $x(n)$ 的 z 变换记为 $Z[x(n)]$。

【例 2.6】

$$x(n) = u(n)$$

$$X(z) = Z[u(n)] = \sum_{n=-\infty}^{\infty} u(n) z^{-n} = \sum_{n=0}^{\infty} z^{-n} = 1 + z^{-1} + z^{-2} + \cdots \tag{2.3.22}$$

式(2.3.22)的级数在 $|z^{-1}| \geqslant 1$ 时是发散的，只有在 $|z^{-1}| < 1$ 时才收敛。这时无穷级数可用封闭形式表示为

$$X(z) = \sum_{n=-\infty}^{\infty} z^{-n} = \frac{1}{1-z^{-1}}, \quad 1 < |z| \leqslant \infty \tag{2.3.23}$$

任何一个序列的 z 变换，一般有两种表达形式，一种如式(2.3.22)所示的级数形式，另一种如式(2.3.23)所示的封闭形式。但任何封闭形式都只是表示 z 平面上的一定的收敛域内的函数，例如例 2.6 $u(n)$ 的 z 变换只在 $|z| > 1$ 的范围内收敛。在求得 $x(n)$ 的 z 变换

后，还必须同时判明它的收敛域，才算全部完成了求 $x(n)$ 的 z 变换的任务。同时由于 $X(z)$ 收敛域的不同，其意义也是不同的，收敛域对 z 变换来说，极其重要，应该很好研究。

2. z 变换收敛域

1) 收敛域的定义

使某一序列 $x(n)$ 的 z 变换 $\sum_{n=-\infty}^{\infty} x(n)z^{-n}$ 级数收敛的 z 平面上所有 z 值的集合，称为 z 变换的收敛域。

序列 z 变换级数绝对收敛的条件是绝对可和，即要求

$$\sum_{n=-\infty}^{\infty} |x(n)z^{-n}| < -\infty \tag{2.3.24}$$

一般来说，如式(2.3.21)所示的幂级数的收敛域为 z 平面上的某个环形区域，因为

$$\sum_{n=-\infty}^{\infty} |x(n)z^{-n}| = \sum_{n=-\infty}^{\infty} |x(n)||z|^{-n} < \infty$$

为使绝对可和条件满足，就要对 $|z|$ 有一定范围限制。这个范围可表示为

$$R_{x-} < |z| < R_{x+} \tag{2.3.25}$$

可见，收敛域是以 R_{x-} 及 R_{x+} 为半径的两个圆所围成的环带区域，如图 2.3.4 所示。因此 R_{x-}，R_{x+} 也称为"收敛半径"，R_{x-} 可以小到零，R_{x+} 可以大到 ∞。

常见的一类 z 变换是有理函数，也即为两个多项式之比

$$X(z) = \frac{P(z)}{Q(z)}$$

分子多项式的根是使 $X(z)=0$ 的那些 z 值，称为 $X(z)$ 的零点。z 取有限值的分母多项式的根称为 $X(z)$ 的极点，它使 $X(z)$ 为无穷大。极点也许在 $z=0$ 处，或当 $P(z)$ 的阶次高于 $Q(z)$ 时，有 $z=\infty$ 处的极点。

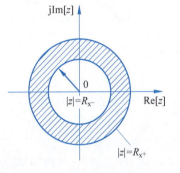

图 2.3.4 环形收敛域

z 变换的收敛域和极点分布关系密切。在极点处 z 变换不收敛，因此在收敛域内不得包含任何极点，收敛域是以极点来限定边界的。常用 z 平面上极点、零点的分布图来示意 z 变换。

2) 序列 $x(n)$ 的特性与 $X(z)$ 的收敛域

序列 $x(n)$ 的特性决定了 $X(z)$ 的收敛域。为说明二者间的关系分 4 种情况考虑。

(1) 有限长序列。

$$x(n) = \begin{cases} x(n), & n_1 \leqslant n \leqslant n_2 \\ 0, & \text{其他 } n \end{cases} \tag{2.3.26}$$

它的 z 变换为

$$X(z) = \sum_{n=n_1}^{n_2} x(n)z^{-n}$$

只要有限项级数的每一项有界，级数和也就有界。$|x(n)| < \infty (n_1 \leqslant n \leqslant n_2)$ 这一点总是满足的，于是有限长序列 z 变换的收敛域就取决于

$$|z|^{-n} < \infty, \quad n_1 \leqslant n \leqslant n_2$$

分 4 种情况考虑其收敛域。

① $n_1 < 0, n_2 > 0$ 时,有

$$X(z) = \sum_{n=n_1}^{n_2} x(n)z^{-n} = \sum_{n=n_1}^{-1} x(n)z^{-n} + \sum_{n=0}^{n_2} x(n)z^{-n}$$

$$= \sum_{n=|n_1|}^{1} x(-n)z^{n} + \sum_{n=0}^{n_2} x(n)z^{-n}$$

除第一项的 $z=\infty$ 处,及第二项的 $z=0$ 处外都收敛,所以总的收敛域为 $0 < z < \infty$。有时将这个开域 $(0,\infty)$ 称为"有限 z 平面"。

② $n_1 < 0, n_2 < 0$ 时,有

$$X(z) = \sum_{n=n_1}^{n_2} x(n)z^{-n} = \sum_{n=|n_1|}^{|n_2|} x(-n)z^{n}$$

显然收敛域为 $0 \leqslant |z| < \infty$,是包括零点的半开域,即除 $z=0$ 外都收敛。

③ $n_1 > 0, n_2 > 0$ 时,有

$$X(z) = \sum_{n=n_1}^{n_2} x(n)z^{-n}$$

收敛域为 $0 < z \leqslant \infty$,是包括 ∞ 的半开域,即除 $z=0$ 外都收敛。

④ 特殊情况,$n_1 = n_2 = 0$ 时,这就是序列 $x(n) = \delta(n)$ 的情况。它的收敛域是整个闭域 z 平面

$$Z[\delta(n)] = 1 \quad 0 \leqslant |z| \leqslant \infty$$

(2) 右边序列。

$x(n)$ 只在 $n \geqslant n_1$ 有值,而 $n < n_1$ 时 $x(n) = 0$ 的序列称为右边序列,其 z 变换是

$$X(z) = \sum_{n=n_1}^{\infty} x(n)z^{-n} \tag{2.3.27}$$

式中 n_1 可正可负,分两种情况考虑其收敛域。

① $n_1 \geqslant 0$ 时,这时的右边序列就是因果序列。假设式(2.3.27) $X(z)$ 的级数在 $|z| = |z_1|$ 处绝对收敛,则

$$\sum_{n=n_1}^{\infty} |x(n)z_1^{-n}| < \infty \tag{2.3.28}$$

因 $n_1 \geqslant 0$,则当 $|z| > |z_1|$ 时,级数 $\sum_{n=n_1}^{\infty} |x(n)z^{-n}|$ 中每一项皆小于式(2.3.28)级数中的对应项,故有

$$\sum_{n=n_1}^{\infty} |x(n)z^{-n}| < \sum_{n=n_1}^{\infty} |x(n)z_1^{-n}| < \infty$$

因此,$n_1 \geqslant 0$ 时的右边序列的收敛域可写成 $|z_1| \leqslant |z| \leqslant \infty$,包括闭域 ∞。

② $n_1 < 0$ 时,z 变换可写为

$$X(z) = \sum_{n=n_1}^{\infty} x(n)z^{-n} = \sum_{n=n_1}^{-1} x(n)z^{-n} + \sum_{0}^{\infty} x(n)z^{-n}$$

其中，第一项是 $n_1<0,n_2<0$ 的有限长序列，已知其收敛域为 $0\leqslant z<\infty$。第二项是 $n\geqslant 0$ 的因果序列，其收敛域为 $|z_1|\leqslant |z|<\infty$，所以总的收敛域为 $|z_1|\leqslant |z|<\infty$。

如果设 R_{x_-} 是使式(2.3.27)的级数收敛的 $|z|$ 的最小值，则右边序列的收敛域可写成

$$|z|\geqslant R_{x_-}$$

当 $n_1\geqslant 0$ 时，序列的收敛域包括 $z=\infty$，当 $n_1<0$ 时，收敛域不包括 $z=\infty$。因此，若 z 变换的收敛域在某个圆之外，则序列是右向的，若其收敛域进而包括 $z=\infty$ 点，则序列还是因果性的。

③ 左边序列

若序列 $x(n)$ 只在 n 自 $-\infty\sim n_2$ 范围内有值，而当 $n>n_2$ 时，$x(n)=0$，则称 $x(n)$ 为左边序列。其 z 变换为

$$X(z)=\sum_{n=-\infty}^{n_2}x(n)z^{-n} \qquad (2.3.29)$$

它的收敛域可作如下考虑。

若 $X(z)$ 在 $|z|=R$ 上收敛，即

$$\sum_{n=-\infty}^{n_2}|x(n)|R^{-n}<\infty$$

则在 $0<|z|<R$ 上必然也收敛。因为可以任选一个整数 $n_1\leqslant 0$ 使

$$\sum_{n=-\infty}^{n_2}|x(n)z^{-n}|=\sum_{n=n_1}^{n_2}|x(n)z^{-n}|+\sum_{n=-\infty}^{n_1-1}|x(n)z^{-n}|$$

右端第一项是有限长序列，其收敛域可分两种情况考虑：当 $n_2\leqslant 0$ 时，收敛域为 $0\leqslant |z|<\infty$；当 $n_2>0$ 时，收敛域为 $0<z<\infty$。

第二项由于 $|z|<R,n<0$，因此 $|z^{-n}|<R^{-n}$

$$\sum_{n=-\infty}^{n_1-1}|x(n)z^{-n}|=\sum_{n=-\infty}^{n_1-1}|x(n)||z^{-n}|<\sum_{n=-\infty}^{n_1-1}|x(n)|R^{-n}$$

已知 $\sum_{n=-\infty}^{n_1-1}|x(n)|R^{-n}<\infty$，所以式(2.3.29)的整个级数在 $|z|\leqslant R$ 上有界

$$\sum_{n=-\infty}^{n_2}|x(n)z^{-n}|<\infty \qquad |z|\leqslant R$$

综上所述，若 R_{x_+} 是使式(2.3.29)级数收敛的 $|z|$ 的最大值，则除 $n_2>0$ 时 $z=0$ 点外，左边序列的收敛域必须在 $|z|\leqslant R_{x_+}$ 以内。

对于左边序列，封闭表达式如有几个极点存在，则收敛域一定在最小的一个极点所在圆以内。这样，$X(z)$ 才能在整个圆内解析。

确定序列的 z 变换，不仅要求给出函数 $X(z)$，而且也需要给出收敛区域。反之，尽管函数 $X(z)$ 相同，若所取的收敛域不同，则所对应的序列也不相同。

④ 双边序列

当 $n\to\pm\infty$，序列 $x(n)$ 均不为零时，称 $x(n)$ 为双边序列，它可以看作是一个左边序列和一个右边序列之和。对此序列进行 z 变换得

$$X(z) = \sum_{n=-\infty}^{\infty} x(n)z^{-n} = \sum_{n=0}^{\infty} x(n)z^{-n} + \sum_{n=-\infty}^{-1} x(n)z^{-n}$$

通过前面分析可得,右端第一项(右边序列)的收敛域为 $R_{x^-} < |z|$;第二项(左边序列)的收敛域为 $|z| < R_{x^+}$,若 $R_{x^-} < R_{x^+}$,则有公共收敛域为 $R_{x^-} < |z| < R_{x^+}$。若 $R_{x^+} \not> R_{x^-}$,则无公共收敛域,故 $X(z)$ 无收敛域。这种 z 变换也就没有什么意义。

【例 2.7】 z 变换实现。

```
import numpy as np

def chripz(N1, N2, X):
    N = N1 - 1
    text1 = '*z^'
    text2 = '+'
    for x in X:
        N += 1
        n = str(-N)
        xx = str(x)
        if N == N1:
            Z = xx + text1 + n
        else:
            Z = Z + text2 + xx + text1 + n
    print(Z)

chripz(3, 13, np.array([-4, 3, -5, -2, 5, 5, -2, -1, 8, -3]))
```

输出结果为

-4*z^-3+3*z^-4+-5*z^-5+-2*z^-6+5*z^-7+5*z^-8+-2*z^-9+-1*z^-10+8*z^-11+-3*z^-12

【例 2.8】 逆 z 变换实现。

```
import numpy as np
from math import *

def longdiv(num, den, side, length):
    # side 确定序列为左边序列还是右边序列(结合收敛域),length:想要输出的逆变换后 x(n) 系
    # 数的长度
    L = np.arange(length)
    if side == 'left':
        den = np.flipud(den)
        # 如果求|Z|<RX-收敛域内的 Z 逆变换,即为左边序列,则将分母的系数倒序计算,即升幂除法
    if len(den) < len(num):
        print('error z transform')        # 如果分子的 z 的阶次大于分母则有误
    if len(num) != len(den):
        num = np.append(np.zeros([len(den) - len(num), 1]), num)
    res = []
    m = num
    for i in L:
        tempRes = m[0] / den[0]            # 长除
        m = m - tempRes * den
        m = np.append(m[1:len(m)], 0)
        res = np.append(res, tempRes)
```

```
    print(res)
# 数组最右端为z的零次的系数,依次往左为更高阶次z次幂的系数
# X(Z) = Z / (3Z^2 - 4Z + 1)
longdiv(np.array([1, 0]), np.array([3, -4, 1]), 'right', 6)
longdiv(np.array([1, 0]), np.array([3, -4, 1]), 'left', 6)
```

输出结果为

[0.   0.33333333 0.44444444 0.48148148 0.49382716 0.49794239]
[0.   1.   4. 13. 40. 121.]

2.3.5 拉普拉斯变换、傅里叶变换及 z 变换间关系

视频讲解

1. 序列的 z 变换与拉普拉斯变换的关系

1) 序列 z 变换与采样信号拉普拉斯变换的关系

采样信号 $\hat{x}(t)$ 的拉普拉斯变换为

$$\hat{X}(s) = \int_{-\infty}^{\infty} \hat{x}(t) \mathrm{e}^{-st} \mathrm{d}t = \sum_{n=-\infty}^{\infty} \int_{-\infty}^{\infty} x_\mathrm{a}(nT) \delta(t-nT) \mathrm{e}^{-st} \mathrm{d}t$$

$$= \sum_{n=-\infty}^{\infty} x_\mathrm{a}(nT) \mathrm{e}^{-snT} \tag{2.3.30}$$

而 $x(n) = x_\mathrm{a}(nT)$ 的 z 变换为

$$X(z) = \sum_{n=-\infty}^{\infty} x(n) z^{-n} \tag{2.3.31}$$

比较式(2.3.30)与式(2.3.31)可见,当 $z = \mathrm{e}^{sT}$ 时,序列的 z 变换就等于其拉普拉斯变换(注意,这里是采样信号的拉普拉斯变换),即

$$X(z) \big|_{z=\mathrm{e}^{sT}} = \hat{X}(s) \tag{2.3.32}$$

这说明,从序列的拉普拉斯变换到序列的 z 变换,就是由复变量 s 平面到复变量 z 平面的映射变换,其映射关系为

$$z = \mathrm{e}^{sT} \quad \text{和} \quad s = \frac{1}{T} \ln z \tag{2.3.33}$$

为了更清楚地表达这个映射关系,将 s 写成直角坐标的形式

$$s = \sigma + \mathrm{j}\Omega$$

而将 z 写成极坐标的形式

$$z = r \mathrm{e}^{\mathrm{j}\omega}$$

这样将 s 平面变换到 z 平面后可以写成

$$z = r \mathrm{e}^{\mathrm{j}\omega} = \mathrm{e}^{\sigma T} \cdot \mathrm{e}^{\mathrm{j}\Omega T}$$

z 的模为

$$|z| = r = \mathrm{e}^{\sigma T} \tag{2.3.34}$$

它仅对应于 s 的实部 σ。

z 的幅角为

$$\angle z = \omega = \Omega T \tag{2.3.35}$$

它仅对应于 s 的虚部 Ω。

由式(2.3.34)可以看出 s 平面的实部 σ 与 z 的模 $|z|=r$ 的关系为：$\sigma=0$（s 平面的虚轴）映射为 z 平面半径 $z=1$ 的圆，即单位圆；而 $\sigma<0$（s 的左半平面）映射为 z 平面上单位圆以内（$|z|<1$）；$\sigma>0$（s 的右半平面）映射为 z 平面上单位圆以外（$|z|>1$）；$\sigma \rightarrow -\infty$ 时，$|z| \rightarrow 0$，说明单位圆收缩成一点。上述 s 平面与 z 平面的映射关系如图 2.3.5 所示。

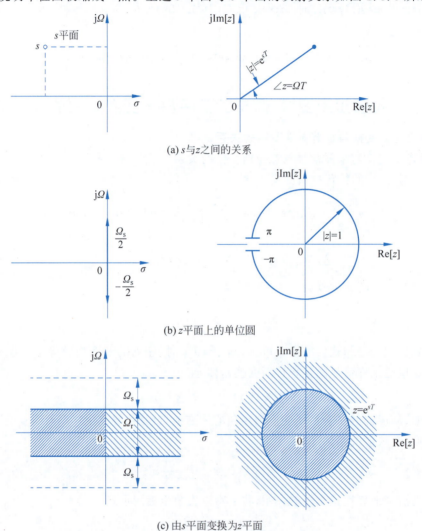

图 2.3.5 s 平面与 z 平面的对应关系

由式(2.3.35)可以看出 s 平面的虚轴与 z 的幅角 $\angle z$ 呈线性关系。$\Omega=$ 常数的线，映射在 z 平面上是幅角为 ΩT 的径向线，z 点的位置随着采样周期 T 的变化而改变，如图 2.3.5(a) 所示。$\Omega=0$ 时，$\angle z=\omega=0$，即 s 平面的实轴映射为 z 平面上是正实轴。原点 $s=0$ 映射为 $z=1$ 的点。进一步找出对应于 $\angle z=\omega$ 从 $-\pi$ 变到 π 时的 Ω，即

$$-\pi \leqslant \Omega T(=\omega) \leqslant \pi$$

则

$$-\pi/T \leqslant \Omega \leqslant \pi/T$$

也即

$$-\Omega_s/2 \leqslant \Omega \leqslant \Omega_s/2$$

这说明，在 s 平面上沿虚轴在 $\pm\Omega_s/2$ 之间变化时，幅角 $\angle z$ 在 $-\pi \sim +\pi$ 间旋转了一周，映射了整个 z 平面。而 Ω 每增加一个采样频率 $\Omega_s = 2\pi/T$，ω 就相应增加 2π，即重复旋转一周，所以 s 平面上相继宽度为 Ω_s 的各个带子都映射为同一 z 平面，或者说它们是重叠的。以上关系在数字滤波器的脉冲响应不变变换法设计中要用到。

2) 序列 z 变换与连续时间信号拉普拉斯变换的关系

先看采样序列的拉普拉斯变换 $\hat{X}(s)$ 和连续时间信号 $x_a(t)$ 的拉普拉斯变换 $X_a(s)$ 间的关系。由式(2.3.30)知

$$\hat{X}(s) = \int_{-\infty}^{\infty} x_a(t) \left[\sum_{n=-\infty}^{\infty} \delta(t-nT) \right] e^{-st} dt$$

由式(2.1.5)知 $\sum_{n=-\infty}^{\infty} \delta(t-nT) = \dfrac{1}{T} \sum_{m=-\infty}^{\infty} e^{jm\frac{2\pi}{T}t}$

所以

$$\hat{X}(s) = \frac{1}{T} \sum_{m=-\infty}^{\infty} \int_{-\infty}^{\infty} x_a(t) e^{-\left(s-jm\frac{2\pi}{T}\right)t} dt = \frac{1}{T} \sum_{m=-\infty}^{\infty} X_a\left(s - jm\frac{2\pi}{T}\right)$$

上式是连续时间信号的拉普拉斯变换与采样信号的拉普拉斯变换的关系，它表明时域采样后使信号的拉普拉斯变换在 s 平面上沿虚轴周期延拓。再利用式(2.3.32)即得连续时间信号 $x_a(t)$ 的拉普拉斯变换 $X_a(s)$ 与采样序列 z 变换间的关系为

$$X(z)\Big|_{z=e^{sT}} = \frac{1}{T} \sum_{m=-\infty}^{\infty} X_a\left(s - jm\frac{2\pi}{T}\right) \tag{2.3.36}$$

2. 序列的 z 变换与傅里叶变换的关系

1) z 变换是傅里叶变换在离散时间信号和系统中的推广

将 z 表示为 $z = re^{j\omega}$，按 z 变换的定义 $X(z)$ 可写成

$$X(z)\Big|_{z=re^{j\omega}} = X(re^{j\omega}) = \sum_{n=-\infty}^{\infty} x(n)(re^{j\omega})^{-n}$$

$$= \sum_{n=-\infty}^{\infty} [x(n)r^{-n}] e^{-j\omega n} \tag{2.3.37}$$

式(2.3.37)表示的 z 变换可看成是 $x(n)$ 乘以指数序列 r^{-n} 后的傅里叶变换。将傅里叶变换一致收敛的条件运用到式(2.3.37)，则要求

$$\sum_{n=-\infty}^{\infty} |x(n)r^{-n}| < \infty$$

由于序列 $x(n)$ 乘以实指数序列 r^{-n}，所以即使 $x(n)$ 的傅里叶变换不收敛，其 z 变换也可能收敛。这样，就将许多不满足绝对可和的序列展成了指数序列之和。例如单位阶跃序列 $u(n)$ 不是绝对可和的，从而其傅里叶变换不收敛，然而当 $|r|>1$ 时，$r^{-n}u(n)$ 绝对可和，因此单位阶跃序列 $u(n)$ 的 z 变换在收敛域 $1<|z|\leqslant\infty$ 上是存在的。

2) 单位圆上的 z 变换即序列的傅里叶变换

在单位圆 $|z|=1$ 上，$r=1$，式(2.3.37)成为

$$X(z)\Big|_{z=e^{j\omega}} = X(e^{j\omega}) = \sum_{n=-\infty}^{\infty} x(n) e^{-j\omega n} \tag{2.3.38}$$

因此，如果序列 z 变换的收敛域包括单位圆，则单位圆上的 z 变换即序列的频谱，这时频谱与 z 变换是一种符号代换关系。

3. 序列的傅里叶变换与拉普拉斯变换（双边）的关系

序列的傅里叶变换可看作是其拉普拉斯变换（双边）在虚轴上的特例，令 $s = \mathrm{j}\Omega$，由

$$\hat{X}(s) = \frac{1}{T}\sum_{m=-\infty}^{\infty} X_a\left(s - \mathrm{j}m\frac{2\pi}{T}\right)$$

可得

$$\hat{X}(\mathrm{j}\Omega) = X(\mathrm{e}^{\mathrm{j}\Omega T}) = \frac{1}{T}\sum_{m=-\infty}^{\infty} X_a\left(\mathrm{j}\Omega - \mathrm{j}m\frac{2\pi}{T}\right) \qquad (2.3.39)$$

即

$$X(z)\big|_{z=\mathrm{e}^{\mathrm{j}\omega}} = X(\mathrm{e}^{\mathrm{j}\omega}) = \frac{1}{T}\sum_{m=-\infty}^{\infty} X_a\left(\mathrm{j}\frac{\omega - m2\pi}{T}\right) \qquad (2.3.40)$$

式(2.3.39)说明在虚轴上的拉普拉斯变换，即理想采样信号的频谱（序列的傅里叶变换），是其相应的连续时间信号频谱的周期延拓。式(2.3.40)说明，这种频谱周期重复的现象，体现在 z 变换中为 $\mathrm{e}^{\mathrm{j}\omega} = \mathrm{e}^{\mathrm{j}\Omega T}$ 是 Ω 的周期函数，即 $\mathrm{e}^{\mathrm{j}\Omega T}$ 随 Ω 的变化在单位圆上重复循环。

视频讲解

2.4 系统函数

2.4.1 系统函数的定义

一个离散时间线性非时变系统可用它的单位采样响应来表示，即

$$y(n) = x(n) * h(n)$$

$x(n)$、$y(n)$、$h(n)$ 分别表示输入序列、输出响应及系统的单位采样响应。根据 z 变换中序列的卷积定理则有

$$Y(z) = H(z)X(z)$$

因而

$$H(z) = \frac{Y(z)}{X(z)} \qquad (2.4.1)$$

这样，离散时间线性非时变系统的系统函数 $H(z)$ 定义为输出信号 z 变换 $Y(z)$ 与输入信号 z 变换 $X(z)$ 之比。明显可见，系统函数 $H(z)$ 是单位采样响应 $h(n)$ 的 z 变换

$$H(z) = Z[h(n)]$$

而

$$h(n) = Z^{-1}[H(z)]$$

如果 $H(z)$ 的收敛域包含单位圆 $|z|=1$，则单位圆（$z = \mathrm{e}^{\mathrm{j}\omega}$）上的系统函数，就是系统的频率响应 $H(\mathrm{e}^{\mathrm{j}\omega})$。

2.4.2 系统函数和差分方程的关系

表示离散时间线性非时变系统的常系数线性差分方程的一般形式为

$$\sum_{k=0}^{N} a_k y(n-k) = \sum_{r=0}^{M} b_r x(n-r) \tag{2.4.2}$$

因为本书不研究系统的瞬态现象,所以假定系统在输入信号加入以前没有赋予初值。可直接对式(2.4.2)两端取 z 变换。利用 z 变换的线性特性及移位定理可得

$$\sum_{k=0}^{N} a_k z^{-k} Y(z) = \sum_{r=0}^{M} b_r z^{-r} X(z)$$

由此得系统函数为

$$H(z) = \frac{Y(z)}{X(z)} = \frac{\sum_{r=0}^{M} b_r z^{-r}}{\sum_{k=0}^{N} a_k z^{-k}} \tag{2.4.3}$$

这表明,系统函数可表示为两个 z^{-1} 的多项式之比,其系数正是差分方程式(2.4.2)两边的系数。

已知系统函数 $H(z)$ 时,对于任何输入 $x(n)$,容易由式(2.4.3)得到系统的输出为

$$y(n) = Z^{-1}[H(z)X(z)]$$

因此可用 z 变换解差分方程。式(2.4.3)也可表示为因式分解的形式

$$H(z) = A \frac{\prod_{r=1}^{M}(1 - c_r z^{-1})}{\prod_{k=1}^{N}(1 - d_k z^{-1})} \tag{2.4.4}$$

式(2.4.4)的分子中每个因子 $(1 - c_r z^{-1})$ 在 $z = c_r$ 处提供零点,在 $z = 0$ 处提供极点。分母中的每个因子 $(1 - d_k z^{-1})$ 在 $z = d_k$ 处提供极点,在 $z = 0$ 处提供零点。因此,除了比例常数 A 以外,整个系统函数可由其全部极点、零点来确定。

2.4.3 系统函数的收敛域

正如序列的 z 变换表达式,只有给定收敛域后才能唯一地确定序列一样,系统函数也只有给出其收敛域后,才能唯一地确定系统。

对于式(2.4.3)所确定的系统函数,选择不同的收敛域,其所代表的系统将完全不同。

1. 稳定系统

前文已证明,系统稳定的必要和充分条件是系统的单位采样响应绝对可和

$$\sum_{n=-\infty}^{\infty} |h(n)| < \infty$$

系统函数的收敛域正是使 $H(z)$ 级数绝对可和 $\left(\sum_{n=-\infty}^{\infty} |h(n)z^{-n}|\right)$ 的那些 z 值确定的区域。显然,如果系统函数的收敛域包括单位圆,则系统是稳定的,反之亦然。因此稳定系统的系统函数 $H(z)$ 必须在单位圆上收敛,也即 $H(e^{j\omega})$ 存在。

2. 因果系统

显然,选择系统函数的收敛域为通过离原点最远的 $H(z)$ 的极点的圆的外部(包括 $z = \infty$),即可得到单位采样响应为因果序列的系统。

3. 因果稳定系统

它的系统函数 $H(z)$ 必须在从单位圆到 ∞ 的整个区域收敛，即

$$1 \leqslant |z| \leqslant \infty$$

这说明系统函数的全部极点必须在单位圆以内，且收敛域也包括单位圆。

综上所述，当以 z 平面上极点、零点图描述系统函数时，常常需要画出单位圆，以便指示极点位于单位圆之内、之外、还是恰恰落在单位圆上。

2.4.4 系统频率响应的几何确定法

由式(2.4.3)可见，一般情况下，离散时间线性非时变系统的系统函数 $H(z)$ 的分子分母多项式的阶次不等，对于因果系统分子多项式的次数等于或小于分母多项式的次数。

用极矢量和零矢量表示系统函数，由式(2.4.4)得

$$H(z) = A \frac{\prod_{r=1}^{M}(1-c_r z^{-1})}{\prod_{k=1}^{N}(1-d_k z^{-1})} = A z^{-(M-N)} \frac{\prod_{r=1}^{M}(z-c_r)}{\prod_{k=1}^{N}(z-d_k)} \tag{2.4.5}$$

设 $H(z)$ 的收敛域包括单位圆，则系统的频率响应为

$$H(e^{j\omega}) = A e^{-j\omega(M-N)} \frac{\prod_{r=1}^{M}(e^{j\omega}-c_r)}{\prod_{k=1}^{N}(e^{j\omega}-d_k)} \tag{2.4.6}$$

在 z 平面上系统的零点 c_r 标志为"O"，极点 d_k 标志为"×"。其位置分别用 C_r 和 D_k 表示。c_r 和 d_k 可用几何矢量 OC_r 和 OD_k 表示。单位圆上的 $z = e^{j\omega}$ 的位置用 B 表示，其几何矢量为 OB。这样

$$c_r = OC_r; \quad d_k = OD_k, \quad z = e^{j\omega} = OB$$

显然有下面的几何关系

$$z - c_r = e^{j\omega} - c_r = OB - OC_r = C_r B$$

$$z - d_k = e^{j\omega} - d_k = OB - OD_k = D_k B$$

矢量 $C_r B$ 和 $D_k B$ 分别代表零点 C_r 和极点 D_k 至单位圆上 B 点的矢量，顺次称为零矢量和极矢量，如图 2.4.1(a)所示。于是系统的频率响应可表示为

$$H(e^{j\omega}) = A e^{-j\omega(M-N)} \frac{\prod_{r=1}^{M} C_r B}{\prod_{k=1}^{N} D_k B} \tag{2.4.7}$$

以极坐标表示为

$$C_r B = |C_r B| e^{j\alpha_r}, \quad D_k B = |D_k B| e^{j\beta_k}$$

$$H(e^{j\omega}) = |H(e^{j\omega})| e^{j\phi(\omega)}$$

则

$$|H(e^{j\omega})| = |A| \frac{\prod_{r=1}^{M} |C_r B|}{\prod_{k=1}^{N} |D_k B|} \quad (2.4.8)$$

$$\varphi(\omega) = \sum_{r=1}^{M} \alpha_r - \sum_{k=1}^{N} \beta_k - (M-N)\omega \quad (2.4.9)$$

式(2.4.5)中因子 $z^{-(M-N)}$ 的出现仅表明在 $z=0$ 处有 $(M-N)$ 阶极点 ($M>N$ 时)，或有 $(N-M)$ 阶零点 ($M<N$ 时)。这种极点或零点至单位圆上的距离不变，不影响振幅特性，仅对相位特性 $\arg[H(e^{j\omega})]$ 产生 $-(M-N)\omega$ 线性相移，即在时域引入 $(M-N)$ 步延时(或超前)位移而已。

用零矢量、极矢量表示系统相对频率响应 $H(e^{j\omega})/A$ 的公式如下

$$\left|\frac{H(e^{j\omega})}{A}\right| = \frac{\prod_{r=1}^{M} |C_r B|}{\prod_{k=1}^{N} |D_k B|} = \frac{\text{各零矢量模的连乘积}}{\text{各极矢量模的连乘积}} \quad (2.4.10)$$

$$\arg\left[\frac{H(e^{j\omega})}{A}\right] = \text{零矢量幅角之和} - \text{极矢量幅角之和} - (M-N)\omega \quad (2.4.11)$$

1. 极零点位置和振幅特性

由式(2.4.10)和式(2.4.11)易于看出极点、零点位置对系统频率响应的影响。由式(2.4.10)看到，当 $z=e^{j\omega}$ 在某个极点 d_k 附近时，矢量 $\boldsymbol{D_k B}$ 最短，出现 $|D_k B|$ 极小值，因而振幅特性在这附近出现峰值。极点 d_k 越靠近单位圆，$|D_k B|$ 的极小值越小，振幅特性出现的峰值就越尖锐，当极点 d_k 处在单位圆上时，$|D_k B|$ 的极小值为零，d_k 所在点的振幅特性将出现 ∞，相当于在该频率处出现无耗($Q=\infty$)谐振。当极点越出单位圆时，系统就处于不稳定状态，这是不希望出现的。

对于零点的位置则正好相反，式(2.4.10)说明，$e^{j\omega}$ 越接近某零点 c_r，振幅特性响应就越低，因此在零点附近，振幅特性响应将出现谷点。零点越接近单位圆，谷点越接近零。当零点处在单位圆上时，该零点所在频率上振幅特性响应为零。零点可越出单位圆外，对稳定性没有影响。

当频率 ω 由 0 到 2π 时，这些极点、零点矢量的终点沿单位圆逆时针方向旋转一周，从而可以估算出整个系统的频率响应来。图 2.4.1 表示了一个具有两个极点和一个零点的系统函数的极点零点矢量图，及其频率响应。这个频率响应不难用几何确定法加以验证。

2. 极点零点位置和相位特性

由式(2.4.11)可见，单位圆上任一 B 点处的系统函数的幅角等于各零点到 B 点的矢量幅角和，减去各极点到 B 点的矢量幅角和，再减去原点到 B 点的矢量幅角的 $(M-N)$ 倍。这就是系统函数相位特性的几何意义。

由图 2.4.1(a)可见，若零点或极点在单位圆内，当 B 点由 $\omega=0$ 逆时针旋转 2π 时，零矢量或极矢量幅角变化了 $+2\pi$；若零点或极点在单位圆外时，相位变化量为零(仅比较 $\omega=0$ 和 $\omega=2\pi$ 时相位变化量)。

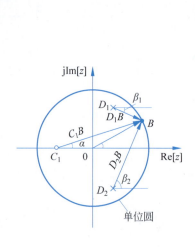
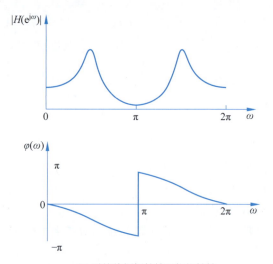

(a) 系统函数的极点、零点矢量图　　　　(b) 系统的振幅特性和相位特性

图 2.4.1　频率响应的几何确定法

系统有 M 个零点，用 m_i、m_o 顺次表示单位圆内、外零点的数目；有 N 个极点，用 p_i、p_o 顺次表示单位圆内、外极点的数目，则有

$$M = m_i + m_o \quad N = p_i + p_o$$

若 $p_o = 0, p_i = N$，当 ω 由零正向变化 2π 时，由式(2.4.11)知，相位变化为

$$\arg\left[\frac{H(e^{j\omega})}{A}\right] = 2\pi(m_i - p_i) - 2\pi(M - N)$$
$$= 2\pi m_i - 2\pi M = -2\pi m_o \tag{2.4.12}$$

因果稳定系统的极点全部在单位圆内，因此系统的相位变化量为 $-2\pi m_o$，仅取决于单位圆外零点的个数 m_o。对于因果稳定系统相位特性的变化，有两种极端情况，一种是系统的全部零点、极点集中在单位圆内，由式(2.4.12)可见，此时 $\arg\left[\frac{H(e^{j\omega})}{A}\right] = 0$ 称为最小相位系统。另一种是全部零点在单位圆外部，全部极点在单位圆内($m_i = 0, m_o = M, p_o = 0$, $p_i = N$)，则由式(2.4.12)可见此时系统相位变化量为 $-2\pi M$，称为因果性最大相位系统。当然还存在一种因果性混合相位系统，一般来说一个稳定的因果系统全部极点都位于单位圆内，而零点在单位圆内外都有。对于任何非最小相位系统均可表示为一个最小相位系统和一个全通系统的级联。全通系统就是在所有频率下振幅特性均为 1 的系统。若 $H_{ap}(z)$ 表示全通系统的系统函数，则对所有频率 ω 都有 $|H_{ap}(e^{j\omega})| = 1$。以上 3 种情况最重要最常用的是最小相位系统。

3. 全通系统

$H_{ap}(z)$ 表示全通系统函数，对所有频率 ω 有

$$|H_{ap}(e^{j\omega})| = 1, \quad 0 \leqslant \omega \leqslant 2\pi$$

全通系统的频率响应可表示为

$$H_{ap}(e^{j\omega}) = e^{j\varphi(\omega)}$$

信号通过全通系统后，不改变幅度谱，仅改变相位谱，得到纯相位滤波。

全通系统的系统函数可表示为

$$H_{ap}(z) = \frac{\sum\limits_{k=0}^{N} a_k z^{-N+k}}{\sum\limits_{k=0}^{N} a_k z^{-k}}$$

$$= \frac{z^{-N} + a_1 z^{-N+1} + a_2 z^{-N+2} + \cdots + a_N}{1 + a_1 z^{-1} + a_2 z^{-2} + \cdots + a_N z^{-N}} \quad a_0 = 1 \quad (2.4.13)$$

也可写为二阶级联形式

$$H_{ap}(z) = \prod_{i=l}^{L} \frac{z^{-2} + a_{1i} z^{-1} + a_{2i}}{a_{2i} z^{-2} + a_{1i} z^{-1} + 1} \quad (2.4.14)$$

式(2.4.13)和式(2.4.14)中的系数均为实数,式(2.4.13)中的 N 为全通系统的阶数,其分子分母多项式中的系数相同,仅排列的次序相反。将式(2.4.13)写成

$$H_{ap}(z) = z^{-N} \frac{\sum\limits_{k=0}^{N} a_k z^{k}}{\sum\limits_{k=0}^{N} a_k z^{-k}} = z^{-N} \frac{D(z^{-1})}{D(z)} \quad (2.4.15)$$

由于系数 a_k 是实数,令 $z = e^{j\omega}$,得到

$$D(e^{-j\omega}) = D^*(e^{j\omega})$$

$$|H_{ap}(e^{j\omega})| = \left|\frac{D^*(e^{j\omega})}{D(e^{j\omega})}\right| = 1$$

因此证明了式(2.4.13)的系统函数 $H_{ap}(z)$ 具有全通系统的性质。

全通系统的极点和零点互为倒数关系。设 z_k 是 $H_{ap}(z)$ 的零点,按照式(2.4.15) z_k^{-1} 一定是 $H_{ap}(z)$ 的极点,如果再考虑到 $D(z)$ 和 $D(z^{-1})$ 均为实系数,其极点零点均以共轭对的关系出现。这样复极点、复零点必以 4 个一组出现,如果零点用 z_k 表示,相应零点还有 z_k^*,极点则为 z_k^{-1} 和 $(z_k^{-1})^*$。对于实极点实零点,则以两个为一组,极点零点互为倒数。极点零点位置示意图如图 2.4.2 所示。

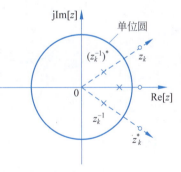

图 2.4.2　全通系统的极点零点分布

全通系统是一个纯相位滤波器,常用作相位均衡。如要求设计一个具有线性相位的系统,则可设计一个线性相位 FIR 系统,也可先设计一个满足振幅特性要求的 IIR 系统(选择性高),再级联一全通系统进行相位校正,使总的相位特性是线性的。

通过系统频率响应的几何确定法,可以清楚地看到,极点零点分布对系统性能的影响,这对系统的分析和设计是十分重要的。

【例 2.9】　一阶系统 $y(n) = a_1 y(n-1) + x(n)$　$0 < a_1 < 1$,其系统函数为

$$H(z) = \frac{1}{1 - a_1 z^{-1}}, \quad |z| > a_1 \quad (2.4.16)$$

$$h(n) = a_1^n u(n)$$

$$H(e^{j\omega}) = \frac{1}{(1-a_1\cos\omega) + ja_1\sin\omega}$$

$$|H(e^{j\omega})| = \frac{1}{\sqrt{1+a_1^2 - 2a_1\cos\omega}}$$

$$\varphi(\omega) = -\arctan\left(\frac{a_1\sin\omega}{1-a_1\cos\omega}\right)$$

系统的各种特性如图 2.4.3 所示,图中 a_1 为小于 1 的正实数。当 $\omega=0$ 和 π 时,极矢量模 $|a_1A_1|$ 和 $|a_1A_2|$ 分别达最小和最大,因此振幅特性响应在这两个角频率上分别呈现峰和谷。这里又一次看到了极点零点分布对系统频率响应的影响。

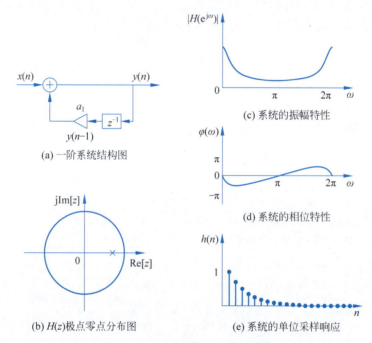

图 2.4.3 一阶离散时间系统特性

【例 2.10】 一个横向结构网络,其单位采样响应是例 2.9 的有限截取段,即

$$h(n) = \begin{cases} a_1^n, & 0 \leqslant n \leqslant M-1 \\ 0, & n \text{ 为其他} \end{cases}$$

可以看出,当 $x(n)=\delta(n)$ 时,单位采样序列只延时 $M-1$ 位后就消失了,因此 $h(n)$ 一共只有 M 个序列值。横向结构网络的系统函数为

$$H(z) = Z[h(n)] = \sum_{n=0}^{M-1} a_1^n z^{-n} = \frac{1-a_1^M z^{-M}}{1-a_1 z^{-1}}$$

$$= \frac{z^M - a_1^M}{z^{(M-1)}(z-a_1)} \qquad |z| > 0 \tag{2.4.17}$$

差分方程为

$$y(n) = x(n) + a_1 x(n-1) + a_1^2 x(n-2) + \cdots + a_1^{M-1} x(n-M+1)$$
$$= \sum_{i=0}^{M-1} a_1^i x(n-i)$$

由上面的差分方程可知,此系统可由 $M-1$ 节延时单元组成的延时链及其相应的 M 个抽头加权后相加组成。这种结构常称为横向网络或横向滤波器。

若 a_1 为正实数,$H(z)$ 的零点可由方程
$$z^M - a_1^M = 0$$
求解,得
$$z_k = a_1 e^{j\frac{2\pi}{M}k} \quad k = 0, 1, \cdots, M-1$$

这些零点是分布在 $|z| = a_1$ 的圆周上,并 M 等分圆周。极点为 $z = a_1$,即 $z = 0$($M-1$ 阶)。但其第一个零点 $k=0, z_0 = a_1$ 正好和式(2.4.17)分母上 $z = a_1$ 的极点相抵消。整个系统函数 $H(z)$ 共有 $(M-1)$ 个零点,$(M-1)$ 个极点,零点和极点都集中在原点 $z=0$ 处。
$$z_k = a_1 e^{j\frac{2\pi}{M}k}, \quad k = 0, 1, \cdots, M-1$$

图 2.4.4 给出了 $M=8$ 和 a_1 为小于 1 的正实数条件下的横向结构网络及其特性。可以看到,在每个零点附近对应着振幅特性响应的一个凹口,因此网络的频率特性上带有 M 次起伏波纹。可以用几何法对这些特性直观地加以验证。当 M 无限增多时,波纹趋于平滑,这时网络的特性趋于例 2.9 的结果。

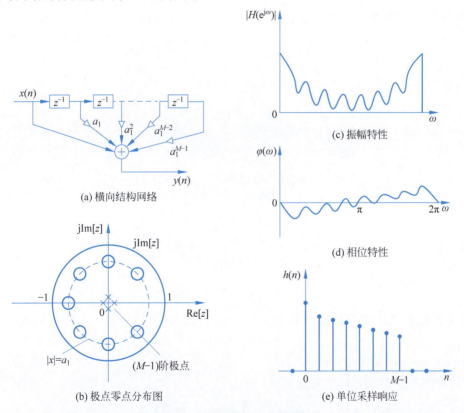

图 2.4.4 横向结构网络及特性

【例 2.11】 绘制极坐标图。

```python
import numpy as np
import matplotlib.pyplot as plt
from scipy import signal
from matplotlib.patches import Circle

b = [0, 1, -1]
a = [2, -1, 1]

[z, p, k] = signal.tf2zpk(b, a)              # 由系统函数求取零点、极点用来实现差分方程
print([z, p, k])

[c, d] = signal.zpk2tf(z, p, k)              # 由零点、极点求系统函数分子分母系数
print([c, d])

theta = np.pi * 2
r = np.abs(p[0])
a = plt.subplot(111, polar=True)
circle = Circle((0, 0), r, transform=a.transData._b, color="blue", alpha=0.2)
a.add_artist(circle)
plt.rcParams['font.sans-serif'] = ['SimHei']   # 用来正常显示中文标签
plt.rcParams['axes.unicode_minus'] = False     # 用来显示负号
plt.show()
```

运行程序,结果如图 2.4.5 所示。

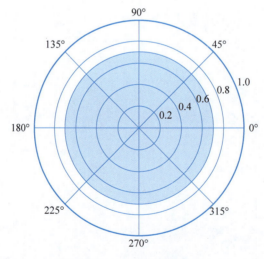

图 2.4.5　极坐标图

【例 2.12】 绘制数字滤波器频率响应。

```python
import matplotlib.pyplot as plt
import numpy as np
from scipy import signal

b = signal.firwin(80, 0.5, window=('kaiser', 8))    # b 是线性滤波器的分子
w, h = signal.freqz(b)   # w: ndarray 计算 h 的频率, h: ndarray 频率响应
```

```
fig, ax1 = plt.subplots()
ax1.set_title('数字滤波器频率响应')                    # 设置标题
ax1.plot(w, 20 * np.log10(abs(h)), 'b')  # 将返回参数 w 和 h 返还给图,绘制频率响应 freqz
ax1.set_ylabel('Amplitude [dB]', color = 'b')       # 纵轴
ax1.set_xlabel('Frequency [rad/sample]')            # 横轴

ax2 = ax1.twinx()
angles = np.unwrap(np.angle(h))
ax2.plot(w, angles, 'g')
ax2.set_ylabel('Angle (radians)', color = 'g')
ax2.grid()
ax2.axis('tight')

plt.rcParams['font.sans-serif'] = ['SimHei']        # 用来正常显示中文标签
plt.rcParams['axes.unicode_minus'] = False          # 用来显示负号
plt.show()
```

运行程序,结果如图 2.4.6 所示。

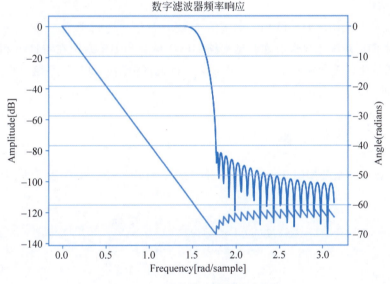

图 2.4.6 数字滤波器频率响应图

2.4.5 无限冲激响应系统与有限冲激响应系统

离散时间线性非时变系统一般可按单位采样响应时间及实现形式进行分类。按单位采样响应时间特性,可将离散时间线性非时变系统分为无限冲激响应(IIR)系统和有限冲激响应(FIR)系统两类。由例 2.9 可见,IIR 系统的单位采样响应是一个无限长序列。由例 2.10 的横向结构系统可见,FIR 系统的单位采样响应是一个有限长序列。这两类系统在系统函数上的特点不同。系统函数 $H(z)$ 的一般表达式为

$$H(z) = \frac{\sum_{r=0}^{M} b_r z^{-r}}{1 - \sum_{k=1}^{N} a_k z^{-k}} \quad (设 a_0 = 1)$$

因为有限长序列的 z 变换在整个有限 z 平面 $|z|>0$ 上收敛，故 $H(z)$ 在有限平面上不能有极点，也即 $H(z)$ 中全部系数必须为零，因而

$$H(z) = \sum_{r=0}^{M} b_r z^{-r}$$

只要 a_k 中有一个系数不为零，在有限 z 平面上就会出现极点，这就属于 IIR 系统了。

离散时间线性非时变系统从实现方法上可分为

递归型实现。因 IIR 系统函数的系数 a_k 至少有一项不为零，系统函数同时包括有 a_k 项和 b_r 项，其差分方程为

$$y(n) = \sum_{r=0}^{M} b_r x(n-r) - \sum_{k=1}^{N} a_k y \mid n-k \mid + y(n-k)$$

说明需要将延时的输出序列 $y(n-k)$ 反馈回来，因此 IIR 系统的实现结构都带有反馈环路，这就是递归型结构。

非递归型实现。系数 a_k 全为零的没有反馈的结构。非递归型结构也成为直接卷积型结构或横向结构。

IIR 系统只能采用递归型结构。而 FIR 系统一般是非递归型结构，采用零点极点抵消的办法，有时 FIR 系统也可含有递归型支路。FIR 系统和 IIR 系统在特性上和设计方法上都不相同，在量化误差影响效果上差别也很大。因此区分 IIR 和 FIR 系统是很重要的，它们构成了数字滤波器的两大类。

2.5 习题

1. 一理想采样系统如图 2.5.1 所示，采样频率为 $\Omega_s = 8\pi$，采样后经理想低通 $H(j\Omega)$ 还原

$$H(j\Omega) = \begin{cases} 1/4, & |\Omega| < 4\pi \\ 0, & |\Omega| \geqslant 4\pi \end{cases}$$

当有两个输入：$x_{a_1}(t) = \cos 2\pi t$，$x_{a_2}(t) = \cos 5\pi t$ 时，输出信号 $y_{a_1}(t)$，$y_{a_2}(t)$ 有无失真？为什么失真？

2. 序列 $x(n)$ 如图 2.5.2 所示，把 $x(n)$ 表示成加权延迟的单位采样序列的线性组合。

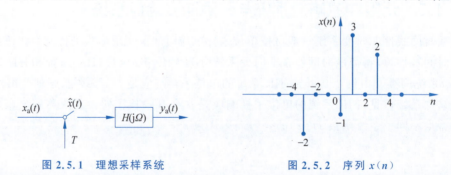

图 2.5.1 理想采样系统　　图 2.5.2 序列 $x(n)$

3. 对于图 2.5.3 中的每一组序列，试用离散卷积法求线性非时变系统（单位采样响应为 $h(n)$），对于输入 $x(n)$ 的响应。

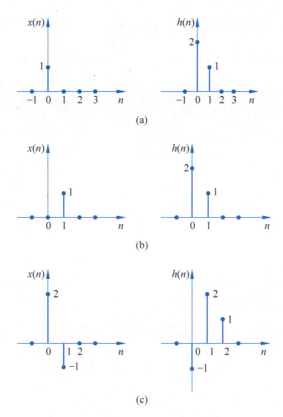

图 2.5.3　输入 $x(n)$ 和单位采样响应 $h(n)$

4. 直接计算序列

$$h(n) = \begin{cases} a^n, & 0 \leqslant n < N \\ 0, & \text{其他} \end{cases}$$

和

$$x(n) = \begin{cases} \beta^{n-n_0}, & n_0 < n \\ 0, & n < n_0 \end{cases}$$

的卷积 $y(n) = x(n) * h(n)$，并用公式表示。

5. 已知 $h(n) = a^{-n}u(-n)$，$0 < a < 1$，通过直接计算卷积和，确定单位采样响应为 $h(n)$ 的线性非时变系统的阶跃响应。

6. 试求如下各序列的傅里叶变换。

(1) $x(n) = \delta(n-3)$

(2) $x(n) = \dfrac{1}{2}\delta(n+3) + \delta(n) + \dfrac{1}{2}\delta(n-1)$

(3) $x(n) = a^n u(n)$，$0 < a < 1$

(4) $x(n) = \mu(n+3) - \mu(n-4)$

7. 数字滤波器经常运用的一个方面是按图 2.5.4 所示的方式过滤带限模拟信号。假设采样周期 T 很小，足以防止混叠。LPT 系统是一个理想低通滤波器，它在通带的增益为

T,截止频率为 $\frac{\pi}{T}$ rad/s,总系统等效于一个连续时间滤波器。图 2.5.5 中选择了两种 T 值,并给出了数字滤波器的频率响应 $H(e^{j\omega})$。试对于这两种情况分别给出总的连续时间系统的频率响应。

图 2.5.4 限带模拟信号的过滤

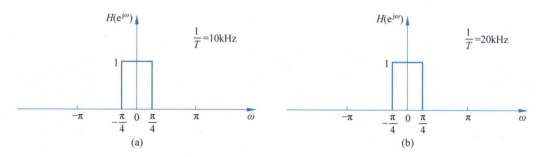

图 2.5.5 数字滤波器的频率响应

8. 采样内插公式

$$x_a(t) = \sum_{k=-\infty}^{\infty} x(kT) \frac{\sin\left(\frac{\pi}{T}\right)(t-kT)}{\left(\frac{\pi}{T}\right)(t-kT)}$$

表明了频带有限的连续时间信号可用其采样值来表示,式中 T 小于 2π 除以 $x_a(t)$ 的带宽,通常将一个序列变换成连续时间信号时,先将序列变换成一个阶跃函数,然后再作低通滤波,如图 2.5.6 所示。试确定为恢复 $x_a(t)$ 所需的低通滤波器的频率响应。

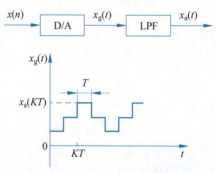

图 2.5.6 连续时间信号的变换

9. 研究一个 z 变换为 $X(z)$ 序列 $x(n)$,$X(z)$ 的极点零点图如图 2.5.7 所示。

(1) 若已知序列的傅里叶变换是收敛的,试求收敛域,并确定该序列是否是右序列,左序列或是双边序列。

(2) 如果不知道 $x(n)$ 的傅里叶变换是否收敛,但知道序列是双边的,试问图 2.5.7 的极点零点图能对应多少可能的序列? 对每种可能的序列指出它的收敛域。

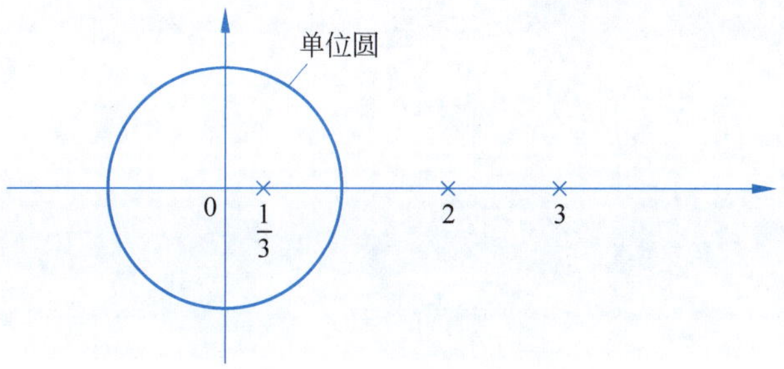

图 2.5.7 $X(z)$ 的极点零点图

10. 在图 2.5.8 中指出了 3 种极点零点图和 3 种可能的振幅特性,请根据 z 平面内极点和零点矢量的性能,确定每种振幅特性对应于哪种极点零点图。

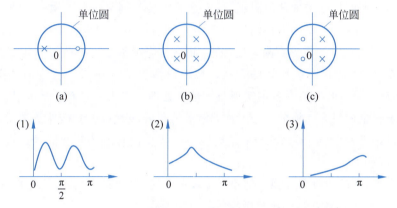

图 2.5.8 3 种极点零点图和 3 种可能的振幅特性

第3章 离散傅里叶变换

第2章对序列的长度未加任何限制,既可是无限长序列又可是有限长序列。对于只能在 $0 \leqslant n \leqslant N-1$ 的有限范围内考虑的序列 $x(n)$,特引入离散傅里叶变换(Discrete Fourier Transform,DFT),它本身也是有限长度序列,而不是连续函数。离散傅里叶变换不仅在理论上有重要意义,而且有快速计算的方法——快速傅里叶变换(Fast Fourier Transform,FFT)。因而离散傅里叶变换在各种实现数字信号处理的方法中起着重要作用。

本章主要讨论傅里叶变换的4种形式;离散傅里叶级数(DFS)推导及主要性质;离散傅里叶变换的定义及性质;频率采样;用离散傅里叶变换对连续时间信号逼近的问题;加权技术与窗函数。

从理论上说,离散傅里叶变换是傅里叶变换的一种可能形式。为了更好地理解这点,并不致发生混淆,本书先研究傅里叶变换的各种可能形式。

视频讲解

3.1 4种傅里叶变换

所谓傅里叶变换就是以时间为自变量的"信号"与以频率为自变量的"频谱"函数之间的某种变换关系。这种变换同样可以应用于其他有关物理或数学的各种问题中,并可以采用其他形式的变量。当自变量"时间"或"频率"取连续形式和离散形式的不同组合,就可以形成各种不同的傅里叶变换对,有些变换对是前文介绍过的,为前后一致,采用和前文相同的符号。讨论中所绘出的虚拟函数图只是为了清楚地说明各种特性,并不代表任何实际的变换对。

3.1.1 非周期连续时间信号的傅里叶变换

非周期连续时间信号 $x_a(t)$ 的傅里叶变换 $X_a(j\Omega)$ 可以表示为

$$X_a(j\Omega) = \int_{-\infty}^{\infty} x_a(t) e^{-j\Omega t} dt \tag{3.1.1}$$

逆变换为

$$x_a(t) = \frac{1}{2\pi} \int_{-\infty}^{\infty} X_a(j\Omega) e^{j\Omega t} d\Omega \tag{3.1.2}$$

式(3.1.1)及式(3.1.2)是大家所熟悉的非周期性连续时间信号及其频谱间的变换对,

其非周期连续时间函数及其傅里叶变换的形式如图 3.1.1 所示。可以看到：时域的连续函数造成频域的非周期谱，时域的非周期性造成频域的连续谱。结论是：一个非周期连续时间函数对应一个非周期连续频率变换函数。

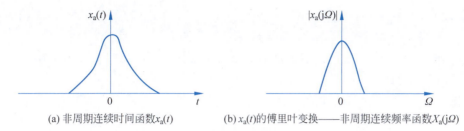

图 3.1.1　非周期连续时间函数及其傅里叶变换

3.1.2　周期连续时间信号的傅里叶变换

周期为 t_p 的周期性连续时间信号 $x_a(t)$ 的傅里叶变换是离散频率函数

$$X(m\Omega) = \frac{1}{t_p}\int_{-\frac{t_p}{2}}^{\frac{t_p}{2}} x_a(t)\mathrm{e}^{-\mathrm{j}m\Omega t}\mathrm{d}t \tag{3.1.3}$$

逆变换为

$$x_a(t) = \sum_{m=-\infty}^{\infty} X(m\Omega)\mathrm{e}^{\mathrm{j}m\Omega t} \tag{3.1.4}$$

式(3.1.3)及式(3.1.4)是被称为傅里叶级数的变换形式，式(3.1.3)所表示的积分是在 $x_a(t)$ 的一个周期内进行的。两相邻谱线分量之间的角频率增量与周期 t_p 之间的关系可表示为

$$\Omega = 2\pi \frac{1}{t_p} = 2\pi F \quad F = \frac{1}{t_p} \tag{3.1.5}$$

式(3.1.3)及式(3.1.4)两个函数的特性如图 3.1.2 所示。可以看到：时域的连续函数造成频域的非周期谱；频域函数的离散(采样)造成了时域函数的周期。结论是：一个周期连续时间函数对应一个非周期离散频率变换函数。

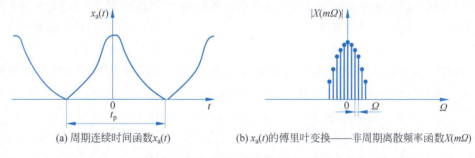

图 3.1.2　周期连续时间函数及其傅里叶变换

3.1.3　非周期离散时间信号的傅里叶变换

非周期离散时间信号 $x(n)$ 的傅里叶变换 $X(\mathrm{e}^{\mathrm{j}\omega})$ 是第 2 章讨论的序列及其频域表示的

情况。其变换对为

$$X(\mathrm{e}^{\mathrm{j}\omega}) = \sum_{n=-\infty}^{\infty} x(n)\mathrm{e}^{-\mathrm{j}\omega n} \tag{3.1.6}$$

$$x(n) = \frac{1}{2\pi}\int_{-\pi}^{\pi} X(\mathrm{e}^{\mathrm{j}\omega})\mathrm{e}^{\mathrm{j}\omega n}\mathrm{d}\omega \tag{3.1.7}$$

式(3.1.6)及式(3.1.7)用数字域频率 ω 来表示变换对，并且式(3.1.7)是在 $X(\mathrm{e}^{\mathrm{j}\omega})$ 的一个周期内求积分的。

采样频率 f_s 与采样周期 T 的关系是

$$f_s = \frac{1}{T}$$

采样的角频率为 $\Omega_s = \frac{2\pi}{T}$，而采样数字域频率 $\omega_s = 2\pi$。

式(3.1.6)及式(3.1.7)两个函数的特性如图3.1.3所示。该变换对说明，时域的采样，对应频域函数的周期延拓(其周期在数字域频率恰为 2π)。而时域函数的非周期对应频域函数的连续。

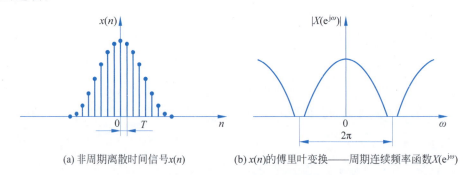

(a) 非周期离散时间信号 $x(n)$ (b) $x(n)$ 的傅里叶变换——周期连续频率函数 $X(\mathrm{e}^{\mathrm{j}\omega})$

图 3.1.3 非周期离散时间信号及其傅里叶变换

3.1.4 周期离散时间信号的傅里叶变换

按照时间变量和频率变量是连续还是离散的不同组合，可以推断，存在时间变量和频率变量都是离散的情况。时域采样会得到频域的周期性函数。由于在非周期连续傅里叶变换中时间 t 及频率 f 是对称的，所以在一对傅里叶变换式中将 t 与 f 对调之后，计算关系同样成立。因此在频域采样，将使时域信号得到周期延拓(关于频率采样理论下文还要介绍)。这样，第4种傅里叶变换对实际上是周期的离散时间信号与周期的离散频率信号间的变换对，如图3.1.4所示。这就是本书将要分析的离散傅里叶级数变换。

总结以上4种傅里叶变换对的形式，可得如下结论：若一个函数在一个域内(时间域或频率域)是周期性的，则相应的在另一个域中的变换式必是采样的形式，即离散变量的函数；反之，如果在一个域中的函数是采样的，则在另一个域中必是周期性函数。在一个域中函数的周期必是另一个域中两个采样点间增量的倒数。

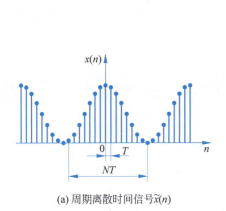 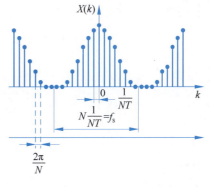

(a) 周期离散时间信号$\tilde{x}(n)$　　　　(b) $x(\tilde{n})$的傅里叶变换——周期离散频率函数$\tilde{X}(k)$

图 3.1.4　周期离散时间函数及其傅里叶变换

3.2　离散傅里叶级数

为了更好地理解离散傅里叶变换的概念,作为一种过渡,先简要地研究一下离散傅里叶级数。

3.2.1　离散傅里叶级数变换的推导

当用数字计算机对信号进行频谱分析时,要求信号必须以离散值作为输入,而计算机输出所得的频谱值,自然也是离散的。因此在 3.1 节中介绍的傅里叶变换的可能形式中,只有第 4 种形式对于数字信号处理有实用价值。前 3 种形式中或者信号是时间的连续函数,或者频谱是频率的连续函数,或者信号及频谱二者都是变量的连续函数,因此都不适合数字计算机进行计算。要使前 3 种形式能用数字计算机进行计算,必须针对每种形式的具体情况,或者在时域与频域上同时采样,或者在时域上采样,或者在频域上采样。信号在时域上采样导致频率的周期函数,而在频域上采样导致时域的周期函数,最后都将使原时间函数和频率函数二者都成为周期离散的函数,即由于采样的结果,前 3 种形式最后都能变为第 4 种形式——离散傅里叶级数形式。现在以第 3 种傅里叶级数形式(见图 3.1.3)为例来推导离散傅里叶级数变换。

为更清楚地表示式(3.1.6)所示的第 3 种形式傅里叶变换的周期性,下文在 $X(e^{j\omega})$ 上加表示周期性的上标"~",并重写如下

$$\widetilde{X}(e^{j\omega}) = \sum_{n=-\infty}^{\infty} x(n) e^{-j\omega n} \tag{3.2.1}$$

设 $\tilde{x}(n)$ 的列长为 N,则式(3.2.1)可写为

$$\widetilde{X}(e^{j\omega}) = \sum_{n=0}^{N-1} x(n) e^{-j\omega n}$$

再对 $\widetilde{X}(e^{j\omega})$ 采样,使其成为周期性离散频率函数,并导致时域序列 $x(n)$ 周期化为 $\tilde{x}(n)$,如图 3.1.4 所示。图中时域采样间隔为 T,在一个周期内采样点数为 N。

由 3.2 节分析可知,在自变量为 t 及 f 的情况下,在一个域中对函数进行采样,两采样

点间增量的倒数,必是另一个域中函数的周期。当序列的周期为 NT 时,对频谱采样的谱间距是 $\dfrac{1}{NT}$。以数字频率表示时,谱间距是

$$\omega_1 = \frac{2\pi}{N} \tag{3.2.2}$$

因此,以数字频率 ω 为变量的 $X(e^{j\omega})$ 被离散化时,其变量 ω 成为

$$\omega = k\omega_1 = \frac{2\pi}{N}k \quad k = 0,1,\cdots,N-1 \tag{3.2.3}$$

所以离散周期序列 $\tilde{x}(n)$ 的傅里叶级数可写成

$$\widetilde{X}(k) = \widetilde{X}(e^{j\omega})\Big|_{\omega=\frac{2\pi}{N}k} = \sum_{n=0}^{N-1} \tilde{x}(n) e^{-j\frac{2\pi}{N}kn}, \quad k=0,1,2,\cdots,N-1 \tag{3.2.4}$$

并将数字域频率简化为以 k 表示。上面两公式中,k 为整数,而且由于 $\widetilde{X}(e^{j\omega})$ 的周期是 2π,所以 k 只可取 $0 \sim N-1$。这就是说,$\widetilde{X}(k)$ 有 N 个不同的值,$\widetilde{X}(k)$ 与 $\tilde{x}(n)$ 都是以 N 个采样值为一个周期的周期性函数。这一点在公式中看起来并不明显,事实上式(3.2.4)只能计算出 N 个独立的复数值。设 $k=r$,其中 r 是任意整数,则由式(3.2.4)有

$$\widetilde{X}(r) = \sum_{n=0}^{N-1} \tilde{x}(n) e^{-j\frac{2\pi}{N}rn}$$

又设,$k=r+N$,注意到

$$e^{\frac{-j2\pi n(r+N)}{N}} = e^{\frac{-j2\pi nr}{N}} e^{-j2\pi n} = e^{-j\frac{2\pi nr}{N}}$$

故有

$$\widetilde{X}(r+N) = \sum_{n=0}^{N-1} \tilde{x}(n) e^{-j\frac{2\pi}{N}nr} = \widetilde{X}(r)$$

因此式(3.2.4)的 $\widetilde{X}(k)$ 是以 N 个采样值为一个周期的周期性函数。

求离散傅里叶级数的逆变换,即从 $\widetilde{X}(k)$ 求 $\tilde{x}(n)$。将正变换式(3.2.4)两边同乘以 $e^{j\frac{2\pi}{N}kr}$,并对一个周期求和,即

$$\sum_{k=0}^{N-1} \widetilde{X}(k) e^{j\frac{2\pi}{N}kr} = \sum_{k=0}^{N-1} \left(\sum_{n=0}^{N-1} \tilde{x}(n) e^{-j2\pi kn/N} \right) \cdot e^{j\frac{2\pi}{N}kr} = N\left[\sum_{n=0}^{N-1} \tilde{x}(n) \left(\frac{1}{N} \sum_{k=0}^{N-1} e^{j\frac{2\pi}{N}k(r-n)} \right) \right]$$

根据正交定理

$$\frac{1}{N}\sum_{k=0}^{N-1} e^{j\frac{2\pi}{N}k(r-n)} = \begin{cases} 1, & r=n \\ 0, & r \neq n \end{cases} \tag{3.2.5}$$

则得

$$\sum_{k=0}^{N-1} \widetilde{X}(k) e^{j\frac{2\pi}{N}kr} = N\left[\sum_{n=0}^{N-1} \tilde{x}(n) \right]\Bigg|_{n=r} = N\tilde{x}(r)$$

以 n 替换 r 得

$$\tilde{x}(n) = \frac{1}{N} \sum_{k=0}^{N-1} \widetilde{X}(k) e^{j\frac{2\pi}{N}kn} \tag{3.2.6}$$

与式(3.2.4)一样,式(3.2.6)所表达的也是一个以 N 为周期的周期序列

$$\tilde{x}(n+mN) = \frac{1}{N}\sum_{k=0}^{N-1}\tilde{X}(k)\mathrm{e}^{\mathrm{j}\frac{2\pi}{N}(n+mN)k} = \frac{1}{N}\sum_{k=0}^{N-1}\tilde{X}(k)\mathrm{e}^{\mathrm{j}\frac{2\pi}{N}kn} = \tilde{x}(n)$$

综上所述，离散周期序列的傅里叶级数变换对可表达为

$$\tilde{X}(k) = \mathrm{DFS}[\tilde{x}(n)] = \sum_{n=0}^{N-1}\tilde{x}(n)\mathrm{e}^{-\mathrm{j}\left(\frac{2\pi}{N}\right)kn} \tag{3.2.7}$$

$$\tilde{x}(n) = \mathrm{IDFS}[\tilde{X}(k)] = \frac{1}{N}\sum_{k=0}^{N-1}\tilde{X}(k)\mathrm{e}^{\mathrm{j}\left(\frac{2\pi}{N}\right)nk} \tag{3.2.8}$$

其中，$\mathrm{DFS}[\cdot]$ 表示离散傅里叶级数正变换，$\mathrm{IDFS}[\cdot]$ 表示离散傅里叶级数逆变换。有时为了方便，令

$$W_N = \mathrm{e}^{-\mathrm{j}\frac{2\pi}{N}} \tag{3.2.9}$$

并称之为 W_N 因子，则式(3.2.7)及式(3.2.8)可表达为

$$\tilde{X}(k) = \mathrm{DFS}[\tilde{x}(n)] = \sum_{n=0}^{N-1}\tilde{x}(n)W_N^{kn} \tag{3.2.10}$$

$$\tilde{x}(n) = \mathrm{IDFS}[\tilde{X}(k)] = \frac{1}{N}\sum_{k=0}^{N-1}\tilde{X}(k)W_N^{-kn} \tag{3.2.11}$$

3.2.2 傅里叶级数的主要性质

离散傅里叶级数的某些性质对其成功地应用于信号处理问题是极其重要的。下面简要地介绍一下这些重要性质。

1. 线性特性

若有周期皆为 N 的两个离散周期序列 $\tilde{x}_1(n)$ 和 $\tilde{x}_2(n)$ 线性组合成一个新的周期序列 $\tilde{x}_3(n)$

$$\tilde{x}_3(n) = a\tilde{x}_1(n) + b\tilde{x}_2(n) \tag{3.2.12}$$

则

$$\tilde{X}_3(k) = \mathrm{DFS}[a\tilde{x}_1(n) + b\tilde{x}_2(n)] = a\tilde{X}_1(k) + b\tilde{X}_2(k) \tag{3.2.13}$$

式中，a、b 为任意常数。线性特性可根据 DFS 的定义证明。

由于是线性组合，所以 $\tilde{x}_3(n)$ 的周期长度不变，仍为 N。$\tilde{X}_3(k)$ 也是周期为 N 的离散周期序列。

2. 序列移位

1) 时域移位

周期序列 $\tilde{x}(n)$ 左移 m 位后，得 $\tilde{x}(n+m)$，则

$$\mathrm{DFS}[\tilde{x}(n+m)] = W_N^{-mk}\tilde{X}(k) \tag{3.2.14}$$

证明：

$$\mathrm{DFS}[\tilde{x}(n+m)] = \sum_{n=0}^{N-1}\tilde{x}(n+m)W_N^{nk} \quad \text{换元 } i = n+m$$

$$= \sum_{i=m}^{N-1+m}\tilde{x}(i)W_N^{ki}W_N^{-mk}$$

$$= W_N^{-mk}\sum_{i=m}^{N-1+m}\tilde{x}(i)W_N^{ki}$$

由于 $\tilde{x}(i)$ 及 W_N^{ki} 都是以 N 为周期的周期函数,因此对 i 求和时,下限从 m 至上限 $N-1+m$ 与下限从 0 至上限 $N-1$ 是相同的。因此

$$\sum_{i=m}^{N-1+m}\tilde{x}(i)W_N^{ki}=\sum_{i=0}^{N-1}\tilde{x}(i)W_N^{ki}=\tilde{X}(k)$$

所以

$$\mathrm{DFS}[\tilde{x}(n+m)]=W_N^{-mk}\tilde{X}(k)$$

显然,大于周期的任何移位(也即 $m\geqslant N$)和短于周期的移位在时域上不能区分。

2) 频域移位

当将 $\tilde{X}(k)$ 左移 l 时,得 $\tilde{X}(k+l)$,则

$$\mathrm{IDFS}[\tilde{X}(k+l)]=W_N^{nl}\tilde{x}(n) \tag{3.2.15}$$

可用与上文类似的方法证明式(3.2.15)。

3. 周期卷积特性

1) 时域卷积

若 $\tilde{x}_1(n)$ 和 $\tilde{x}_2(n)$ 是周期为 N 的两个周期序列,并分别具有离散傅里叶级数 $\tilde{X}_1(k)$ 和 $\tilde{X}_2(k)$,则傅里叶级数 $\tilde{X}_3(k)=\tilde{X}_1(k)\cdot\tilde{X}_2(k)$ 所对应的序列 $\tilde{x}_3(n)$ 为

$$\tilde{x}_3(n)=\sum_{m=0}^{N-1}\tilde{x}_1(m)\tilde{x}_2(n-m)=\sum_{m=0}^{N-1}\tilde{x}_2(m)\tilde{x}_1(n-m) \tag{3.2.16}$$

证明:

$$\tilde{x}_3(n)=\mathrm{IDFS}[\tilde{X}_3(k)]=\mathrm{IDFS}[\tilde{X}_1(k)\cdot\tilde{X}_2(k)]$$

$$=\frac{1}{N}\sum_{k=0}^{N-1}\tilde{X}_1(k)\tilde{X}_2(k)W_N^{-nk}$$

将

$$\tilde{X}_1(k)=\sum_{m=0}^{N-1}\tilde{x}_1(m)W_N^{mk}$$

代入,则

$$\tilde{x}_3(n)=\frac{1}{N}\sum_{k=0}^{N-1}\sum_{m=0}^{N-1}\tilde{x}_1(m)\tilde{X}_2(k)W_N^{-(n-m)k}$$

$$=\sum_{m=0}^{N-1}\tilde{x}_1(m)\left[\frac{1}{N}\sum_{k=0}^{N-1}\tilde{X}_2(k)W_N^{-(n-m)k}\right]$$

$$=\sum_{m=0}^{N-1}\tilde{x}_1(m)\tilde{x}_2(n-m)$$

只要将 $\tilde{x}_1(m)$、$\tilde{x}_2(n-m)$ 简单换元,就可证明

$$\tilde{x}_3(n)=\sum_{m=0}^{N-1}\tilde{x}_2(m)\tilde{x}_1(n-m) \tag{3.2.17}$$

式(3.2.17)是一个卷积公式,但不同于上文讨论过的线性卷积,二者的差别在于这里的卷积过程只限于一个周期以内,表现在式(3.2.17)中 m 取值取 $0\sim N-1$,所以称为周期卷积。

图 3.2.1 给出了两个周期为 $N=7$ 的序列 $\tilde{x}_1(n)$ 和 $\tilde{x}_2(n)$ 进行周期卷积的过程。

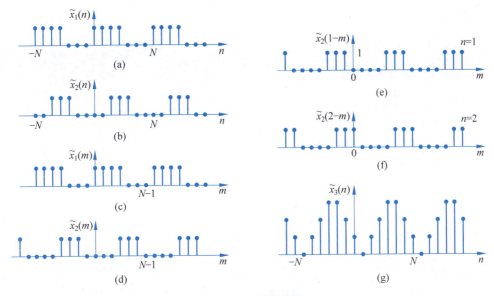

图 3.2.1 周期卷积

(1) 先在哑元坐标 m 上作 $\tilde{x}_1(m),\tilde{x}_2(m)$（图中未画出）；

(2) 将 $\tilde{x}_2(m)$ 以 $m=0$ 的垂直轴为轴作反卷得 $\tilde{x}_2(-m)$，并进行移位，例如图 3.2.1(d)、(e)、(f) 所示的对应于 $n=0,1,2$ 时的 $\tilde{x}_2(n-m)$；

(3) 在一个周期内将 $\tilde{x}_2(n-m)$ 与 $\tilde{x}_1(m)$ 对应点逐点相乘后求和，就得到相应于 $n=0,1,2$ 时的 $\tilde{x}_3(n)$，继续下去就得到了整个周期内的全部 $\tilde{x}_3(n)$。

由于 $\tilde{x}_1(n),\tilde{x}_2(n)$ 都是周期为 N 的周期序列，因此 $\tilde{x}_3(n)$ 也是周期为 N 的周期序列。

2) 频域卷积

对于周期序列的乘积，存在着频域的周期卷积。若

$$\tilde{x}_3(n) = \tilde{x}_1(n)\tilde{x}_2(n)$$

则

$$\tilde{X}_3(k) = \mathrm{DFS}[\tilde{x}_3(n)] = \frac{1}{N}\sum_{l=0}^{N-1}\tilde{X}_1(l)\tilde{X}_2(k-l)$$

$$= \frac{1}{N}\sum_{l=0}^{N-1}\tilde{X}_2(l)\tilde{X}_1(k-l) \qquad (3.2.18)$$

根据 DFS 与 IDFS 变换的对称性不难证明式(3.2.18)。

【例 3.1】 计算 6 点的数字序列的 DFS 和卷积。

```
import numpy as np

N = 6
W6_1 = np.exp(-1j * 2 * np.pi / N * 1)
print("W6_1:", W6_1)
W6_2 = np.exp(-1j * 2 * np.pi / N * 2)
print("W6_2:", W6_2)

x = np.array([14, 12, 10, 8, 6, 10])
```

```
print("x:", x)
X = np.fft.fft(x)
print("X:", X)

# Define DFS function
def DFS(x, N, k):
    X = np.zeros(N, dtype = complex)
    for n in range(N):
        X[k] += x[n] * np.exp(-1j * 2 * np.pi * k * n / N)
    return X

X2 = DFS(x, 6, 0)
X3 = DFS(x, 6, 1)
print("X2:", X2)
print("X3:", X3)

x1 = np.array([1, 1, 1, 1, 0, 0, 0])
x2 = np.array([0, 0, 1, 1, 1, 0, 0])
x3 = np.convolve(x1, x2)
print("x3:", x3)
```

程序输出结果为

```
W6_1: (0.5000000000000001-0.8660254037844386j)
W6_2: (-0.4999999999999998-0.8660254037844387j)
x: [14 12 10 8 6 10]
X: [60.+0.00000000e+00j 9.-5.19615242e+00j 3.+1.73205081e+00j 0.+4.44089210e-16j
3.-1.73205081e+00j 9.+5.19615242e+00j]
X2: [60.+0.j 0.+0.j 0.+0.j 0.+0.j 0.+0.j 0.+0.j]
X3: [0.+0.j 9.-5.19615242j 0.+0.j 0.+0.j 0.+0.j 0.+0.j]
x3: [0 0 1 2 3 3 2 1 0 0 0 0 0]
```

视频讲解

3.3 离散傅里叶变换

3.3.1 DFT只有N个独立的复值

离散傅里叶级数是周期序列,仍不便于计算机计算。离散傅里叶级数虽是周期序列却只有 N 个独立的复值,只要知道它一个周期的内容,其他的内容也就知道了。式(3.2.10)表明只要把一个周期内的 $\tilde{x}(n)$ 乘以对应的 W_N^{nk} ,这里的 n 在 $[0, N-1]$ 内取值,而 k 可在 $(-\infty, \infty)$ 内取值,可得任意 k 对应的 $\tilde{X}(k)$。式(3.2.11)表明,仅用 $\tilde{X}(k)$ 的一个周期的值,即 k 只取 $[0, N-1]$ 区间内的值,就可得任意 n ,即 n 在 $(-\infty, +\infty)$ 区间内取值时的 $\tilde{x}(n)$。如果同时限制式(3.2.10)中的 k 和式(3.2.11)中的 n 都只在区间 $[0, N-1]$ 内取值,就得到了一个周期的 $x(n)$ 和一个周期的 $X(k)$ 间的对应关系。

$$X(k) = \text{DFT}[x(n)] = \sum_{n=0}^{N-1} x(n) W_N^{kn}, \quad 0 \leqslant k \leqslant N-1 \quad (3.3.1)$$

$$x(n) = \text{IDFT}[X(k)] = \frac{1}{N} \sum_{k=0}^{N-1} X(k) W_N^{-kn}, \quad 0 \leqslant n \leqslant N-1 \quad (3.3.2)$$

式(3.3.1)和式(3.3.2)即称为有限长序列的离散傅里叶变换对。式(3.3.1)称为离散傅里叶变换，简称 DFT。式(3.3.2)称为离散傅里叶逆变换，简称为 IDFT。

3.3.2 DFT 隐含周期性

若长度为 N 的有限长序列 $x(n)$ 是由对连续时间函数 $x(t)$ 采样得来的，则频域上已经意味着以 $\Omega_s = \dfrac{2\pi}{T}$（或 $\omega = 2\pi$）为周期作周期延拓。再对频域作一次采样，则时间序列 $x(n)$ 按周期 N 延拓成为一个周期性时间序列 $\tilde{x}(n)$。因此，利用 DFT 对有限列长 N 的时间序列展开，相当于对此序列作周期性处理。离散傅里叶变换对式(3.3.1)及式(3.3.2)，表面上看为非周期性的，但一定要想到它们隐含周期性。

3.3.3 DFT 是连续傅里叶变换的近似

离散傅里叶变换可以看成连续函数在时域、频域采样构成的变换。只要取出 $\tilde{x}(n)$ 的一个周期，乘以相应的内插函数就可恢复原连续函数。由下文分析可知，对频域也可取出 $\tilde{X}(k)$ 的一个周期，乘以相应的内插函数，就可恢复原连续的频率函数。DFT 变换对可唯一地确定 $\tilde{X}(k)$ 的一个周期 $X(k)$ 及 $\tilde{x}(n)$ 的一个周期 $x(n)$。$x(n)$ 及 $X(k)$ 都是长度为 N 的序列，都有 N 个独立复值，因而具有的信息是等量的，它们乘以相应的内插函数后，复原的连续函数也就完全确定了，因而离散傅里叶变换可以看作连续傅里叶变换的近似。$x(n)$ 及 $X(k)$ 都是有限长序列，便于用数字计算机计算，这样对连续函数的处理就可以用离散采样的处理代替。这就是要采用离散傅里叶变换的原因。

【例 3.2】 求 6 点的数字序列的 DFT 和 IDFT。

```python
import matplotlib.pyplot as plt
import numpy as np
import math

# Number of sample points
N = 6
# sample spacing
T = 1.0 / 6.0
x = np.linspace(0.0, N * T, N, endpoint = False)
ys = x

# Build signal: Create a function to calculate the composite matrix M
def synthesis_matrix(N):
    ts = np.arange(N) / N
    fs = np.arange(N)
    args = np.outer(ts, fs)
    M = np.exp(1j * 2 * math.pi * args)
    return M

# Define DFT positive transformation
def dft(ys):
    N = len(ys)
    M = synthesis_matrix(N)
    amps = M.conj().transpose().dot(ys)  # Calculate the weighted sum of frequency elements
```

```
        return amps

# Define inverse DFT transform
def idft(ys):
    N = len(ys)
    M = synthesis_matrix(N)
    amps = M.dot(ys) / N
    return amps

print(dft(ys))
print(idft(ys))
```

程序输出结果为

[2.5+0.00000000e+00j   -0.5+8.66025404e-01j -0.5+2.88675135e-01j
 -0.5-3.06161700e-16j -0.5-2.88675135e-01j -0.5-8.66025404e-01j]
[0.41666667+0.00000000e+00j -0.08333333-1.44337567e-01j
 -0.08333333-4.81125224e-02j -0.08333333+5.10269500e-17j
 -0.08333333+4.81125224e-02j -0.08333333+1.44337567e-01j]

本程序中主要定义了 3 个函数：synthesis_matrix 是用于构建信号，给定一系列振幅和频率，合成一个输入矩阵，dft 和 idft 是根据 DFT 正逆变换的表达式对输入信号进行求值。

3.4 离散傅里叶变换的性质

在下文的讨论中，假定 $x_1(n)$ 与 $x_2(n)$ 都是列长为 N 的有限长序列，它们的离散傅里叶变换分别为

$$X_1(k) = \text{DFT}[x_1(n)]$$
$$X_2(k) = \text{DFT}[x_2(n)]$$

视频讲解

3.4.1 线性特性

若两个有限长序列 $x_1(n)$ 和 $x_2(n)$ 的线性组合为

$$x_3(n) = ax_1(n) + bx_2(n) \tag{3.4.1}$$

则 $x_3(n)$ 的离散傅里叶变换为 $X_1(k)$ 与 $X_2(k)$ 的线性组合

$$\begin{aligned} X_3(k) &= \text{DFT}[ax_1(n) + bx_2(n)] \\ &= a\text{DFT}[x_1(n)] + b\text{DFT}[x_2(n)] \\ &= aX_1(k) + bX_2(k) \end{aligned} \tag{3.4.2}$$

式中 a、b 为任意常数。

注意，如果 $x_1(n)$ 列长为 N_1，$x_2(n)$ 列长为 N_2，则 $x_3(n)$ 的最大列长为 $N_3 = \max[N_1, N_2]$。因而，离散傅里叶变换 $X_3(k)$ 必须按 $N = N_3$ 计算。例如，若 $N_1 < N_2$，则 $X_1(k)$ 就是序列 $x_1(n)$ 增补 $N_2 - N_1$ 个零点后的离散傅里叶变换。

3.4.2 离散傅里叶逆变换的另一个公式

式(3.3.2)给出的离散傅里叶逆变换形式与正变换不同之处在于 W_N 因子用负指数，且有一个比例系数 $1/N$。离散傅里叶逆变换还有另一种形式，即

$$x(n) = \frac{1}{N}\left[\sum_{k=0}^{N-1} X^*(k) W_N^{nk}\right]^* \quad 0 \leqslant n \leqslant N-1 \qquad (3.4.3)$$

证明：

$$\frac{1}{N}\left[\sum_{k=0}^{N-1} X^*(k) W_N^{nk}\right]^* = \frac{1}{N}\left[\sum_{k=0}^{N-1} X(k) W_N^{-nk}\right] = x(n) \qquad (3.4.4)$$

式(3.4.3)的逆变换公式中括号内 W_N 因子用正指数，与正变换公式中 W_N 指数一致。式(3.4.3)与正变换公式不同之处是用 $X(k)$ 的共轭 $X^*(k)$ 来作运算，并在作出括号内的变换运算后，再取共轭并乘以常数 $1/N$，得出时间序列 $x(n)$。这种逆变换形式在运算上与正变换一样，这样在电子计算机上，只要编一个程序就可以既用来计算离散傅里叶变换，又用来计算它的逆变换。

【例 3.3】 采用正变换求 6 点的数字序列的 DFT 和 IDFT。

```
import matplotlib.pyplot as plt
import numpy as np
import math

# Build signal: Create a function to calculate the composite matrix M
def synthesis_matrix(N):
    ts = np.arange(N) / N
    fs = np.arange(N)
    args = np.outer(ts, fs)
    M = np.exp(1j * 2 * math.pi * args)
    return M

# Define DFT positive transformation
def dft(x):
    N = len(x)
    M = synthesis_matrix(N)
    amps = M.conj().transpose().dot(x) # Calculate the weighted sum of frequency elements
    return amps

# Define inverse DFT transform
def idft(X):
    N = len(X)
    M = synthesis_matrix(N)
    amps = M.dot(X) / N
    return amps

N = 6
x = np.array([1, 2, 3, 4, 5, 6])
print("x:", x)

X = dft(x)
print("X:", X)

X1 = np.conj(X)
print("X1:", X1)

X2 = np.conj(dft(X1)) * (1 / N)
print("X2:", X2)
```

程序输出结果为

```
x: [1 2 3 4 5 6]
X: [21.+0.00000000e+00j -3.+5.19615242e+00j -3.+1.73205081e+00j
    -3.-2.20436424e-15j -3.-1.73205081e+00j -3.-5.19615242e+00j]
X1: [21.-0.00000000e+00j -3.-5.19615242e+00j -3.-1.73205081e+00j
    -3.+2.20436424e-15j -3.+1.73205081e+00j -3.+5.19615242e+00j]
X2: [1.-4.29286236e-15j 2.+8.88178420e-16j 3.-1.11022302e-15j
    4.+2.36847579e-15j 5.+3.91517295e-15j 6.-4.58892184e-15j]
```

3.4.3 对称定理

若 $x(n)$ 的离散傅里叶变换为 $X(k)$，则当时间序列具有频谱序列的形状 $X(n)$ 时，其对应的离散傅里叶变换对如下

$$\frac{1}{N}X(n) \Leftrightarrow x(-k) = x(N-k) \tag{3.4.5}$$

式(3.4.5)说明 $X(n)$ 的对应频谱序列具有原来的时间序列 $x(n)$ 在时间上倒置的形状。

证明：

因为

$$x(-n) = x(N-n) = \frac{1}{N}\sum_{k=0}^{N-1} X(k) W_N^{-(N-n)k} = \frac{1}{N}\sum_{k=0}^{N-1} X(k) W_N^{nk}$$

所以

$$x(-k) = x(N-k) = \sum_{n=0}^{N-1} \left[\frac{X(n)}{N}\right] W_N^{kn} = \mathrm{DFT}\left[\frac{X(n)}{N}\right]$$

关于 $x(-n) = x(N-n)$，$X(-k) = X(N-k)$ 的说明见下文离散傅里叶变换的奇偶性及对称性。

3.4.4 反转定理

若 $x(n)$ 的离散傅里叶变换为 $X(k)$，则 $x(-n)$ 的离散傅里叶变换为 $X(-k)$。这可直接由离散傅里叶变换的定义得到证明。

3.4.5 序列的总和

列长为 N 的时间序列 $x(n)$ 中各采样值的总和等于其离散傅里叶变换 $X(k)$ 在 $k=0$ 时的值，即

$$X(k)\big|_{k=0} = \sum_{n=0}^{N-1} x(n) W_N^{nk}\big|_{k=0} = \sum_{n=0}^{N-1} x(n) \tag{3.4.6}$$

3.4.6 序列的始值

若序列的离散傅里叶变换为 $X(k)$，则对应的时间序列 $x(n)$ 的始值 $x(0)$ 为频谱序列各采样值 $X(k)$ 的总和除以 N，即

$$x(0) = \frac{1}{N}\sum_{k=0}^{N-1} X(k) \tag{3.4.7}$$

3.4.7 延长序列的离散傅里叶变换

把序列 $x(n), 0 \leqslant n \leqslant N-1$,填充零值,人为地加长到 rN,得到
$$g(n), \quad 0 \leqslant n \leqslant rN-1$$
式中 r 为正整数,而
$$g(n) = \begin{cases} x(n), & 0 \leqslant n \leqslant N-1 \\ 0, & N \leqslant n \leqslant rN-1 \end{cases} \tag{3.4.8}$$

$g(n)$ 的离散傅里叶变换为
$$G(k) = \text{DFT}[g(n)] = \sum_{n=0}^{rN-1} g(n) e^{-j\frac{2\pi nk}{rN}}$$
$$= \sum_{n=0}^{N-1} x(n) e^{-j\frac{2\pi n\left(\frac{k}{r}\right)}{N}}$$
$$= X\left(\frac{k}{r}\right) \quad k = 0, 1, \cdots, rN-1 \tag{3.4.9}$$

这意味着,$g(n)$ 的频谱 $G(k)$ 与 $x(n)$ 的频谱 $X(k)$ 是相对应的,只不过 $G(k)$ 的频谱间隔比 $X(k)$ 的频谱间隔降低 k/r。也就是说,若把序列 $x(n)$ 填充零值而人为地加长以后再进行离散傅里叶变换,就可使得到的频谱更加细致。

若增加的长度并非 N 的整数倍,例如 $g(n)$ 的长度为 $L > N$,则由列长为 L 的序列 $g(n)$ 的离散傅里叶变换 $G(k)$,可得到序列 $x(n)$ 的 L 根谱线,它比由 $X(k)$ 得出的 N 根谱线要多。

【例 3.4】 计算对 16 点序列补零到 32 点和 64 点后的 DFT。

```
import numpy as np
import matplotlib.pyplot as plt

N1 = 16
n = np.arange(0, 16)
x = np.sin(2 * np.pi * n/N1) + np.cos(4 * np.pi * n/N1)

N2 = 32
n2 = np.arange(0, 32)
x2 = np.concatenate((x, np.zeros(16)))

N3 = 64
n3 = np.arange(0, 64)
x3 = np.concatenate((x, np.zeros(48)))

L1 = np.arange(0, 16)
dft_16 = np.fft.fft(x, 16)
L2 = np.arange(0, 32)
dft_32 = np.fft.fft(x2, 32)
L3 = np.arange(0, 64)
dft_64 = np.fft.fft(x3, 64)

nx = np.arange(0, 16)
K = 512
```

```
dw = 2 * np.pi/K
k = np.arange(0, 512)
X = np.dot(x, np.exp(1j * dw * nx.reshape(-1, 1) * k))

plt.subplot(4, 1, 1)
plt.plot(k * dw/(2 * np.pi), np.abs(X))
plt.ylim([0, 12])

plt.subplot(4, 1, 2)
plt.stem(L1/N1, np.abs(dft_16))
plt.ylim([0, 12])

plt.subplot(4, 1, 3)
plt.stem(L2/32, np.abs(dft_32))
plt.ylim([0, 12])

plt.subplot(4, 1, 4)
plt.stem(L3/64, np.abs(dft_64))
plt.ylim([0, 12])

plt.show()
```

延长序列 DFT 如图 3.4.1 所示。

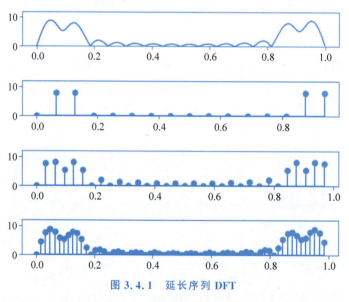

图 3.4.1 延长序列 DFT

视频讲解

3.4.8 序列的圆周移位

1. 圆周移位

一列长为 N 的有限长序列 $x(n)$，在区间 $[0,N-1]$ 内取非零值，如图 3.4.2(a) 所示。如令其沿坐标 n 右移 m 后仍在 $[0,N-1]$ 区间内取值，如图 3.4.2(b) 所示，则将发生信息损失。为避免这种情况，可将 $x(n)$ 以 N 为周期作周期延拓得

$$\tilde{x}(n) = x((n))_N$$

再把 $\tilde{x}(n)$ 偏移 m 得

$$\tilde{x}(n+m) = x((n+m))_N \tag{3.4.10}$$

上述过程如图 3.4.2(c),(d)所示。然后再对 $\tilde{x}(n+m)$ 仍在 $[0, N-1]$ 区间上取值,即取移位周期序列 $\tilde{x}(n+m)$ 的主值序列 $x((n+m))_N R_N(n)$,如图 3.4.2(e)所示。

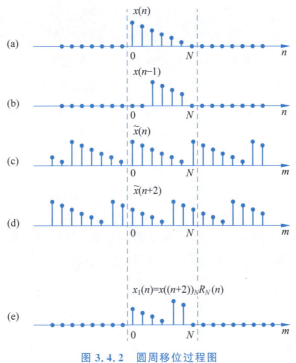

图 3.4.2 圆周移位过程图

这样,有限长序列 $x(n)$ 的圆周移位定义为

$$x_1(n) = x((n+m))_N R_N(n) \tag{3.4.11}$$

$x_1(n)$ 仍是一长度为 N 的有限长序列,它实际上 $x(n)$ 是向左移位,但 m 移到 n 负轴上的序列又从右边 $N-1$ 处循环回来。这可想象为将序列 $x(n)$ 排列在一个 N 等分的圆周上,且 $n=0$ 的点取为正水平方向。由于列长为 N,故相邻二点的间隔为 $2\pi/N$ 角度,然后将圆顺时针旋转 m 个 $2\pi/N$ 的角度,再从正水平方向开始依序取各点的序列值,即得 $x(n)$ 的圆周移位序列 $x_1(n)$,因此得名为"圆周移位",也称"循环移位"。其过程如图 3.4.3 所示。

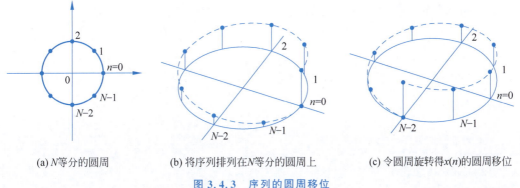

(a) N等分的圆周　　(b) 将序列排列在N等分的圆周上　　(c) 令圆周旋转得$x(n)$的圆周移位

图 3.4.3 序列的圆周移位

2. 有限长序列圆周移位定理

1) 时间移位定理

设 $\tilde{X}(k)$ 和 $\tilde{X}_1(k)$ 分别表示周期序列 $\tilde{x}(n)$ 和 $\tilde{x}_1(n)=\tilde{x}(n+m)$ 的离散傅里叶级数。据式(3.2.14)有

$$\tilde{X}_1(k) = W_N^{-km} \tilde{X}(k)$$

由式(3.3.8)可得序列 $x(n)$ 圆周移位所得的序列 $x_1(n)$ 的 DFT 为

$$X_1(k) = W_N^{-km}(k)\tilde{X}(k)R_N(k) = W_N^{-km}X(k) \qquad (3.4.12)$$

式(3.4.12)表示时间移位定理。它说明：序列在时间上的时移将引起各根谱线产生相应的相移。

2) 频率移位定理（也称调制定理）

对于频域，有限长序列 $X(k)$ 也可以认为是分布在一个 N 等分的圆周上。$X(k)$ 的圆周移位为 $X((k+l))_N R_N(k)$，利用 $x(n)$ 与 $X(k)$ 的对称特性可证明。

$$\text{IDFT}[X((k+l))_N R_N(k)] = W_N^{nl} x(n) \qquad (3.4.13)$$

式(3.4.13)即称为频率移位定理，有时也称为调制定理。此定理说明：若频谱序列在频率上作移位 l，则时间序列调制了 $l\Omega$ 的频率。这可以由下式看出

$$W_N^{nl} x(n) = \mathrm{e}^{-\mathrm{j}\left(\frac{2\pi}{N}\right)nl} x(n) = x(n) \mathrm{e}^{-\mathrm{j}\left(\frac{2\pi}{NT}\right)nlT} = x(n) \mathrm{e}^{-\mathrm{j}l\Omega_n T} \qquad (3.4.14)$$

【例 3.5】 已知序列 $u(n) = [0\ 1\ 2\ 1\ 0]$，求：

(1) 循环右移 2 位；
(2) 循环左移 2 位；
(3) 序列反转；
(4) 序列反转循环右移 1 位。

```
import numpy as np
import matplotlib.pyplot as plt

u = np.array([0, 1, 2, 1, 0])

# 循环右移 2 位
u1 = np.roll(u, 2)
plt.subplot(5, 1, 1)
plt.stem(u)
plt.xlabel('序号')
plt.ylabel('u(n)')

plt.subplot(5, 1, 2)
plt.stem(u1)
plt.xlabel('序号')
plt.ylabel('u1')

# 循环左移 2 位
u2 = np.roll(u, -2)
plt.subplot(5, 1, 3)
plt.stem(u2)
```

```python
plt.xlabel('序号')
plt.ylabel('u2')

# 序列反转
u3 = np.flip(u)
plt.subplot(5, 1, 4)
plt.stem(u3)
plt.xlabel('序号')
plt.ylabel('u3')

# 序列反转循环右移 1 位
u4 = np.roll(np.flip(u), 1)
plt.subplot(5, 1, 5)
plt.stem(u4)
plt.xlabel('序号')
plt.ylabel('u4')

# 调整子图之间的间距
plt.subplots_adjust(hspace = 1)

# 手动替换负号为正确显示负号
plt.rcParams['axes.unicode_minus'] = False
plt.xticks(fontproperties = 'SimHei')
plt.yticks(fontproperties = 'SimHei')

plt.tight_layout()
plt.show()
```

序列圆周移位如图 3.4.4 所示。

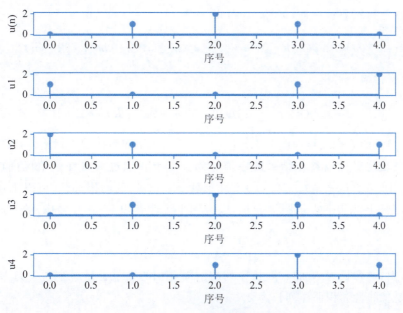

图 3.4.4　序列圆周移位

3.4.9 圆周卷积及其与有限长序列的线性卷积关系

圆周卷积也称循环卷积。圆周卷积定理：两个序列离散傅里叶变换的乘积等于此两个序列的圆周卷积的离散傅里叶变换，即若

$$X_3(k) = X_1(k) X_2(k)$$

则

$$x_3(n) = \text{IDFT}[X_3(k)] = \sum_{m=0}^{N-1} x_1(m) x_2((n-m))_N R_N(n)$$

$$= \sum_{m=0}^{N-1} x_2(m) x_1((n-m))_N R_N(n) \tag{3.4.15}$$

证明：

由于 $X_1(k), X_2(k)$ 都隐含周期性，所以其乘积 $X_3(k)$ 同样隐含周期性。为此要证明式(3.4.15)可以应用周期卷积的结果。

式(3.4.15)的卷积可以看作是周期序列 $\tilde{x}_1(n)$ 与 $\tilde{x}_2(n)$ 卷积后再取其主值序列，即将 $X_3(k)$ 周期延拓

$$\widetilde{X}_3(k) = \widetilde{X}_1(k) \widetilde{X}_2(k)$$

则

$$\tilde{x}_3(n) = \text{IDFS}[\widetilde{X}_3(k)] = \sum_{m=0}^{N-1} \tilde{x}_1(m) \tilde{x}_2(n-m)$$

$$= \sum_{m=0}^{N-1} x_1((m))_N x_2((n-m))_N$$

因 $0 \leqslant m \leqslant N-1, x_1((m))_N = x_1(m)$，因此

$$x_3(n) = \tilde{x}_3(n) R_N(n) = \left[\sum_{m=0}^{N-1} x_1(m) x_2((n-m))_N \right] R_N(n) \tag{3.4.16}$$

式(3.4.16)经过换元可得

$$x_3(n) = \sum_{m=0}^{N-1} x_2(m) x_1((n-m))_N R_N(n)$$

式(3.4.16)的卷积过程如图3.4.5所示，与图3.2.1的周期卷积相比，两者的卷积过程是一样的，只是这里只取卷积结果的主值序列。由于卷积过程只在主值区间内进行 $0 \leqslant m \leqslant N-1$，因此 $x_2((n-m))_N R_N(n)$ 实际上就是 $x_2(m)$ 的圆周移位，所以上述卷积称为圆周卷积，习惯上常用 ⊛ 表示圆周卷积，以区别于线性卷积。式(3.4.16)的圆周卷积可表示为

$$x_3(n) = x_1(n) \circledast x_2(n) \tag{3.4.17}$$

必须指出，两列长为 N 的有限长序列的圆周卷积的结果也是一个列长为 N 的有限长序列，而不是像线性卷积那样列长为 $2N-1$。

由于 $x_3(n)$ 与 $X_3(k)$ 的对称特性，若

$$x_3(n) = x_1(n) x_2(n)$$

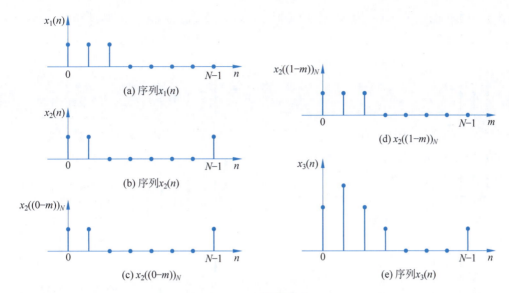

图 3.4.5 圆周卷积

同样可以证明

$$X_3(k) = \text{DFT}[x_3(n)] = \frac{1}{N}\sum_{l=0}^{N-1} X_1(l) X_2((k-l))_N R_N(k)$$

$$= \frac{1}{N}\sum_{l=0}^{N-1} X_2(l) X_1((k-l))_N R_N(k) \quad (3.4.18)$$

式(3.4.18)称为频率卷积定理。

1. 圆周卷积和线性卷积的关系

实际问题求解线性卷积：例如，信号 $x(n)$ 通过系统 $h(n)$ 其输出为线性卷积 $y(n) = x(n) * h(n)$。下文将会讲到，圆周卷积由于可以采用快速傅里叶变换技术，所以比线性卷积运算速度快。如果 $x(n)$ 及 $h(n)$ 都是有限长序列，能否用圆周卷积来取代线性卷积而不失真呢？为此必须理解圆周卷积与线性卷积的关系，这是正确运用圆周卷积的关键。

假定 $x_1(n)$ 是列长为 N 的有限长序列，$x_2(n)$ 是列长为 M 的有限长序列，二者的线性卷积为

$$x(n) = x_1(n) * x_2(n) = \sum_{m=-\infty}^{\infty} x_1(m) x_2(n-m)$$

$x(n)$ 也是有限长序列，其列长可以这样来决定。

从 $x_1(m)$ 看，序号 m 的区间为

$$0 \leqslant m \leqslant N-1$$

从 $x_2(n-m)$ 看，序号 $n-m$ 的区间为

$$0 \leqslant n-m \leqslant M-1$$

将上两个不等式相加，得

$$0 \leqslant n \leqslant N+M-2$$

在上述区间外不是 $x_1(m)=0$ 就是 $x_2(n-m)=0$，因而 $x(n)=0$。所以 $x(n)$ 是一个 n 取 $0 \sim N+M-2$ 的序列，列长为 $N+M-1$(两序列长度之和减1)。例如，图 3.4.6 中 $x_1(n)$

为 $N=3$ 的矩形序列，$x_2(n)$ 为 $M=5$ 的矩形序列，两者的线性卷积 $x(n)$ 是具有 $N+M-1=7$ 的采样值的序列。

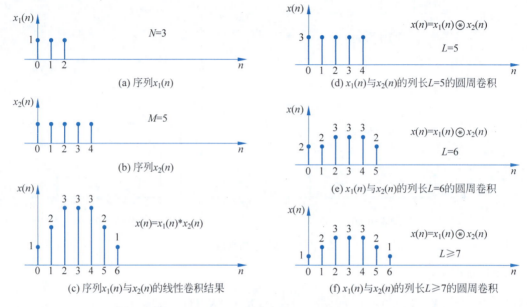

图 3.4.6 圆周卷积与线性卷积

对 $x_1(n)$ 和 $x_2(n)$ 进行列长为 L 的圆周卷积 $X_L(n) = x_1(n) \circledast x_2(n)$ 的情况。把列长为 N 的序列 $x_1(n)$ 后面补上 $L-N$ 个零值点，把列长为 M 的序列 $x_2(n)$ 后面补上 $L-M$ 个零值点，均构成列长为 L 的有限长序列。为了进行圆周卷积，先将 $x_1(n)$ 及 $x_2(n)$ 进行周期延拓

$$\tilde{x}_1(n) = \sum_{q=-\infty}^{\infty} x_1(n+qL)$$

$$\tilde{x}_2(n) = \sum_{k=-\infty}^{\infty} x_2(n+qL)$$

则

$$\tilde{x}_2(-m) = \sum_{k=-\infty}^{\infty} x_2(-m+kL)$$

$$\tilde{x}_2(n-m) = \sum_{k=-\infty}^{\infty} x_2(n-m+kL)$$

$\tilde{x}_1(n)$ 及 $\tilde{x}_2(n)$ 的列长为 L 的周期卷积为

$$\tilde{x}_L(n) = \sum_{m=0}^{L-1} \sum_{q=-\infty}^{\infty} x_1(m+qL) \sum_{k=-\infty}^{\infty} x_2(n-m+kL)$$

$$= \sum_{m=0}^{L-1} \sum_{k=-\infty}^{\infty} x_1(m) x_2(n-m+kL)$$

交换求和次序，有

$$\tilde{x}_L(n) = \sum_{k=-\infty}^{\infty} \sum_{m=0}^{L-1} x_1(m) x_2(n+kL-m) = \sum_{k=-\infty}^{\infty} x(n+kL) \quad (3.4.19)$$

式(3.4.19)表明：$x_1(n)$和$x_2(n)$的周期卷积是$x_1(n)$和$x_2(n)$的线性卷积$x(n)$以L为周期的延拓。

由前文分析可知，线性卷积$x(n)$具有$N+M-1$个非零序列值。因此，如果周期卷积的周期$L<N+M-1$，则$x(n)$的周期延拓就必然有一部分非零序列值要交叠起来，发生混淆。只有当$L\geqslant N+M-1$时，才不会发生交叠，这时$x(n)$的周期延拓$\tilde{x}_1(n)$中的每一个周期L内，前$N+M-1$个序列值是序列$x(n)$的值，而剩下的$L-(N+M-1)$个点上序列值则是补充的零值。

圆周卷积就是周期卷积取主值序列，即

$$x_L(n)=x_1(n)\circledast x_2(n)=\tilde{x}_L(n)R_L(n)$$

因此

$$x_L(n)=\left[\sum_{k=-\infty}^{\infty}x(n+kL)\right]R_L(n)$$

所以要使圆周卷积与线性卷积相等，而不产生混淆的必要条件是

$$L\geqslant N+M-1 \qquad(3.4.20)$$

符合式(3.4.20)的条件，则$x_L(n)=x(n)$，即

$$x_1(n)\circledast x_2(n)=x_1(n)*x_2(n)$$

图3.4.7(d)~图3.4.7(f)反映了当L取值不同时，线性卷积与圆周卷积的关系。图3.4.7(d)中$L=5$，这时混淆现象严重，使得$x_L(n)$与$x(n)$完全不一样，而图3.4.7(e)中

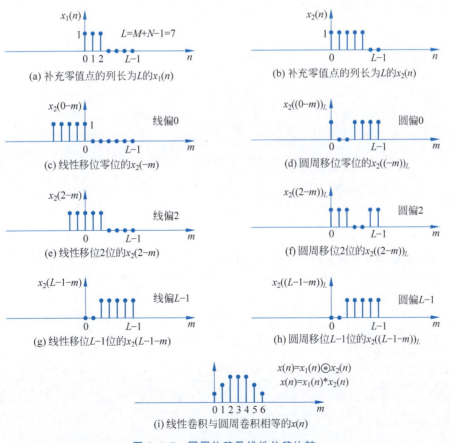

图 3.4.7　圆周位移及线性位移比较

$L=6$,这时有两点($n=0, n=6$)发生混淆失真,在图 3.4.7(f)中,满足条件 $L \geqslant N+M-1=7$ 时,圆周卷积与线性卷积的结果相同。只要具体比较一下在这种条件下,圆周卷积与线性卷积的实际过程就会透彻地理解两者为什么相等。

如图 3.4.7 所示,L 满足 $L \geqslant N+M-1=7$ 的条件,列长为 $N=3$ 的序列 $x(n)$ 已补上 $L-N=4$ 个零值点(图 3.4.7(a));列长为 $M=5$ 的序列 $x_2(n)$ 已补充上 $L-M=2$ 个零值点(图 3.4.7(b)),则在 L 长的区间上对两个序列作圆周卷积时,由于 $x_2(-m)$ 有 $L-M$ 个零值点,所以它在 $[0, L-1]$ 区间上作圆周移位时,在 $[0, L-1]$ 区间上移位的结果和 $x_2(-m)$ 的线性移位结果是一样的,如图 3.4.7(c),(d),(e),(f),(g),(h)所示。另一方面,虽然在 $[N, L-1]$ 区间上圆周移位结果和线性移位结果可能会不同,但由于 $x_1(n)$ 在此区间均为零值点,所以也不会有输出。因而在区间 $[0, L-1]$ 上的圆周卷积结果和 $x_1(n), x_2(n)$ 的线性卷积结果实际是一样的。

综上所述可以清楚看出:有限长序列 $x_1(n)$ 和 $x_2(n)$ 的周期卷积是 $x_1(n)$ 和 $x_2(n)$ 的线性卷积以周期延拓。而圆周卷积是周期卷积的去主值序列,当满足条件 $L \geqslant N+M-1$ 时,圆周卷积与线性卷积的结果相同。

【例 3.6】 (1) 求序列 x1=[1, 2, 3]和序列 x2=[2, 3, 1, 2]的线性卷积。

```python
import numpy as np
import matplotlib.pyplot as plt

def conv_m(x, h):
    nx = len(x)
    nh = len(h)
    ny = nx + nh - 1
    y = np.zeros(ny)                              # 初始化
    for n in np.arange(ny):
        y[n] = 0
        for m in np.arange(nh):
            k = n - m + 1
            if k >= 1 and k <= nx:
                y[n] = y[n] + h[m] * x[k - 1]      # 卷积

    plt.rcParams['font.sans-serif'] = ['SimHei']
    plt.rcParams['axes.unicode_minus'] = False     # 显示中文标签
    plt.stem(y)
    plt.title('线性卷积')
    plt.xlabel('n')
    plt.ylabel('y')
    plt.xlim(0, 8)
    plt.show()

conv_m(np.array([1, 2, 3]), np.array([2, 3, 1, 2]))
```

运行程序,输出结果如图 3.4.8 所示。

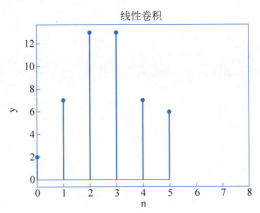

图 3.4.8　有限长序列的线性卷积

(2) 求序列 x1=[1,2,3]和序列 x2=[2,3,1,2]在 N=5,6,7 点时的圆周卷积。

```python
import numpy as np
import matplotlib.pyplot as plt

def conv_m(x, h):                                          # 线性卷积
    nx = len(x)
    nh = len(h)
    ny = nx + nh - 1
    y = np.zeros(ny)                                       # 初始化
    for n in np.arange(ny):
        y[n] = 0
        for m in np.arange(nh):
            k = n - m + 1
            if k >= 1 and k <= nx:
                y[n] = y[n] + h[m] * x[k - 1]              # 卷积
    return y

def cir_con(x1, x2, N):                                    # 圆周卷积
    nx1 = np.arange(0, len(x1))
    nx2 = np.arange(0, len(x2))
    x_1 = np.append(x1, np.zeros(N - len(x1)))
    h_1 = np.append(x2, np.zeros(N - len(x2)))
    y1 = conv_m(x_1, h_1)                                  # 调用线性卷积函数
    z_1 = np.append(np.zeros(N), y1[0:N])
    z_2 = np.append(y1[N:2 * N], np.zeros(N))
    z = z_1[0:2 * N - 1] + z_2[0:2 * N - 1] + y1[0:2 * N - 1]
    y = z[0:N]
    ny = np.arange(0, N)

    plt.rcParams['font.sans-serif'] = ['SimHei']
    plt.rcParams['axes.unicode_minus'] = False             # 显示中文标签
    plt.stem(y)
    plt.title('圆周卷积')
    plt.xlabel('n')
    plt.ylabel('y')
    plt.xlim(0, 8)
```

```
    plt.show()
cir_con(np.array([1, 2, 3]), np.array([2, 3, 1, 2]), 5)
cir_con(np.array([1, 2, 3]), np.array([2, 3, 1, 2]), 6)
cir_con(np.array([1, 2, 3]), np.array([2, 3, 1, 2]), 7)
```

运行程序,结果如图 3.4.9 所示。

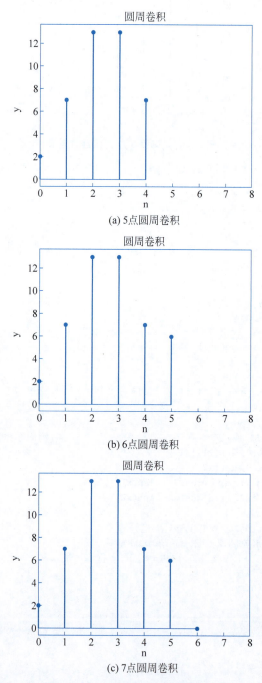

图 3.4.9 有限长序列的圆周卷积

2. 圆周卷积在信号处理中的应用——重叠相加法与重叠保留法

可用两种办法计算线性系统的输出序列。

（1）按线性卷积来计算；

（2）通过圆周卷积，用快速卷积法计算。

设输入 $x(n)$ 的列长为 N，系统的单位采样响应的列长为 M，则二者线性卷积后的输出序列 $y(n)$ 的列长为 $L=N+M-1$。由圆周卷积定理可知，两序列离散傅里叶变换的乘积等于它们圆周卷积的离散傅里叶变换。分别取 $x(n)$ 和 $h(n)$ 的 $L\geqslant N+M-1$ 点的离散傅里叶变换 $X(k)$ 和 $H(k)$，将两者相乘再求其逆变换即得两序列的圆周卷积，此时圆周卷积与线性卷积相等。这种方法称为快速卷积法，因为可以利用快速傅里叶变换迅速而有效地求出卷积，甚至当 $N+M-1$ 为 30 的时候，快速卷积法也比直接卷积法更有效。快速卷积法是一种重要的信号处理工具。

当输入序列 $x(n)$ 极长时，为了尽快得到输出，不允许等 $x(n)$ 全部集齐后再进行卷积，否则会使输出相对于输入有较长的延时。再者，如果 $N+M-1$ 太大，则需要大量存储单元。为此，可把 $x(n)$ 分段，分别求出每段的卷积，合在一起即得总的输出。这种分组进行卷积法可利用上文介绍的离散傅里叶变换实现，并可细分为重叠相加法、重叠保留法两种。下面针对图 3.4.10 所描绘的信号 $x(n)$ 和列长为 M 的单位采样响应 $h(n)$ 来解释这两种方法。

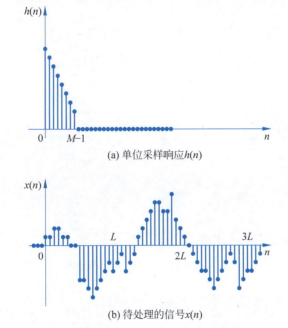

(a) 单位采样响应 $h(n)$

(b) 待处理的信号 $x(n)$

图 3.4.10 有限列长的单位采样响应及待处理的信号

1）重叠相加法

$h(n)$ 的列长为 M，信号为 $x(n)$。将 $x(n)$ 分解为几段之和，每段长为 L 点，如图 3.4.10 所示。L 的选择是相当复杂的，一个好的经验是使 L 与 M 的数量级相同。

以 $x_k(n)$ 表示第 k 段 $x(n)$，于是输入信号 $x(n)$ 可表示成

$$x(n)=\sum_{k=0}^{\infty}x_k(n) \qquad (3.4.21)$$

式中

$$x_k(n) = \begin{cases} x(n), & kL \leq n \leq (k+1)L-1 \\ 0, & 其他 \end{cases} \quad (3.4.22)$$

$x(n)$ 与 $h(n)$ 的线性卷积等于 $x_k(n)$ 和 $h(n)$ 卷积之和,即

$$x(n) * h(n) = \sum_{k=0}^{\infty} x_k(n) * h(n) \quad (3.4.23)$$

式(3.4.23)和式中的每一项 $[x_k(n) * h(n)]$ 的列长为 $L+M-1$,因此可将 $h(n)$ 及 $x_k(n)$ 两个序列补 0,都加长到 $L+M-1$ 点,以利用 $L+M-1$ 的 DFT,通过圆周卷积得到线性卷积 $x_k(n) * h(n)$。为便于用基-2FFT 运算,一般可取 $L+M-1=2^v$。由于每一段的起点和前后相邻各段起点相隔 L 个点,而每一段信号 $x_k(n)$ 和 $h(n)$ 卷积后列长为 $(L+M-1)$,所以式(3.4.23)在求和时,每段卷积的最后 $M-1$ 个点必须和下一段的前 $M-1$ 个点重叠,如图 3.4.11 所示。各输入段 $x_k(n)$ 描绘于图 3.4.11(a),相加各 $x_k(n)$ 波形即可重新组成输入信号 $x(n)$ 的波形。卷积后各段输出如图 3.4.11(b)所示,而总的输出序列 $y(n)=x(n) * h(n)$ 是通过相加图 3.4.11(b)中各段构成的。重叠部分也要相加,故称为重叠相加法。重叠是由于每段输入序列 $x_k(n)$ 与单位采样响应 $h(n)$ 的线性卷积后的列长长于 $x(n)$ 的分段长度造成的。

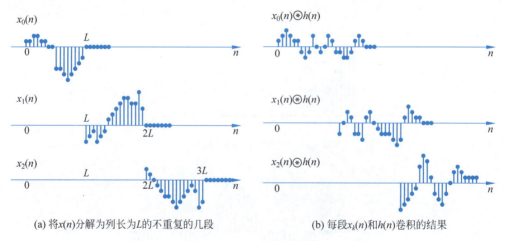

(a) 将 $x(n)$ 分解为列长为 L 的不重复的几段   (b) 每段 $x_k(n)$ 和 $h(n)$ 卷积的结果

图 3.4.11 重叠相加法图形

2) 重叠保留法

重叠保留法延长分段序列的办法不是补零,而是保留原来的输入序列值,且保留在每段的前端,如图 3.4.12(b)中的虚线部分所示。这时如利用 DFT 实现 $h(n)$ 和 $x_k(n)$ 的圆周卷积,则其每段卷积结果的前 $M-1$ 个点不等于线性卷积值,需舍去。

为了清楚地看出这点,研究 $x(n)$ 中的任意一段列长为 N 的序列 $x_i(n)$ 与列长为 M 的 $h(n)$ 的圆周卷积情况

$$y_i'(n) = x_i(n) * h(n) = \sum_{m=0}^{N-1} x_i(m)h((n-m))_N R_N(n) \quad (3.4.24)$$

由于 $h(n)$ 的列长为 M,当在 $0 \leq n \leq M-2$ 范围内进行圆周位移时,$h((n-m))_N$ 将在 $x_i(m)$ 的尾部出现有非零值,如图 3.4.12(c)所示的 $n=1$ 的情况。所以在这一部分 $0 \leq n \leq$

$M-2$ 的 $y'_i(n)$ 值中将混入 $x_i(m)$ 尾部与 $h((n-m))_N$ 的卷积值，从而使 $y'_i(n)$ 不同于线性卷积结果。但是当 n 从 $M-1$ 开始，直到 $N-1$ 点，则有 $h((n-m))_N = h(n-m)$，如图 3.4.12(d),(e)所示。因此从 $n=M-1$ 点后，圆周卷积值完全与线性卷积值一样，$y'_i(n)$ 是正确的卷积值，因而每一段卷积运算结果的前 $M-1$ 个值需去掉，如图 3.4.12(f)所示。

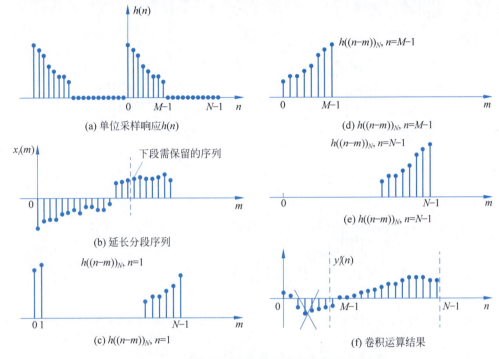

图 3.4.12　用保留信号代替补零后局部的混叠现象

为了不造成输出信号的遗漏，对 $x(n)$ 分段时，需使相邻两段有 $M-1$ 个点的重叠(对于第一段 $x(n)$ 由于没有前一段保留信号，则在其前填充 $M-1$ 个零值点)，为此将 $x_k(n)$ 定义为

$$x_k(n) = \begin{cases} x[n+k(N-(M-1))-M+1], & 0 \leqslant n \leqslant N-1 \\ 0, & \text{其他 } n \end{cases} \quad (3.4.25)$$

式中已规定将每段的时间原点放在该段的起始点，而不是 $x(n)$ 的原点。

这种分段方法描绘于图 3.4.13(a)。每段和 $h(n)$ 的圆周卷积以 $y'_k(n)$ 表示，如图 3.4.13(b)所示。图中已标明每输出波形段开始的 $0 \leqslant n \leqslant M-2$ 部分须舍去，把相邻各输出段留下的序列衔接起来，就构成了最终的没有遗漏而又正确的输出，即

$$y(n) = \sum_{k=0}^{\infty} y_k(n-k(N-M+1))$$

这里 n 为总的输出序列 $y(n)$ 的序号。而式中

$$y_k(n) = \begin{cases} y'_k(n), & M-1 \leqslant n \leqslant N-1 \\ 0, & \text{其他} \end{cases} \quad (3.4.26)$$

每段输出的时间原点放在 $y_k(n)$ 的起始点，而不是 $y(n)$ 的原点。

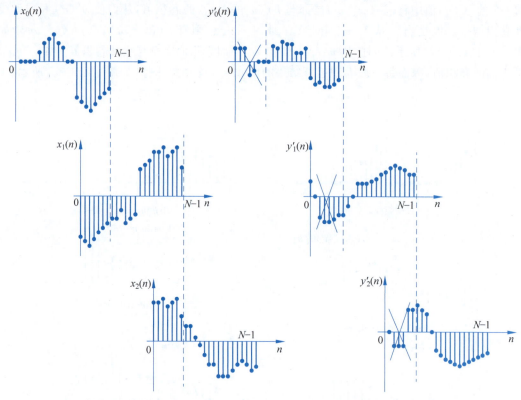

(a) $x(n)$分解为列长为N的不重复的几段 (b) 每段与$h(n)$圆周卷积的结果，图中标出在形成线性卷积时每段要去掉的部分

图 3.4.13　重叠保留法示意图

重叠保留法的名称是因为每个相继的输入段均由 $N-M+1$ 个新点和前一段保留下来的 $M+1$ 个点所组成而得名的。

3.4.10　圆周相关定理

圆周相关也称循环相关。

若 $X_3(k) = X_1^*(k) X_2(k)$

则

$$x_3(n) = \text{IDFT}[X_3(k)] = \sum_{l=0}^{N-1} x_1^*(l) x_2((l+n))_N R_N(n) \tag{3.4.27}$$

证明：

由于 $X_1(k)$ 和 $X_2(k)$ 都隐含周期性，所以其乘积 $X_3(k)$ 同样隐含周期性。将 $X_3(k)$ 周期延拓，则

$$\widetilde{X}_3(k) = \widetilde{X}_1^*(k) \widetilde{X}_2(k)$$

即

$$\tilde{x}_3(n) = \text{IDFS}[\widetilde{X}_3(k)] = \frac{1}{N} \sum_{k=0}^{N-1} \widetilde{X}_1^*(k) \widetilde{X}_2(k) W_N^{-nk}$$

将

$$\widetilde{X}_1^*(k) = \left[\sum_{l=0}^{N-1} \tilde{x}_1(l) W_N^{lk}\right]^*$$

代入，则

$$\tilde{x}_3(n) = \frac{1}{N} \sum_{k=0}^{N-1} \sum_{l=0}^{N-1} \tilde{x}_i^*(l) \widetilde{X}_2(k) W_N^{-(n+l)k}$$

$$= \sum_{i=0}^{N-1} \tilde{x}_i^*(l) \left[\frac{1}{N} \sum_{k=0}^{N-1} \widetilde{X}_2(k) W_N^{-(n+l)k}\right]$$

$$= \sum_{i=0}^{N-1} \tilde{x}_1^*(l) \tilde{x}_2(n+l)$$

$$= \sum_{l=0}^{N-1} x_i^*((l))_N x_2((n+l))_N$$

因 $0 \leq l \leq N-1$，$x_1^*((l))_N = x_1^*(l)$ 故有

$$x_3(n) = \tilde{x}_3(n) R_N(n) = \left[\sum_{l=0}^{N-1} x_l^*(l) x_2((n+l))_N\right] R_N(n) \tag{3.4.28}$$

如果仅考虑 $x_1(l)$ 是实数，其共轭还是其本身，则得

$$x_3(n) = \left[\sum_{i=0}^{N-1} x_1(l) x_2((n+l))_N\right] R_N(n)$$

可以得到两个 N 点实序列 $x_1(n)$ 与 $x_2(n)$ 的 N 点圆周相关，而 $x_2((n+l))_N R_N(n)$ 正好是 $x_2(n)$ 的圆周移位，变量是 n，且无须折叠。若定义 $x_3(n) = \sum_{m=-\infty}^{\infty} x_1(m) x_2(n+m)$ 为线性相关，则两列长分别为 N_1 及 N_2 的线性相关，应等于将这两序列补零到 $N = N_1 + N_2 - 1$ 列长后的圆周相关。通过圆周相关定理可知，实信号的相关性，可借助于离散傅里叶正逆变换求得。当一个较短的序列与一个很长序列相关时，可类似圆周卷积的做法，采用分段相关的办法。

3.4.11 帕塞瓦尔定理

若 $X(k) = \mathrm{DFT}[x(n)]$，则

$$\sum_{n=0}^{N-1} x^2(n) = \frac{1}{N} \sum_{k=0}^{N-1} |X(k)|^2 \tag{3.4.29}$$

证明：

在圆周相关定理中，取 $x_2(l) = x_1(l)$，且 $n = 0$，则

$$\sum_{i=0}^{N-1} x_1(l) x_2(l) = \frac{1}{N} \sum_{k=0}^{N-1} X^*(k) X(k) W_N^0$$

所以

$$\sum_{n=0}^{N-1} x^2(n) = \frac{1}{N} \sum_{k=0}^{N-1} |X(k)|^2$$

帕塞瓦尔定理建立了离散函数时域能量和频域能量之间的关系，又称为能量定理。

3.4.12 离散傅里叶变换的奇偶性及对称性

1. 周期性共轭对称和共轭反对称分量

第 2 章曾讨论过任一序列都可分解成共轭对称与共轭反对称两个分量之和。共轭对称分量为

$$x_e(n) = \frac{1}{2}[x(n) + x^*(-n)] \qquad (3.4.30)$$

共轭反对称分量为

$$x_o(n) = \frac{1}{2}[x(n) - x^*(-n)] \qquad (3.4.31)$$

在讨论有限长序列离散傅里叶变换对称性质时,一般不采用第 2 章给出的共轭对称和共轭反对称分量的定义。因为列长为 N 的序列 $X(k)$ 其离散傅里叶变换的列长也为 N,而其 $x_e(n)$ 及 $x_o(n)$ 的列长却都为 $(2N-1)$(见图 3.4.14(g)～图 3.4.14(j)),难以由它们找出 DFT 的对称性。因为 DFT 的列长为 N。

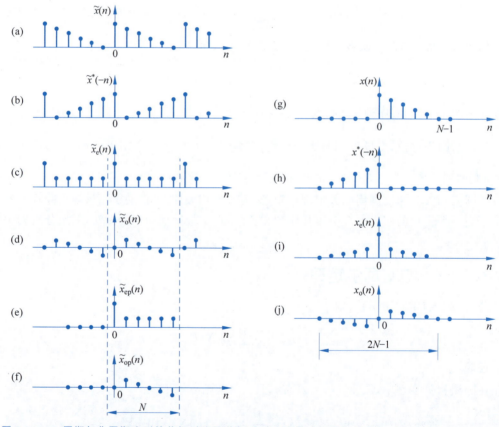

图 3.4.14 周期与非周期序列的共轭对称及共轭反对称分量以及周期性共轭对称及共轭反对称分量

对于周期为 N 的周期序列 $\tilde{x}(n)$,它的共轭对称分量和共轭反对称分量仍然都是周期性的,并且周期仍为 N。可将 $x(n)$ 分解成两个列长为 N 的有限长序列,其一对应于 $\tilde{x}(n)$ 的共轭对称分量的一个周期,记作 $x_{ep}(n)$,另一对应于 $\tilde{x}(n)$ 的共轭反对称分量的一个周

期，记作 $x_{op}(n)$。

为此，将 $x(n)$ 以 N 为周期延拓成周期序列

$$\tilde{x}(n) = x((n))_N$$

则周期序列 $\tilde{x}(n)$ 的共轭对称和共轭反对称分量分别为

$$\tilde{x}_e(n) = \frac{1}{2}[\tilde{x}(n) + \tilde{x}^*(-n)] \tag{3.4.32}$$

$$\tilde{x}_o(n) = \frac{1}{2}[\tilde{x}(n) - \tilde{x}^*(-n)] \tag{3.4.33}$$

取 $0 \sim N-1$ 的一个周期值，则得

$$x_{ep}(n) = \frac{1}{2}[x((n))_N + x^*((-n))_N]R_N(n)$$

$$= \frac{1}{2}[x(n) + x^*(N-n)] \tag{3.4.34}$$

$$x_{op}(n) = \frac{1}{2}[x((n))_N - x^*((-n))_N]R_N(n)$$

$$= \frac{1}{2}[x(n) - x^*(N-n)] \tag{3.4.35}$$

又由式(3.4.32)及式(3.4.33)可得

$$\tilde{x}(n) = \tilde{x}_e(n) + \tilde{x}_o(n)$$

因此

$$x(n) = \tilde{x}(n)R_N(n)$$
$$= [\tilde{x}_e(n) + \tilde{x}_o(n)]R_N(n)$$
$$= x_{ep}(n) + x_{op}(n) \tag{3.4.36}$$

序列 $x_{ep}(n)$ 和 $x_{op}(n)$ 分别称为列长为 N 的序列 $x(n)$ 的周期性共轭对称分量和周期性共轭反对称分量。当 $x_{ep}(n)$ 和 $x_{op}(n)$ 为实序列时，分别称作周期性偶分量和周期性奇分量。这样的术语易使人误解，因为序列 $x_{ep}(n)$ 和 $x_{op}(n)$ 并不是周期序列，它们只是分别表示周期序列 $\tilde{x}_e(n)$ 和 $\tilde{x}_o(n)$ 的一个周期，其间关系如图 3.4.14(c)～图 3.4.14(f)所示。

显然，$x_{ep}(n)$ 和 $x_{op}(n)$ 与式(2.3.3)定义的 $x_e(n)$ 和式(2.3.4)定义的 $x_o(n)$ 并不等价。然而不难证明，$x_{ep}(n)$ 和 $x_{op}(n)$ 与列长为 $(2N-1)$ 的 $x_e(n)$ 和 $x_o(n)$ 有下述关系

$$x_{ep}(n) = [x_e(n) + x_e(n-N)]R_N(n) \tag{3.4.37}$$

$$x_{op}(n) = [x_o(n) + x_o(n-N)]R_N(n) \tag{3.4.38}$$

以上讨论也完全适用于序列 $X(k)$，并得出类似的表达式。

最后还须指出：因为本书把有限长序列视为周期为 N 的时间序列中的一个周期，因此有

$$x(-n) = x(N-n) \tag{3.4.39}$$

同样地

$$X(-k) = X(N-k) \tag{3.4.40}$$

2. 奇偶序列的 DFT

1) 奇序列的 DFT

当序列是奇对称时，即

$$x(n) = -x(-n) = -x(N-n) \tag{3.4.41}$$

则其离散傅里叶变换也是奇对称的，即

$$X(k) = -X(-k) = -X(N-k) \tag{3.4.42}$$

证明：

$$X(k) = \sum_{n=0}^{N-1} x(n) W_N^{kn} = \begin{cases} \sum_{n=0}^{N-1} [-x(-n)] W_N^{(-k)(-n)} = -X(-k) \\ \sum_{n=0}^{N-1} [-x(N-n)] W_N^{(N-k)(N-n)} = -X(N-k) \end{cases}$$

式(3.4.42)证明中，使用了下述关系

$$W_N^{(N-k)(N-n)} = W_N^{N^2} \cdot W_N^{-kN} \cdot W_N^{-nN} \cdot W_N^{kn} = W_N^{kn}$$

2) 偶序列的 DFT

当序列是偶对称时，即

$$x(n) = x(-n) = x(N-n) \tag{3.4.43}$$

则其离散傅里叶变换也是偶对称的，即

$$X(k) = X(-k) = X(N-k) \tag{3.4.44}$$

可用与奇序列的 DFT 相似的方法证明。

3. 共轭复序列的 DFT

若 $x^*(n)$ 为 $x(n)$ 的共轭复序列，则

$$\text{DFT}[x^*(n)] = X^*(N-k) \tag{3.4.45}$$

证明：

$$\text{DFT}[x^*(n)] = \sum_{n=0}^{N-1} x^*(n) W_N^{nk} = \left[\sum_{n=0}^{N-1} x(n) W_N^{-nk}\right]^*, \quad 0 \leqslant k \leqslant N-1$$

由于

$$W_N^{nN} = \mathrm{e}^{-\mathrm{j}\frac{2\pi}{N}nN} = \mathrm{e}^{-\mathrm{j}2\pi n} = 1$$

故

$$\text{DFT}[x^*(n)] = \left[\sum_{n=0}^{N-1} x(n) W_N^{(N-k)n}\right]^*$$

$$= X^*((N-k))_N$$

$$= X^*(N-k)$$

请注意，$k=0$ 时不能使用等式 $X^*((N-k))_N = X^*(N-k)$，因为这时 $X^*((N-0))_N = X^*(N-0) = X^*(N)$，而 $X(k)$ 只有 $0 \leqslant k \leqslant N-1$ 范围内的 N 个值，所以已超出取值区间。式(3.4.45)的严格公式应该是

$$\text{DFT}[x^*(n)] = X^*((N-k))_N \tag{3.4.46}$$

这样，当 $k=0$ 时有 $X^*((N-0))_N = X^*(0)$ 的正确结果。因为 $X(k)$ 可认为是分布在 N 等分的圆周上，它的末点即它的始点，也即 $X(N) = X(0)$。因此仍采用式(3.4.45)的习惯形式。在下文有关对称性的讨论中，凡是 $X(N)$ 都认为是 $X((N))_N = X(0)$。

4. 复序列的 DFT

若有限长序列 $x(n)$ 是一个复序列，设 $x_\mathrm{r}(n)$ 及 $\mathrm{j}x_\mathrm{i}(n)$ 分别表示 $x(n)$ 的实部与虚部，即

$$x(n) = x_r(n) + jx_i(n) \tag{3.4.47}$$

而

$$\begin{cases} x_r(n) = \dfrac{1}{2}[x(n) + x^*(n)] \\ jx_i(n) = \dfrac{1}{2}[x(n) - x^*(n)] \end{cases} \tag{3.4.48}$$

以 $X_{ep}(k)$ 及 $X_{op}(k)$ 分别表示实部及虚部序列的 DFT,则

$$\begin{aligned} X_{ep}(k) &= \text{DFT}[x_r(n)] \\ &= \frac{1}{2}\text{DFT}[x(n) + x^*(n)] \\ &= \frac{1}{2}[X(k) + X^*(N-k)] \end{aligned} \tag{3.4.49}$$

$$\begin{aligned} X_{op}(k) &= \text{DFT}[jx_i(n)] \\ &= \frac{1}{2}\text{DFT}[x(n) - x^*(n)] \\ &= \frac{1}{2}[X(k) - X^*(N-k)] \end{aligned} \tag{3.4.50}$$

根据线性特性

$$X(k) = X_{ep}(k) + X_{op}(k) \tag{3.4.51}$$

注意,这里 $X_{ep}(k)$ 与 $X_{op}(k)$ 均为复数,所以式(3.4.51)右端总的实部和总的虚部还是不能直接表示出来。

现在分析一下 $X_{ep}(k)$ 与 $X_{op}(k)$ 的一些对称特性。由式(3.4.49)得

$$\begin{aligned} X_{ep}^*(N-k) &= \frac{1}{2}[X(N-k) + X^*(N-N+k)]^* \\ &= \frac{1}{2}[X^*(N-k) + X(k)] \end{aligned} \tag{3.4.52}$$

与式(3.4.49)比较,可知

$$X_{ep}(k) = X_{ep}^*(N-k) \tag{3.4.53}$$

因此 $X_{ep}(k)$ 称为 $X(k)$ 的周期性共轭对称分量,其含义在上文已经说明。由此可认为 $X_{ep}(k)$ 是分布在 N 等分圆周上,则以 $k=0$ 为原点,$X_{ep}(k)$ 在左半圆上的序列与右半圆上的序列是共轭对称的。图 3.4.15 直观地表示了 $X_{ep}(k)$ 为实数时的示意图。若 $X_{ep}(k)$ 为复数,则其共轭对称的含义是模相等、幅角相反,即

$$\begin{cases} |X_{ep}(k)| = |X_{ep}(N-k)| \\ \arg[X_{ep}(k)] = -\arg[X_{ep}(N-k)] \end{cases} \tag{3.4.54}$$

或说实部相等、虚部相反。

根据式(3.4.50)可以推得

$$X_{op}(k) = -X_{op}^*(N-k) \tag{3.4.55}$$

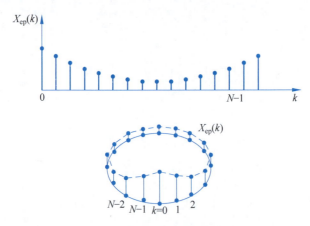

图 3.4.15　周期性共轭对称分量 $X_{ep}(k)$

$X_{op}(k)$ 称为 $X(k)$ 的周期性共轭反对称分量，它表示 $X_{op}(k)$ 分布在圆周上时，以 $k=0$ 为中心，$X_{op}(k)$ 在左半圆上的序列与 $X_{op}(k)$ 在右半圆上的序列是共轭反对称的。图 3.4.16 是 $X_{op}(k)$ 为实数时的示意图。当 $X_{op}(k)$ 为复数时，则应按式(3.4.55)的意义去理解共轭反对称，即实部相反、虚部相等。

$$\begin{cases} |X_{ep}(k)| = |X_{ep}(N-k)| \\ \arg[X_{ep}(k)] = -\arg[X_{ep}(N-k)] \end{cases} \tag{3.4.56}$$

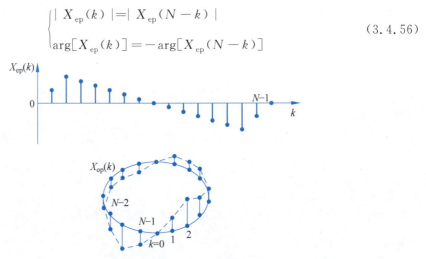

图 3.4.16　周期性共轭反对称分量 $X_{op}(k)$

通过上面的分析可知，对于一个复时间序列的 DFT 来说，序列的实部对应于 $X(k)$ 的周期性共轭对称分量 $X_{ep}(k)$；序列的虚部对应于 $X(k)$ 的周期性共轭反对称分量 $X_{op}(k)$。这种结果是有一定意义的。在此可以把两个实数序列 $x_1(n)$ 和 $x_2(n)$ 组合为单一的复数函数 $x(n)$，如式(3.4.47)所示。当算出复数表示的 $X(k)$ 后，即可利用式(3.4.49)和式(3.4.50)将 $X(k)$ 分成两个独立的分量 $X_{ep}(k)$ 和 $X_{op}(k)$，它们分别对应于 $x_1(n)$ 和 $x_2(n)$ 的离散傅里叶变换。因此利用这种方法，在一次计算中可得出两个独立信号的变换。

根据 $x_1(n)$ 与 $x_2(n)$ 的对称特性，同样可以找到 $X(k)$ 的实部、虚部与 $x(n)$ 的周期性共轭对称分量 $X_{ep}(k)$、周期性共轭反对称分量 $X_{op}(k)$ 的关系。请读者自行证明：$X_{ep}(k)$ 的 DFT 是 $X(k)$ 的实部 $\mathrm{Re}[X(k)]$，$X_{op}(k)$ 的 DFT 是 $X(k)$ 的虚部 $\mathrm{jIm}[X(k)]$。

5. 虚实序列的 DFT

1) 虚序列的 DFT

当序列是纯虚序列,即 $x(n)=jx_i(n)$ 时,则由式(3.4.50)知其 $X(k)$ 只有周期性共轭反对称分量,即 $X(k)=x_{op}(k)$,由式(3.4.54)可见,虚序列的离散傅里叶变换 $X(k)$ 的实部是奇对称的,虚部是偶对称的。

2) 实序列的 DFT

若 $x(n)$ 是纯实数序列,即 $x(n)=x_r(n)$ 时,由式(3.4.49)知其 $X(k)$ 只有周期性共轭对称分量,即 $X(k)=X_{ep}(k)$,由式(3.4.54)知,其模是偶函数,而相角是奇函数,或者说,其实部是偶对称的,而虚部是奇对称的。

上述两种情况不论哪一种都只要知道一半数目的 $X(k)$,利用对称特性就可以得到另一半数目的 $X(k)$。在 DFT 中利用这个特点,可以提高运算效率。

联合考虑序列的奇偶特性及虚实特性,还可证明如下特性:

(1) 当序列是实的偶对称序列,则其离散傅里叶变换是实的偶对称的。
(2) 当序列是实的奇对称的序列,则其离散傅里叶变换是虚的奇对称的。
(3) 当序列是虚的偶对称的序列,则其离散傅里叶变换是虚的偶对称的。
(4) 当序列是虚的奇对称序列时,则其离散傅里叶变换是实的奇对称的。

在结束有关奇偶性及对称性的讨论时,为便于比较,将 DFT 的奇偶虚实特性列于表 3.4.1 中。

表 3.4.1　DFT 的奇偶虚实特性

$x(n)$	$X(k)$	$x(n)$	$X(k)$
偶序列	偶序列	实偶	实偶
奇序列	奇序列	实奇	虚奇
实	实部为偶,虚部为奇	虚偶	虚偶
虚	实部为奇,虚部为偶	虚奇	实奇

根据 $x(n)$ 与 $X(k)$ 变换关系的对称性,只要交换 $x(n)$ 和 $X(k)$ 列的标题,表中各项仍然是正确的。

应该指出,为了更有效地运用计算程序和更好地理解所得结果,对上述特性应深入地理解。

3.4.13　可将离散傅里叶变换看作一组滤波器

序列 $x(n)$ 的离散傅里叶变换

$$X(k)=\text{DFT}[x(n)]=\sum_{n=0}^{N-1}x(n)W_N^{nk}$$
$$=x(0)+x(1)W_N^k+x(2)W_N^{2k}+x(3)W_N^{3k}+\cdots+x(N-1)W_N^{(N-1)k}$$

(3.4.57)

$X(k)$ 为序列 $x(n)$ 中 k 频率分量的大小,可看作如下的卷积形式

$$X(k) = \sum_{n=0}^{N-1} x(n) h_k(N-1-n) \tag{3.4.58}$$

令系统的单位采样响应为

$$h_k(n) = \begin{cases} W_N^{(N-1-n)k}, & n=0,1,2,\cdots,N-1 \\ 0, & n<0 \text{ 和 } n \geqslant N \end{cases} \tag{3.4.59}$$

输入序列为

$$0,0,0,x(0),x(1),x(2),\cdots,x(N-1),0,0,0,\cdots$$

此输入序列加入单位采样响应为 $h_k(n)$ 的滤波器后，在 $(N-1)$ 时刻的输出为

$$\begin{aligned} y(N-1) &= \sum_{n=0}^{N-1} x(n) h_k(N-1-n) \\ &= x(0) h_k(N-1) + x(1) h_k(N-2) + \\ &\quad x(2) h_k(N-3) + \cdots + x(N-1) h_k(0) \\ &= x(0) W_N^{(N-1-N+1)k} + x(1) W_N^{(N-1-N+2)k} + \\ &\quad x(2) W_N^{(N-1-N+3)k} + \cdots + x(N-1) W_N^{(N-1)k} \\ &= x(0) + x(1) W_N^k + x(2) W_N^{2k} + x(3) W_N^{3k} + \cdots + \\ &\quad x(N-1) W_N^{(N-1)k} \end{aligned} \tag{3.4.60}$$

比较式(3.4.57)和式(3.4.60)可见，二者的结果是一样的。因此，求序列 $x(n)$ 的离散傅里叶变换 $X(k)$ 的过程相当于以序列 $x(n)$ 为输入，加到单位采样响应为 $h_k(n)$ 的滤波器，其在 $(N-1)$ 时刻的输出就是 $X(k)$。由式(3.4.59)可见，$(N-1)$ 与 k 值有关，一定的 k 值对应一定的单位采样响应，取不同的 k 值可得不同的单位采样响应，分别对应不同滤波特性的数字滤波器。把 k 值取在 $0 \leqslant k \leqslant N-1$ 区间，就可得 N 个不同滤波特性的数字滤波器。对 $x(n)$ 实施 N 个滤波器的滤波运算就可分别得到 N 个不同 k 值的 $X(k)$。所以离散傅里叶变换可看作一组滤波器。

下面分析这组滤波器的频率特性。为此先对 $h_k(n)$ 作 z 变换可得

$$\begin{aligned} H_k(z) &= \sum_{n=0}^{N-1} h_k(n) z^{-n} = \sum_{n=0}^{N-1} W_N^{(N-1-n)k} z^{-n} \\ &= W_N^{(N-1)k} \sum_{n=0}^{N-1} (W_N^{-k} z^{-1})^n = W_N^{(N-1)k} \frac{1 - z^{-N} W_N^{-Nk}}{1 - z^{-1} W_N^{-k}} \end{aligned} \tag{3.4.61}$$

由于 $W_N = e^{-j\frac{2\pi}{N}}$，同时令 $z = e^{j\omega}$，代入式(3.4.61)，得出滤波器的振幅频率特性为

$$|H_k(e^{j\omega})| = \left| \frac{1 - (e^{j\omega})^{-N} (e^{j\frac{2\pi}{N}k})^N}{1 - (e^{j\omega})^{-1} (e^{j\frac{2\pi}{N}k})^1} \right| = \left| \frac{e^{j\frac{N}{2}(\omega - \frac{2\pi}{N}k)} - e^{-j\frac{N}{2}(\omega - \frac{2\pi}{N}k)}}{e^{j\frac{1}{2}(\omega - \frac{2\pi}{N}k)} - e^{-j\frac{1}{2}(\omega - \frac{2\pi}{N}k)}} \right|$$

根据公式 $\sin x = \dfrac{e^{jx} - e^{-jx}}{2j}$ 可得

$$|H_k(e^{j\omega})| = \left| \frac{\sin \dfrac{N}{2}\left(\omega - \dfrac{2\pi}{N}k\right)}{\sin \dfrac{1}{2}\left(\omega - \dfrac{2\pi}{N}k\right)} \right| \tag{3.4.62}$$

若令 $x = \frac{1}{2}\left(\omega - \frac{2\pi}{N}k\right)$,则这种振幅频率特性具有 $\frac{\sin Nx}{\sin x}$ 的形式。在 $k=0$ 时,

$$H_0 = \left| \frac{\sin \frac{N\omega}{2}}{\sin \frac{\omega}{2}} \right|$$

也是一种 $\frac{\sin Nx}{\sin x}$ 的频率响应特性,当 $\omega = 0$ 时,$H_0 = N$,可作出其振幅特性如图 3.4.17 所示,第一副瓣电平约为 -13.3dB。

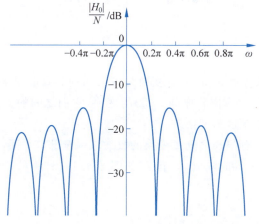

图 3.4.17　$k=0$ 时,H_0 的归一化振幅特性

若 $k \neq 0$,而分别取 $1, 2, 3, \cdots, N-1$,则由式(3.4.62)可得出一组滤波器的振幅特性如图 3.4.18 所示。图中 $N=8$。各 H_k 的响应形式和 H_0 一样,最大幅值也为 N,差别在于主瓣移到了 $\omega = \frac{2\pi}{N}k$ 上。这些滤波器中心频率的间隔为 $\omega = \frac{2\pi}{N}$。

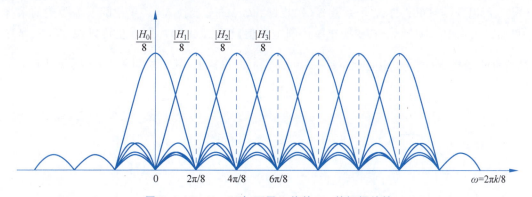

图 3.4.18　$N=8$ 时,不同 k 值的 H_k 的振幅特性

因此,离散傅里叶变换相当于用中心频率为 $\omega = \frac{2\pi}{N}k(k=0,1,2,\cdots,N-1)$,频率响应形式为 $\frac{\sin Nx}{\sin x}$ 的 N 个滤波器对输入序列进行滤波。因为 $\omega = \Omega T = \frac{\Omega}{f_s}$,在 $\omega = \frac{2\pi}{N}$ 时,有 $\Omega =$

$\frac{2\pi}{N}f_s = \frac{2\pi}{NT}$。故当 $\omega = \frac{k2\pi}{N}$ 时这些滤波器在 $(N-1)$ 时刻的输出即是频率分量为 $k\Omega$ 的傅里叶系数 $X(k)$。当输入序列 $x(n)$ 中所含频率分量不是 Ω 的整倍数,而是在 $(k-1)\Omega$ 和 $k\Omega$ 之间时,输入序列经傅里叶变换后,在各个滤波器的输出端都可能有它的输出响应,而在第 k 个及第 $(k-1)$ 个滤波器的输出响应中,将有一个或两个都具有较大值。所以利用离散傅里叶变换进行谱分析时,分辨能力决定于频谱谱线间隔 $\Omega = \frac{2\pi}{NT} = 2\pi\frac{f_1}{N}$,并称 $\frac{f_1}{N}$ 为频率分辨率或频率分辨单元。

离散傅里叶变换相当于一组滤波器,这一性质在脉冲多普勒雷达信号处理中得到了广泛的应用。

3.4.14 DFT 与 z 变换

列长为 N 的有限长序列 $x(n)$ 的 z 变换为 $X(z)$,而其离散傅里叶变换为 $X(k)$,$X(z)$ 和 $X(k)$ 二者均表示了同一有限长序列 $x(n)$ 的变换,它们之间的关系是:对 z 变换采样可得 DFT,而 DFT 的综合就是 z 变换。

由前文的讨论可知,有限长序列 z 变换的收敛域是全部 z 平面,自然也包含了 z 平面的单位圆。如果在单位圆上等间隔取 N 个点,如图 3.4.19(a)所示,则在此 N 个点处的 z 变换值为

$$X(z_k) = \sum_{n=0}^{N-1} x(n) z^{-n} \bigg|_{z=z_k = e^{(j\frac{2\pi}{N}k)} = W_N^{-k}}$$

$$= \sum_{n=0}^{N-1} x(n) W_N^{nk} = \text{DFT}[x(n)] = X(k) \qquad (3.4.63)$$

$z_k = W_N^{-k} = e^{j(\frac{2\pi}{N})k}$ 是平面单位圆上幅角为 $\omega = \frac{2\pi}{N}k$ 的点,即 z 平面上单位圆 N 等分后的第 k 点。所以 $x(n)$ DFT 的 N 个系数 $X(k)$ 也即 $x(n)$ 的 z 变换 $X(z)$ 单位圆上等距离的采样值,如图 3.4.19(b)所示。z 变换在单位圆上的值就是 $X(e^{j\omega})$。所以也可以说,$X(k)$ 是序列傅里叶变换 $X(e^{j\omega})$ 在相应点 $\omega = \frac{2\pi}{N}k = k\omega_N$ 上的采样值,其采样间隔为 $\omega = \frac{2\pi}{N}k$,即

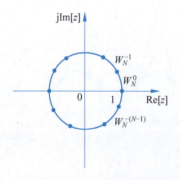
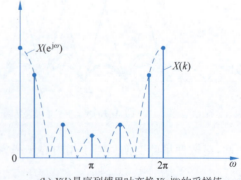

(a) z 平面单位圆上等间隔采样的各点　　　(b) $X(k)$ 是序列傅里叶变换 $X(e^{j\omega})$ 的采样值

图 3.4.19　DFT 与 z 变换

$$\begin{cases} X(k) = X(\mathrm{e}^{jk\omega_N}) \\ \omega_N = \dfrac{2\pi}{N} \end{cases}$$

由此可见，z 变换的采样可得 DFT。

3.5 频域采样

由上文讨论可知，采用 DFT 后实现了频域采样。对于任意一个频率特性能否用频率采样的办法去逼近呢？为此，首先应弄清它的限制，再研究经过频率采样后会有什么误差？如何消除误差？采样后所获得的频率特性怎样？

3.5.1 对 $X(z)$ 采样时采样点数的限制

对任一绝对可和的非周期序列 $x(n)$ 的 z 变换 $X(z)$ 在单位圆上，即对 $X(\mathrm{e}^{j\omega})$ 进行等距采样，则由式(3.4.63)得

$$X(k) = X(z)\Big|_{z=W_N^{-k}} = \sum_{n=-\infty}^{\infty} x(n) W_N^{nk} \tag{3.5.1}$$

实现频域采样以后，信息有没有损失？能不能用序列的频谱 $X(\mathrm{e}^{j\omega})$ 的采样值 $X(k)$ 恢复出原序列 $x(n)$？设频率采样后所得的 $X(k)$ 恢复出的有限长序列为 $x'(n)$，则

$$x'(n) = \mathrm{IDFT}[X(k)]$$

为了易于看清上述问题，本书先从周期序列 $\tilde{x}'(n)$ 开始研究

$$\tilde{x}'(n) = \mathrm{IDFS}[\tilde{X}(k)] = \frac{1}{N}\sum_{k=0}^{N-1} \tilde{X}(k) W_N^{-kn} = \frac{1}{N}\sum_{k=0}^{N-1} X(k) W_N^{-kn}$$

为探索频率采样后所恢复出的序列 $x'(n)$ 和原序列 $x(n)$ 之间的关系，将式(3.5.1)代入

$$\tilde{x}'(n) = \frac{1}{N}\sum_{k=0}^{N-1}\left[\sum_{m=-\infty}^{\infty} x(m) W_N^{mk}\right] W_N^{-kn} = \sum_{m=-\infty}^{\infty} x(m)\left[\frac{1}{N}\sum_{k=0}^{N-1} W_N^{(m-n)k}\right]$$

由于

$$\frac{1}{N}\sum_{k=0}^{N-1} W_N^{(m-n)k} = \begin{cases} 1, & m = n + rN, r \text{ 为任意整数} \\ 0, & \text{其他 } m \end{cases}$$

所以

$$\tilde{x}'(n) = \sum_{r=-\infty}^{\infty} x(n+rN) \tag{3.5.2}$$

式(3.5.2)说明 $\tilde{x}'(n)$ 是原序列 $x(n)$ 以 N 为周期的周期延拓序列。在第 2 章看到了时域的采样造成频域的周期延拓，现又证明了频域上的采样，同样也造成时域的周期延拓。这正是傅里叶变换中时域频域对称关系的反映。

如果 $x(n)$ 是列长为 M 的有限长序列，则当频域采样点数 $N < M$ 时，即频域的采样间隔不够密，$x(n)$ 的周期延拓就会出现某些序列交叠在一起，产生混叠现象。这样就不可能从 $x(n)$ 中提取一个周期不失真地恢复出原序列 $x(n)$ 来。因此对于列长为 M 的有限长序列 $x(n)$，频率采样不失真的条件是 $N \geq M$，这时有

$$x'(n) = \tilde{x}'(n)R_N(n) = \sum_{r=-\infty}^{\infty} x(n+rN)R_N(n) = x(n) \qquad (3.5.3)$$

当 $x(n)$ 为无限长序列时,无论 N 取什么值, $x'(n)$ 都将不可能完全消除混叠误差,只能随着采样点 N 的增加而逐渐接近 $x(n)$。

3.5.2 $X(z)$ 的内插公式

由上文分析可知,列长为 N 的有限长序列 $x(n)$,可从单位圆上 $X(z)$ 的 N 个采样值 $X(k)$,即 $x(n)$ 的 DFT 恢复,因而这 N 个 $X(k)$ 也应该能完全表达整个 $X(z)$ 函数及频响 $X(\mathrm{e}^{\mathrm{j}\omega})$,也可以说 DFT 的综合就是 z 变换。这进一步揭示了 DFT 与 z 变换的关系。

$$\begin{cases} x(n) = \dfrac{1}{N}\sum_{k=0}^{N-1} X(k) W_N^{-nk} \\ X(z) = \sum_{n=0}^{N-1} x(n) z^{-n} \end{cases}$$

将 $x(n)$ 的表达式代入得

$$X(z) = \sum_{n=0}^{N-1}\left[\frac{1}{N}\sum_{k=0}^{N-1} X(k) W_N^{-nk}\right] z^{-n} = \frac{1}{N}\sum_{k=0}^{N-1} X(k) \sum_{n=0}^{N-1} (W_N^{-k} z^{-1})^n$$

$$= \frac{1}{N}\sum_{k=0}^{N-1} X(k) \frac{1 - W_N^{-kN} z^{-N}}{1 - W_N^{-k} z^{-1}}$$

因

$$W_N^{-kN} = \mathrm{e}^{\mathrm{j}\frac{2\pi}{N}kN} = 1$$

即

$$X(z) = \frac{1 - z^{-N}}{N}\sum_{k=0}^{N-1} \frac{X(k)}{1 - W_N^{-k} z^{-1}} \qquad (3.5.4)$$

式(3.5.4)就是 $X(z)$ 的内插公式。在已知 $X(k)$ 时,可根据内插公式求得任意 z 点的 $X(z)$ 值,因此 $X(z)$ 的 N 个采样点的 $X(k)$ 值,包含了 z 变换的全部信息。式(3.5.4)可表示为式(3.5.5)的形式内插函数

$$X(z) = \sum_{k=0}^{N-1} X(k) \phi_k(z) \qquad (3.5.5)$$

其中 $\phi_k(z)$ 为

$$\phi_k(z) = \frac{1}{N} \frac{1 - z^{-N}}{1 - W_N^{-k} z^{-1}} \qquad (3.5.6)$$

将 $z = \mathrm{e}^{\mathrm{j}\omega}$ 代入,可以得到序列 $x(n)$ 的频响

$$X(\mathrm{e}^{\mathrm{j}\omega}) = \sum_{k=0}^{N-1} X(k) \phi_k(\mathrm{e}^{\mathrm{j}\omega}) \qquad (3.5.7)$$

$$\phi_k(\mathrm{e}^{\mathrm{j}\omega}) = \frac{1}{N}\frac{1 - \mathrm{e}^{-\mathrm{j}N\omega}}{1 - \mathrm{e}^{-\mathrm{j}(\omega - k\frac{2\pi}{N})}} = \frac{1}{N}\frac{\sin\left(\dfrac{\omega N}{2}\right)}{\sin\left[\left(\omega - \dfrac{k2\pi}{N}\right)/2\right]} \cdot \mathrm{e}^{-\mathrm{j}\left(\frac{N\omega}{2} - \frac{\omega}{2} + \frac{k\pi}{N}\right)} \qquad (3.5.8)$$

可将 $\phi_k(e^{j\omega})$ 表示为更明了的形式

$$\phi_k(e^{j\omega}) = \phi\left(\omega - k\frac{2\pi}{N}\right)$$

$$\phi(\omega) = \frac{1}{N}\frac{\sin\left(\frac{\omega N}{2}\right)}{\sin\left(\frac{\omega}{2}\right)}e^{-j\omega\left(\frac{N-1}{2}\right)} \tag{3.5.9}$$

因此

$$X(e^{j\omega}) = \sum_{k=0}^{N-1}X(k)\phi\left(\omega - k\frac{2\pi}{N}\right) \tag{3.5.10}$$

内插函数 $\phi(\omega)$ 的振幅与相位特性如图 3.5.1 所示。当其变量 $\omega=0$(本采样点)时 $\phi(\omega)=1$,在其余采样点($\omega=i\frac{2\pi}{N},i=1,2,\cdots,N-1$)上,$\phi(\omega)=0$。因而可知,有以下关系

$$\phi\left(\omega - k\frac{2\pi}{N}\right) = \begin{cases} 1, & \omega = k\frac{2\pi}{N} \\ 0, & \omega = i\frac{2\pi}{N}, i \neq k \end{cases}$$

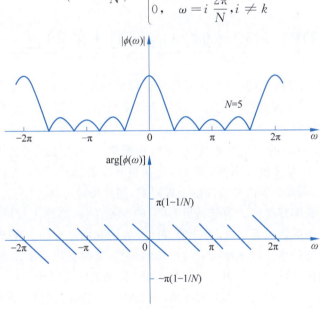

图 3.5.1 内插函数振幅特性与相位特性

即函数 $\phi\left(\omega - k\frac{2\pi}{N}\right)$ 在本采样点 $\left(\omega = k\frac{2\pi}{N}\right)$ 上为 1,而在其他采样点 $\left(\omega=i\frac{2\pi}{N}, i\neq k\right)$ 上为 0。整个 $X(e^{j\omega})$ 正是 N 个 $\phi\left(\omega - k\frac{2\pi}{N}\right)$ 函数乘以加权 $X(k)$ 之和。明显可见,各个采样点处的 $X(e^{j\omega})$ 就等于各 $X(k)$ 的值,因为其余采样点的内插函数在这里都为零值。而采样点之间的 $X(e^{j\omega})$ 值则由各采样值乘以相应的内插函数延伸叠加形成。

内插函数的另一重要特点是具有如图 3.5.1 所示的线性相移特性。

综上所述,对于有限长序列的 $X(z)$ 及 $X(e^{j\omega})$ 可有时域序列 $x(n)$ 与频域序列 $X(k)$ 表示的两套表达式

$$\begin{cases} X(z) = \sum_{n=0}^{N-1} x(n) z^{-n} \\ X(z) = \sum_{k=0}^{N-1} X(k) \phi_k(z) \end{cases}$$

及

$$\begin{cases} X(e^{j\omega}) = \sum_{n=0}^{N-1} x(n) e^{-j\omega n} \\ X(e^{j\omega}) = \sum_{k=0}^{N-1} X(k) \phi_k\left(\omega - \frac{k2\pi}{N}\right) \end{cases}$$

时域采样定理说明,一个频带有限的信号,可对其进行时域采样而不丢失任何信息,因而,可用数字技术加工时域信号。频域采样理论说明,时间有限的信号(有限长序列),也可对其频域采样而不丢失任何信息。DFT 的理论使信号不仅在时域,而且在频域也离散化了,因而开辟了在频域采用数字技术处理的领域,而快速傅里叶变换(FFT)是计算 DFT 的快速有效算法。

3.6 用 DFT 对连续时间信号逼近的问题

视频讲解

DFT 的数学性质是确切的,但在许多信号处理的应用中,却很少作为一个最终目的被采用。对 DFT 感兴趣主要是因为它是连续傅里叶变换的一个近似。为了利用 DFT 对连续时间信号 $x_a(t)$ 进行傅里叶分析,需先对 $x_a(t)$ 进行采样,得到 $x(n)$,再对 $x(n)$ 进行 DFT 得 $X(k)$。$X(k)$ 是 $x(n)$ 的傅里叶变换 $X(e^{j\omega})$ 在频率区间 $[0, 2\pi]$ 上的 N 点等间隔采样。这里 $x(n)$ 和 $X(k)$ 均为有限长序列。但是,由傅里叶变换理论可知,若信号的持续时间为有限长,则其频谱无限宽;若信号的频谱为有限宽,则其持续时间无限长。严格地讲持续时间有限的带限信号是不存在的。为能满足 DFT 的变换条件,实际上对频谱很宽的信号,为防止时域采样后产生频谱混叠失真,可用前置滤波器滤除幅度较小的高频分量,使连续时间信号的带宽小于折叠频率。对于持续时间很长的信号,采样点数太多以致无法存贮和计算,只好截取为有限列长进行 DFT。从工程实际角度看,滤除幅度很小的高频分量和截去幅度很小部分的时间信号是允许的。由上述可见,用 DFT 对连续时间信号进行傅里叶分析必然是近似的,近似的准确程度严格地说是被分析波形的一个函数。特别要指出,两个变换之间的差异是因 DFT 需要对连续时间信号采样和截断为有限列长而产生的。这里主要有两个问题,即两种变换间相对数值的确定;以及在计算的变换与所需的变换之间造成误差的 3 种可能现象:混叠现象、栅栏效应和频谱泄漏。下面进行分别讨论。

3.6.1 计算的变换与所需变换间相对数值的确定

假设连续时间非周期性信号的变换定义为式(3.1.1)和式(3.1.2),而周期信号的傅里叶级数的定义则为式(3.1.3)和式(3.1.4)。DFT 的计算可以按式(3.1.1)所定义的非周期信号的傅里叶变换,或式(3.1.3)所定义的周期信号的傅里叶系数的近似来进行。

如果采用 DFT 的基本定义式(3.3.1)去计算一个非周期性信号的傅里叶变换,则频谱的正常幅度电平等于用 DFT 计算所得的频谱分量乘以 T。

如果已利用真实积分变换定义式(3.1.1),或者如上所述,利用 DFT 乘以 T 来计算频谱函数,则可用包括因子 $1/N$ 在内的式(3.3.2)来近似计算式(3.1.2)所表示的时间函数。在此情况下,最后将各时间分量乘以 $NF=f$,即得正常幅度电平。所以从时间到频率,再从频率到时间的整个过程总共乘了 $T \cdot NF=1$ 也即幅度电平未受影响。

傅里叶级数系数的表示式(3.1.3)实际上是求被积式的平均值。如果采用式(3.3.1)的 DFT 公式来近似确定式(3.1.3)所表示的周期性函数的傅里叶级数系数时,频谱的正常幅度电平等于 DFT 所求出的频谱分量乘以 T,再除以 t_p (t_p 为周期性时间函数的有效周期)。由于 $(T/t_p)=(1/N)$,因此,如果利用 DFT 的定义式(3.3.1)和式(3.3.2)来计算正规的傅里叶级数,则 $(1/N)$ 因子最好放在 DFT 的正变换式中,而不是逆变换式中。

在许多实际问题中,各变换分量的实际电平往往无关紧要。确定信号特性的是频谱中各分量之间的相对电平,相对电平关系保持不变就可以了。

3.6.2 计算的变换与所需变换间的误差

1. 混叠现象

混叠现象在上文已详细讨论过。避免混叠现象的唯一办法是保证采样频率足够高。这就要求在确定采样频率之前,对频谱的性质要有所了解。下面着重讨论应用 DFT 时,为避免混叠所必须考虑的一些重要参数关系。

假设离散时间信号是从连续时间函数采样得出的,或者为了分析的目的选取相应的连续时间信号作为参考。并假设所处理的信号是基带信号,在采样前已利用低通模拟滤波器进行前置滤波,以避免高于折叠频率的分量出现。这样为避免混叠现象,要求采样频率

$$f_s \geqslant 2f_h \tag{3.6.1}$$

f_s 为信号的最高频率,而采样周期 T 必须满足

$$T \leqslant \frac{1}{2f_s} \tag{3.6.2}$$

设 F 表示频率分量间的增量,它就是前文提到的频率分辨率 $F=\dfrac{f_s}{N}$,t_p 为最小记录长度,也就是前文提到的周期性函数的有效周期。t_p 应按照所需的频率分辨率进行选择

$$t_p = \frac{1}{F} \tag{3.6.3}$$

式(3.6.2)和式(3.6.3)说明在高频容量与频率分辨率间存在着矛盾。增加高频容量,T 就必然减小,在采样点数 N 给定的情况下,记录长度必然缩短,从而降低了频率的分辨率。相反,要提高记录长度,分辨率就必须要增加,在采样点数 N 给定时,必然导致 T 的增加,因而减少了高频的容量。

在高频容量 f_h 与频率分辨率 F 两个参数中,保持其中一个不变而增加另一个的唯一办法,就是增加在一记录长度内的点数 N,如果 f_h 和 F 都已给定,则 N 必须满足

$$N \geqslant \frac{2f_h}{F} \tag{3.6.4}$$

这是未采用任何特殊数据处理(例如加窗处理)情况下,为实现基本的 DFT 算法所必须满足的最低条件。

2. 栅栏效应

栅栏效应是由于用 DFT 计算频谱只限制为基频的整数倍而不可能将频谱视为一个连续函数而产生的。就意义而言,栅栏效应表现为当用 DFT 计算整个频谱时,就好像通过一个"栅栏"来观看一个图景一样,只能在离散点的地方看到真实图景。如果不附加任何特殊处理,在两个离散的变换线之间若有一个特别大的频谱分量时,将无法检测出来。

减少栅栏效应的方法就是在原记录末端添加一些零值点来改变时间周期内的点数,并保持记录不变。从而在保持原有频谱连续形式不变的情况下,变更了谱线的位置。这样,原来看不到的频谱分量就能移动到可见的位置上。

必须注意,当在记录信号末端添加零点时,所用窗函数的宽度不能由于增加了零点而按较长的长度选择,而必须按照数据记录的实际长度来选择窗函数。关于窗函数的有关知识将在 3.7 节介绍。

3. 频谱泄漏

实际工作往往需要把信号的观察时间限制在一定的时间间隔之内。设有一个延伸到无限远处的离散时间信号 $x_1(n)$,其频谱为 $X_1(e^{j\omega})$(仅表示出周期频谱中周期的一部分)如图 3.6.1 所示。由于无法等待足够长的时间取用无限个数据,因此需要选择一段时间信号进行分析。

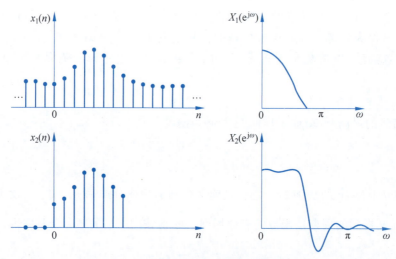

图 3.6.1 信号截断时产生的频谱泄漏现象

取用有限个数据,即将信号截断的过程,就等于将信号乘以窗函数。如果窗函数是一个矩形窗函数,数据项数突然被截断,而窗内各项数据并不改变,如图 3.6.1 中 $x_2(n)$ 所示。时域的截断,在频域相当于所研究的波形的频谱 $X_1(e^{j\omega})$ 与矩形窗函数频谱周期卷积过程。这一卷积造成的失真频谱见图 3.6.1 中的 $X_2(e^{j\omega})$ 所示。

频谱分量从其正常频谱扩展开来,称为"泄漏"。如图 3.6.2(a) 所示的 $x_1'(t)$ 的频率 f_1 是 f_s/N 的整倍数,即

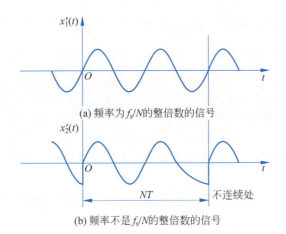

(a) 频率为 f_s/N 的整倍数的信号

(b) 频率不是 f_s/N 的整倍数的信号

图 3.6.2　频率为 f_s/N 的整倍数及为 f_s/N 的非整倍数信号

$$f_1 = k\frac{f_s}{N} = \frac{k}{NT}$$

这说明在长度 NT 内信号有 k 整个周期。这时由 $x_1'(t)$ 构成的以 NT 为周期的周期信号是连续的。当 $x_2'(t)$ 的频率不是 f_s/N 的整倍数时,在 NT 的处理长度内,就不是恰好为信号周期的整数倍,由 $x_2'(t)$ 以 NT 为周期进行周期延拓所得到的周期信号就出现了不连续点,如图 3.6.2(b)所示,造成了频谱分量从其正常频谱扩展开来,在 DFT 等效滤波器组的各个副瓣将有大小不同的数值输出,再一次看到了频谱泄漏现象。应该指出,泄漏是不能与混叠完全分开的,因为泄漏将导致频谱的扩展,从而使频谱的最高频率超过折叠频率,造成混叠。因为无法取用无限个数据,所以在进行离散傅里叶变换时,时域中的截断是必须的,因此泄漏效应是离散傅里叶变换所固有的,必须设法进行抑制。

3.7　窗函数和加权

由上文分析可知,要抑制"泄漏"可以通过窗函数加权抑制 DFT 的等效滤波器的振幅特性的副瓣,或用窗函数加权使有限长度的输入信号周期延拓后在边界上尽量减少不连续程度的方法实现。在 FIR 数字滤波器设计中,为获得有限长单位采样响应,需要用窗函数截断无限长单位采样响应序列;在功率谱估计中也要用到窗函数加权问题。由此可见窗函数加权技术在数字信号处理中的重要地位。

在用窗函数加权时,有一个问题必须注意。一般文献上给出的窗函数 $w(n)$ 都是偶对称的时间序列,即

$$w(n) \quad n = -\frac{N}{2}, \cdots, -1, 0, 1, \cdots, +\frac{N}{2}$$

这里,N 是一个偶数,而窗函数 $w(n)$ 共有 $N+1$ 个采样值。但实际中常需要单边表示的窗函数,例如在 N 为偶数点的离散傅里叶变换时,处理区间为 $n=0\sim N-1$。因此,必须把偶对称表示的窗函数向右平移 $\dfrac{N}{2}$ 点,让左端点与 $n=0$ 重合。如除去右端点的一个采样值(一般为零值),则窗函数 $w(n)$ 便在 $n=0,1,2,\cdots,N-1$ 点上定义,构成了适用于离散傅里

叶变换的单边窗函数序列。也可将被加权的序列向左平移 $\frac{N}{2}$ 点，作用是一样的。位移 $\frac{N}{2}$ 点只影响相位特性，并不影响振幅特性。本节主要研究加权的作用及窗函数的性能。

3.7.1 加权

现对离散傅里叶变换的等效滤波器的单位采样响应进行加权，即

$$h_k(n) = w(n) W_N^{(N-1-n)k}$$

式中，$w(n)$ 称为窗函数，用不同的窗函数对单位采样响应进行加权可以得到等效滤波器不同的振幅频率特性。

若 $w(n)=1, n=0,\cdots,N-1$，称为矩形窗。这时加权后的单位采样响应与等效滤波器原有的单位采样响应一样

$$h_k(n) = \begin{cases} W_N^{(N-1-n)k}, & n=0,1,2,\cdots,N-1 \\ 0, & n<0 \text{ 和 } n \geqslant N \end{cases} \tag{3.7.1}$$

其频率响应为

$$H_k(\mathrm{e}^{\mathrm{j}\omega}) = \frac{\sin\left[\dfrac{N}{2}\left(\omega - \dfrac{2\pi}{N}k\right)\right]}{\sin\left[\dfrac{1}{2}\left(\omega - \dfrac{2\pi}{N}k\right)\right]} \mathrm{e}^{-\mathrm{j}\frac{N-1}{2}\left(\omega + \frac{2\pi}{N}k\right)}$$

其中，k 为零所对应的频率特性，由下式表示

$$H(\mathrm{e}^{\mathrm{j}\omega}) = \frac{\sin\dfrac{N\omega}{2}}{\sin\dfrac{\omega}{2}} \mathrm{e}^{-\mathrm{j}\left(\frac{N-1}{2}\right)\omega}$$

上文已指出，这种频率特性的第一副瓣峰值比 $\omega=0$ 处的主瓣峰值低 13.3dB，约为主瓣幅度的 $1/4 \sim 1/5$。采用合适的窗函数进行加权，就能使对应的频率特性副瓣压降下来。例如，采用余弦加权

$$w(n) = \cos\pi\frac{n}{N}, \quad n = -\frac{N}{2},\cdots,-1,0,1,\cdots,+\frac{N}{2} \tag{3.7.2}$$

为适用于离散傅里叶变换加权，需将偶对称的余弦窗移位 $\frac{N}{2}$ 后采用正弦窗函数的形式，即

$$w(n) = \cos\left(\pi\frac{n}{N} - \frac{\pi}{2}\right) = \sin\pi\frac{n}{N} \tag{3.7.3}$$

这时对应的加权单位采样响应为

$$h_k(n) = \sin\left(\pi\frac{n}{N}\right) W_N^{(N-1-n)k} \quad n=0,1,2,\cdots,N-1 \tag{3.7.4}$$

其频率特性可通过 z 变换求得

$$H_k(\mathrm{e}^{\mathrm{j}\omega}) = H_k(z)\Big|_{z=\mathrm{e}^{\mathrm{j}\omega}} = \sum_{n=0}^{N-1}\left[\sin\left(\pi\frac{n}{N}\right) W_N^{(N-1-n)k}\right] z^{-n}$$

$$= W^{(N-1)k} \sum_{n=0}^{N-1}\left[\sin\left(\pi\frac{n}{N}\right) W_N^{-kn}\right] z^{-n}$$

暂不考虑求和号外的相移因子 $W_N^{(N-1)k}$，可求出

$$H_k(\mathrm{e}^{\mathrm{j}\omega}) = \sum_{n=0}^{N-1}\left[\sin\left(\pi\frac{n}{N}\right)\mathrm{e}^{\mathrm{j}\frac{2\pi}{N}kn}\right]z^{-n}$$

$$= \frac{1}{2\mathrm{j}}\sum_{n=0}^{N-1}\left[\mathrm{e}^{\mathrm{j}\left(\frac{\pi n}{N}\right)} - \mathrm{e}^{-\mathrm{j}\left(\frac{\pi n}{N}\right)}\right]\mathrm{e}^{\mathrm{j}\frac{2\pi}{N}kn}\cdot\mathrm{e}^{-\mathrm{j}\omega n}$$

$$= \frac{1}{2\mathrm{j}}\sum_{n=0}^{N-1}\mathrm{e}^{\left\{-\mathrm{j}n\left[\omega-\left(k+\frac{1}{2}\right)\frac{2\pi}{N}\right]\right\}} - \frac{1}{2\mathrm{j}}\sum_{n=0}^{N-1}\mathrm{e}^{\left\{-\mathrm{j}n\left[\omega-\left(k-\frac{1}{2}\right)\frac{2\pi}{N}\right]\right\}} \quad (3.7.5)$$

把式(3.7.5)的最后两求和式总和起来，可得

$$H_k(\mathrm{e}^{\mathrm{j}\omega}) = \frac{1}{2\mathrm{j}}\left\{\frac{\sin\frac{N}{2}\left[\omega-\left(k-\frac{1}{2}\right)\frac{2\pi}{N}\right]}{\sin\frac{1}{2}\left[\omega-\left(k+\frac{1}{2}\right)\frac{2\pi}{N}\right]}\mathrm{e}^{-\mathrm{j}\frac{N-1}{2}\left[\omega-\left(k+\frac{1}{2}\right)\frac{2\pi}{N}\right]} - \right.$$

$$\left.\frac{\sin\frac{N}{2}\left[\omega-\left(k-\frac{1}{2}\right)\frac{2\pi}{N}\right]}{\sin\frac{1}{2}\left[\omega-\left(k-\frac{1}{2}\right)\frac{2\pi}{N}\right]}\mathrm{e}^{-\mathrm{j}\frac{N-1}{2}\left[\omega-\left(k-\frac{1}{2}\right)\frac{2\pi}{N}\right]}\right\}$$

$$= \frac{1}{2\mathrm{j}}\left\{\frac{\sin\frac{N}{2}\left[\omega-\left(k+\frac{1}{2}\right)\frac{2\pi}{N}\right]}{\sin\frac{1}{2}\left[\omega-\left(k+\frac{1}{2}\right)\frac{2\pi}{N}\right]} - \right.$$

$$\left.\frac{\sin\frac{N}{2}\left[\omega-\left(k-\frac{1}{2}\right)\frac{2\pi}{N}\right]}{\sin\frac{1}{2}\left[\omega-\left(k-\frac{1}{2}\right)\frac{2\pi}{N}\right]}\mathrm{e}^{-\mathrm{j}\frac{(N-1)\pi}{N}}\mathrm{e}^{-\mathrm{j}\frac{N-1}{2}\left[\omega-\left(k+\frac{1}{2}\right)\frac{2\pi}{N}\right]}\right\}$$

由于 $\mathrm{e}^{-\mathrm{j}\frac{N-1}{N}\pi} = -\mathrm{e}^{\mathrm{j}\frac{\pi}{N}}$，故有

$$H_k(\mathrm{e}^{\mathrm{j}\omega}) = \left\{\frac{1}{2}\frac{\sin\frac{N}{2}\left[\omega-\left(k+\frac{1}{2}\right)\frac{2\pi}{N}\right]}{\sin\frac{1}{2}\left[\omega-\left(k+\frac{1}{2}\right)\frac{2\pi}{N}\right]}\mathrm{e}^{-\mathrm{j}\frac{\pi}{2N}} + \frac{1}{2}\frac{\sin\frac{N}{2}\left[\omega-\left(k-\frac{1}{2}\right)\frac{2\pi}{N}\right]}{\sin\frac{1}{2}\left[\omega-\left(k-\frac{1}{2}\right)\frac{2\pi}{N}\right]}\mathrm{e}^{\mathrm{j}\frac{\pi}{2N}}\right\}\times$$

$$\mathrm{e}^{-\mathrm{j}\left\{\frac{N-1}{2}\left[\omega-\left(k+\frac{1}{2}\right)\frac{2\pi}{N}\right]+\frac{\pi}{2}-\frac{\pi}{2N}\right\}} \quad (3.7.6)$$

在式(3.7.6)的相位中还应加上文提到过的相位因子才是 $H_k(\mathrm{e}^{\mathrm{j}\omega})$ 的完整表达式。

由式(3.7.6)可知，余弦加权后的频率特性 $H_k(\mathrm{e}^{\mathrm{j}\omega})$ 是由两相邻的中心频率间隔为 $2\pi/N$ 的矩形窗加权的频率特性矢量合成的。由于 $N>1$，故括号内的两个振幅频率特性间的相位差 π/N 很小，因此矢量合成接近于代数相加，如图3.7.1所示。由图3.7.1可见，这时两个相邻的振幅频率特性的副瓣接近相减。因此通过选择合适的窗函数确实可以压低等效滤波器频率特性副瓣，达到抑制"频谱泄漏"的目的。由图3.7.1还可以看出，加权后还会引起频率特性的主瓣加宽，峰值响应降低的副作用。

也可以在离散傅里叶变换式中对输入序列 $x(n)$ 直接进行加权。这时，合适窗函数的加权作用是使被加权序列在边缘($n=0$ 和 $n=N-1$ 附近)比矩形窗函数圆滑而减小了陡峭的边缘所引起的副瓣分量。

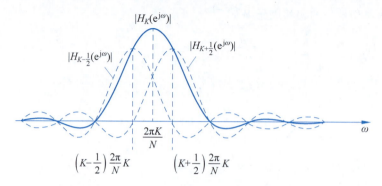

图 3.7.1 对离散傅里叶变换等效滤波器单位采样响应余弦加权后的频率响应

3.7.2 常用的窗函数

下面讨论几种常用的窗函数及其主要性能指标。各窗函数的幅度响应以分贝形式表示,定义为

$$W_{dB}(\omega) = 20\log_{10}\frac{|W(e^{j\omega})|}{W(e^{j0})} \tag{3.7.7}$$

$W(e^{j\omega})$ 为 $w(n)$ 的傅里叶变换,$W(e^{j0})$ 为该变换的直流值。

1. 矩形窗(rectangular window)

$$w(n) = 1, \quad n = -\frac{N}{2}, \cdots, -1, 0, 1, \cdots, \frac{N}{2} \tag{3.7.8}$$

式中,N 为偶数。对序列的截断,实际上就是加矩形窗,其对应的频谱为

$$W(e^{j\omega}) = \frac{\sin\frac{(N+1)}{2}\omega}{\sin\frac{\omega}{2}} \tag{3.7.9}$$

上述窗函数序列长为 $N+1$ 个点。例如取偶数点,即令

$$w(n) = 1, \quad n = -\frac{N}{2}, \cdots, -1, 0, 1, \cdots, \frac{N}{2} \tag{3.7.10}$$

对应的谱函数为

$$W(e^{j\omega}) = W_R(e^{j\omega}) = \sum_{n=-\frac{N}{2}}^{(\frac{N}{2}-1)} e^{-j\omega n} = e^{j\omega\frac{N}{2}} \sum_{n=0}^{N-1} e^{-j\omega n} = \frac{\sin\frac{N\omega}{2}}{\sin\frac{\omega}{2}} e^{j\frac{\omega}{2}} \tag{3.7.11}$$

以后本书就取式(3.7.11)所表示的函数为矩形窗频谱。

如果用幅度函数 $W(\omega)$ 与相位函数 $e^{-j\omega\alpha}$ 来表示窗函数的频谱 $W(e^{j\omega})$,即

$$W(e^{j\omega}) = W(\omega)e^{-j\omega\alpha}$$

则上述窗函数的频谱幅度函数 $W(\omega)$ 具有 $\frac{\sin Nx}{\sin x}$ 的形式,其频谱的主瓣宽度,以两个零交点之间的间隔计算,为 $2\times\frac{2\pi}{N}$,第一副瓣电平比主瓣峰值低 13dB 左右。图 3.7.2 给出了矩形窗函数及其对应的频谱函数。本节所述的所有窗函数及其频谱图,都是根据相应的窗函数

及其频谱函数表达式在计算机上绘成的。

单边表示的矩形窗函数为
$$w(n)=1, \quad n=0,1,2,\cdots,N-1 \tag{3.7.12}$$

它所对应的频谱函数为
$$W_R(e^{j\omega})=\frac{\sin\frac{N\omega}{2}}{\sin\frac{\omega}{2}}e^{-j\left[\frac{N-1}{2}\omega\right]} \tag{3.7.13}$$

可以看出与式(3.7.11)相比,有一个序列移位 $\frac{N}{2}$ 点所出现的相移因子 $e^{-j\frac{N}{2}\omega}$。

【例 3.7】 绘出矩形窗及其幅度响应。

```python
import numpy as np
from scipy import signal, fft
import matplotlib.pyplot as plt
from matplotlib.ticker import MaxNLocator

# 计算矩形窗的 wn 值和幅度响应
N = 51                                          # 矩形窗长度
wn = signal.windows.boxcar(N)                   # 矩形窗的 wn 值
N0 = 2048
N1 = int(N0 / 2)
Ha = np.abs(fft.fft(wn, N0)) + 1e-10
Ha = Ha / np.max(Ha)
Ar = 20 * np.log10(Ha)
freq = np.linspace(0, 1, N1)

# 绘制矩形窗
fig, ax = plt.subplots()
ax.stem(wn, basefmt = "")
ax.set_title('矩形窗')
ax.set_xlabel('n')
ax.set_ylim([0, 1.5])
plt.rcParams['font.sans-serif'] = ['SimHei']    # 用来正常显示中文标签
fig.savefig('./win_rec1.png', dpi = 500)

# 绘制矩形窗的幅度响应
fig, ax = plt.subplots()
ax.plot(freq, Ar[:N1])
ax.grid()
ax.set_title('矩形窗的幅度响应')
ax.set_xlabel('k')
ax.set_xlabel(r'$ \omega / \pi $')
ax.set_ylabel(r'$ 20log_{10}| H(\omega) | $')
ax.set_xlim([0, 1])
ax.set_ylim([-100, 1])
ax.xaxis.set_major_locator(MaxNLocator(11))
ax.yaxis.set_major_locator(MaxNLocator(11))
plt.rcParams['axes.unicode_minus'] = False      # 用来显示负号
```

矩形窗的 $w(n)$ 和幅度响应绘制如图 3.7.2 所示。

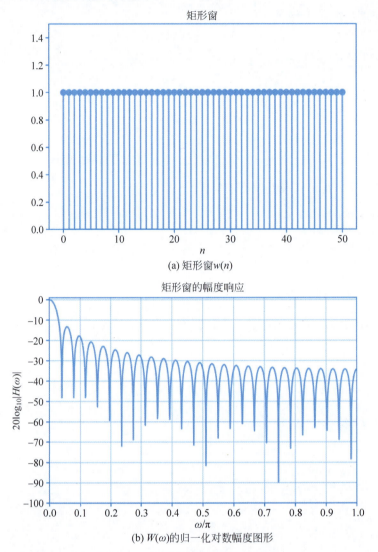

(a) 矩形窗 $w(n)$

(b) $W(\omega)$ 的归一化对数幅度图形

图 3.7.2　矩形窗及其频谱幅度宽度

2. 三角形窗(triangular window)

三角形窗又称巴特利特(Bartlett)窗。偶对称表达的三角形窗定义为

$$w(n) = 1.0 - \frac{|n|}{\dfrac{N}{2}}, \quad n = -\frac{N}{2}, \cdots, -1, 0, 1, \cdots, \frac{N}{2} \tag{3.7.14}$$

单边表示的三角形窗定义为

$$w(n) = \begin{cases} \dfrac{n}{\dfrac{N}{2}}, & n = 0, 1, 2, \cdots, \dfrac{N}{2} \\ w(N-n), & n = \dfrac{N}{2}, \dfrac{N}{2}+1, \cdots, N-1 \end{cases} \tag{3.7.15}$$

它所对应的频谱函数为

$$W(e^{j\omega}) = \left[\frac{N}{2}\frac{\sin\left(\frac{N}{4}\omega\right)}{\sin\left(\frac{\omega}{2}\right)}\right]^2 e^{-j\left[\left(\frac{N}{2}-1\right)\omega\right]} \tag{3.7.16}$$

其零交点之间的主瓣宽度是矩形窗的两倍,第一个副瓣电平比主瓣峰值低 26dB 左右。三角形窗是最简单的,频谱函数 $W(e^{j\omega})$ 为非负的一种窗函数。三角形窗序列及其频谱如图 3.7.3 所示。

【例 3.8】 绘出三角形窗。

```
import numpy as np
from scipy import signal, fft
import matplotlib.pyplot as plt
from matplotlib.ticker import MaxNLocator

# 计算三角形窗的 wn 值和幅度响应
N = 51                                          # 三角形窗长度
wn = signal.windows.bartlett(N)                 # 三角形窗的 wn 值
N0 = 2048
N1 = int(N0 / 2)
Ha = np.abs(fft.fft(wn, N0)) + 1e - 10
Ha = Ha / np.max(Ha)
Ar = 20 * np.log10(Ha)
freq = np.linspace(0, 1, N1)

# 绘制三角形窗
fig, ax = plt.subplots()
ax.stem(wn, basefmt = "")
ax.set_title('三角形窗')
ax.set_xlabel('n')
ax.set_ylim([0, 1.5])
plt.rcParams['font.sans - serif'] = ['SimHei']  # 用来正常显示中文标签
fig.savefig('./win_tri1.png', dpi = 500)

# 绘制三角形窗的幅度响应
fig, ax = plt.subplots()
ax.plot(freq, Ar[:N1])
ax.grid()
ax.set_title('三角形窗的幅度响应')
ax.set_xlabel('k')
ax.set_xlabel(r'$ \omega / \pi $')
ax.set_ylabel(r'$ 20log_{10}| H(\omega) | $')
ax.set_xlim([0, 1])
ax.set_ylim([ - 100, 1])
ax.xaxis.set_major_locator(MaxNLocator(11))
ax.yaxis.set_major_locator(MaxNLocator(11))
plt.rcParams['axes.unicode_minus'] = False      # 用来显示负号
```

三角形(巴特利特)窗的 $w(n)$ 和幅度响应绘制如图 3.7.3 所示。

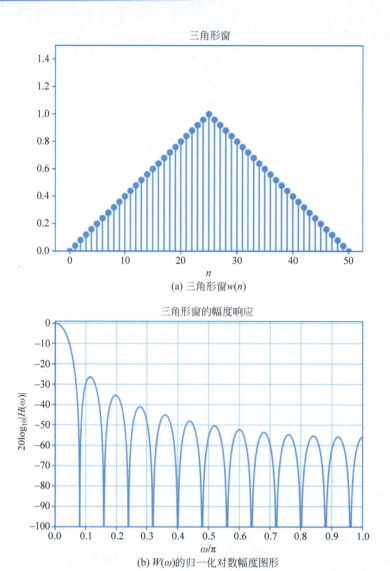

图 3.7.3 三角形窗及其频谱幅度函数

3. 汉宁窗(Hanning window)

汉宁窗也称余弦平方窗或升余弦窗,其偶对称表示式为

$$w(n) = \cos^2\left(\frac{n}{N}\pi\right)$$
$$= \frac{1}{2}\left[1 + \cos\left(\frac{2n}{N}\pi\right)\right]$$
$$= \frac{1}{2} + \frac{1}{2}\cos\left(\frac{2n}{N}\pi\right), \quad n = -\frac{N}{2}, \cdots, -1, 0, 1, \cdots, +\frac{N}{2} \quad (3.7.17)$$

单边表示为

$$w(n) = \sin^2\left(\frac{n}{N}\pi\right) = \frac{1}{2}\left[1 - \cos\left(\frac{2n}{N}\pi\right)\right] \quad n = 0, 1, 2, \cdots, N-1 \quad (3.7.18)$$

由式(3.7.17),据欧拉公式可得

$$w(n) = \frac{1}{2} + \frac{1}{2}\left(\frac{1}{2}e^{j\frac{2n}{N}\pi} + \frac{1}{2}e^{-j\frac{2n}{N}\pi}\right) = \frac{1}{2} + \frac{1}{4}e^{j\frac{2n}{N}\pi} + \frac{1}{4}e^{-j\frac{2n}{N}\pi} \quad (3.7.19)$$

已知矩形窗的频谱函数是

$$w(n) = 1 \leftrightarrow W_R(e^{-j\omega}) = \frac{\sin\left(\frac{N\omega}{2}\right)}{\sin\left(\frac{\omega}{2}\right)} e^{j\frac{\omega}{2}} \quad (3.7.20)$$

由变换的频移定理可得

$$\begin{cases} w(n) = 1 \cdot e^{j\frac{2\pi}{N}n} \leftrightarrow W_R\left[e^{j\left(\omega - \frac{2\pi}{N}\right)}\right] \\ w(n) = 1 \cdot e^{-j\frac{2\pi}{N}n} \leftrightarrow W_R\left[e^{j\left(\omega + \frac{2\pi}{N}\right)}\right] \end{cases} \quad (3.7.21)$$

将频谱函数表达为

$$W(e^{j\omega}) = W(\omega)e^{-j\omega\alpha}$$

这样，利用上述关系可以得到用矩形窗的频谱幅度函数 $W_R(\omega)$ 来表示偶对称式汉宁窗的频谱函数

$$W(\omega) \approx \frac{1}{2}W_R(\omega) + \frac{1}{4}W_R\left(\omega - \frac{2\pi}{N}\right) + \frac{1}{4}W_R\left(\omega + \frac{2\pi}{N}\right) \quad (3.7.22)$$

该频谱特性如图 3.7.4 所示，是由 3 个互有频移的不同幅值的矩形窗频谱幅度函数相加而成，这将使副瓣大为抵消，能量更有效地集中在主瓣内，但却使主瓣加宽了一倍。

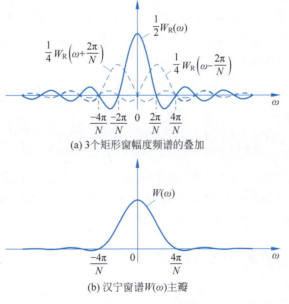

图 3.7.4 汉宁窗频谱

把 N 点偶对称表示的汉宁窗函数右移 $N/2$ 点，可得单边表示的汉宁窗，其对应的频谱函数为

$$\begin{aligned}
W(e^{j\omega}) &= \frac{1}{2}W_R(\omega)e^{-j\frac{N}{2}\omega} + \frac{1}{4}W_R\left(\omega - \frac{2\pi}{N}\right)e^{-j\frac{N}{2}\left(\omega - \frac{2\pi}{N}\right)} + \frac{1}{4}W_R\left(\omega + \frac{2\pi}{N}\right)e^{-j\frac{N}{2}\left(\omega + \frac{2\pi}{N}\right)} \\
&= \left[\frac{1}{2}W_R(\omega) - \frac{1}{4}W_R\left(\omega - \frac{2\pi}{N}\right) - \frac{1}{4}W_R\left(\omega + \frac{2\pi}{N}\right)\right]e^{-j\frac{N}{2}\omega}
\end{aligned} \quad (3.7.23)$$

注意,与偶对称表示的汉宁加权不同,式(3.7.23)中两个频移的矩形窗幅度函数前的符号是负的。在离散傅里叶变换中,直接实现对输入序列 $x(n)$ 的汉宁窗加权时,可不在时域进行 $x(n)$ 与 $w(n)$ 相乘,而在输出的频谱序列 $X(k)$ 上进行线性组合来实现。已知汉宁加权后的离散傅里叶变换 $X_\mathrm{W}(k)$ 为

$$X_\mathrm{W}(k) = \sum_{n=0}^{N-1} w(n)x(n)\mathrm{e}^{-\mathrm{j}\left(\frac{2\pi}{N}\right)kn}$$

$$= \sum_{n=0}^{N-1}\left[\frac{1}{2} - \frac{1}{4}\mathrm{e}^{\mathrm{j}\frac{2\pi}{N}n} - \frac{1}{4}\mathrm{e}^{-\mathrm{j}\frac{2\pi}{N}n}\right]x(n)\mathrm{e}^{-\mathrm{j}\left(\frac{2\pi}{N}\right)kn}$$

$$= \frac{1}{2}\sum_{n=0}^{N-1}x(n)\mathrm{e}^{-\mathrm{j}\left(\frac{2\pi}{N}\right)kn} - \frac{1}{4}\sum_{n=0}^{N-1}x(n)\mathrm{e}^{-\mathrm{j}\left(\frac{2\pi}{N}\right)(k-1)n} -$$

$$\frac{1}{4}\sum_{n=0}^{N-1}x(n)\mathrm{e}^{-\mathrm{j}\left(\frac{2\pi}{N}\right)(k+1)n} \tag{3.7.24}$$

由式(3.7.24)可知,汉宁窗加权的离散傅里叶变换输出 $X_\mathrm{W}(k)$ 是矩形窗加权的离散傅里叶变换 $X(k)$ 的线性组合,即

$$X_\mathrm{W}(k) = \frac{1}{2}X(k) - \frac{1}{4}X(k-1) - \frac{1}{4}X(k+1)$$

$$= \frac{1}{2}\left\{X(k) - \frac{1}{2}[X(k-1) + X(k+1)]\right\} \tag{3.7.25}$$

这种输出 $X(k)$ 的组合需要附加 $2N$ 次复加及 $2N$ 次右移(实现乘 1/2)操作来实现。汉宁窗加权的这些特点,在快速离散傅里叶变换运算中特别受到注意。其实,汉宁窗是一族窗函数中的一个,这族窗函数的偶对称表示式为

$$w(n) = \cos^\alpha\left(\frac{n\pi}{N}\right) \quad n = -\frac{N}{2}, \cdots, -1, 0, 1, \cdots, \frac{N}{2} \tag{3.7.26}$$

单边表示为

$$w(n) = \sin^\alpha\left(\frac{n\pi}{N}\right) \quad n = 0, 1, 2, \cdots, N-1 \tag{3.7.27}$$

一般取 $\alpha=1,2,3,4$。当 $\alpha=1$ 时,是余弦窗。$\alpha=2$,是上文介绍的汉宁窗。当 α 越大时,窗函数 $\cos^\alpha(x)$ 序列越平滑,对应的频谱函数的副瓣电平就越下降,副瓣跌落越快速。但主瓣则变得越来越宽。图 3.7.5 给出了余弦窗及其频谱。图 3.7.6 给出了汉宁窗及其频谱。

【例 3.9】 绘出余弦窗及其频谱幅度函数。

```
import numpy as np
from scipy import signal, fft
import matplotlib.pyplot as plt
from matplotlib.ticker import MaxNLocator

# 计算余弦窗的 wn 值和幅度响应
N = 51                                                      # 余弦窗长度
wn = signal.windows.cosine(N)                               # 余弦窗的 wn 值
N0 = 2048
N1 = int(N0 / 2)
Ha = np.abs(fft.fft(wn, N0)) + 1e-10
```

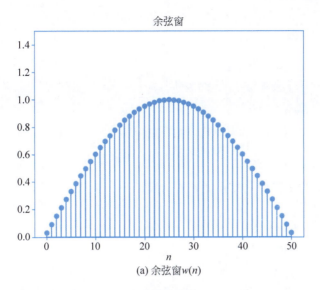

(a) 余弦窗 $w(n)$

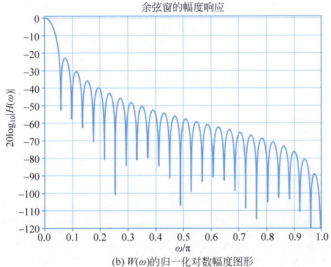

(b) $W(\omega)$ 的归一化对数幅度图形

图 3.7.5　余弦窗及其频谱幅度函数

```
Ha = Ha / np.max(Ha)
Ar = 20 * np.log10(Ha)
freq = np.linspace(0, 1, N1)

# 绘制余弦窗
fig, ax = plt.subplots()
ax.stem(wn, basefmt = "")
ax.set_title('余弦窗')
ax.set_xlabel('n')
ax.set_ylim([0, 1.5])
plt.rcParams['font.sans-serif'] = ['SimHei']       # 用来正常显示中文标签
fig.savefig('./win_cos1.png', dpi = 500)

# 绘制余弦窗的幅度响应
fig, ax = plt.subplots()
ax.plot(freq, Ar[:N1])
```

```
ax.grid()
ax.set_title('余弦窗的幅度响应')
ax.set_xlabel('k')
ax.set_xlabel(r'$ \omega / \pi $')
ax.set_ylabel(r'$ 20log_{10}| H(\omega) | $')
ax.set_xlim([0, 1])
ax.set_ylim([-120, 1])
ax.xaxis.set_major_locator(MaxNLocator(11))
ax.yaxis.set_major_locator(MaxNLocator(13))
plt.rcParams['axes.unicode_minus'] = False        # 用来显示负号
```

【例 3.10】 绘出汉宁窗及其幅度频谱函数。

```
import numpy as np
from scipy import signal, fft
import matplotlib.pyplot as plt
from matplotlib.ticker import MaxNLocator

# 计算汉宁窗的 wn 值和幅度响应
N = 51                                             # 汉宁窗长度
wn = signal.windows.hann(N)                        # 汉宁窗的 wn 值
N0 = 2048
N1 = int(N0 / 2)
Ha = np.abs(fft.fft(wn, N0)) + 1e-10
Ha = Ha / np.max(Ha)
Ar = 20 * np.log10(Ha)
freq = np.linspace(0, 1, N1)

# 绘制汉宁窗
fig, ax = plt.subplots()
ax.stem(wn, basefmt = "")
ax.set_title('汉宁窗')
ax.set_xlabel('n')
ax.set_ylim([0, 1.5])
plt.rcParams['font.sans-serif'] = ['SimHei']       # 用来正常显示中文标签
fig.savefig('./win_han1.png', dpi = 500)

# 绘制汉宁窗的幅度响应
fig, ax = plt.subplots()
ax.plot(freq, Ar[:N1])
ax.grid()
ax.set_title('汉宁窗的幅度响应')
ax.set_xlabel('k')
ax.set_xlabel(r'$ \omega / \pi $')
ax.set_ylabel(r'$ 20log_{10}| H(\omega) | $')
ax.set_xlim([0, 1])
ax.set_ylim([-120, 1])
ax.xaxis.set_major_locator(MaxNLocator(11))
ax.yaxis.set_major_locator(MaxNLocator(13))
plt.rcParams['axes.unicode_minus'] = False        # 用来显示负号
```

汉宁窗的 $w(n)$ 和幅度响应绘制如下：

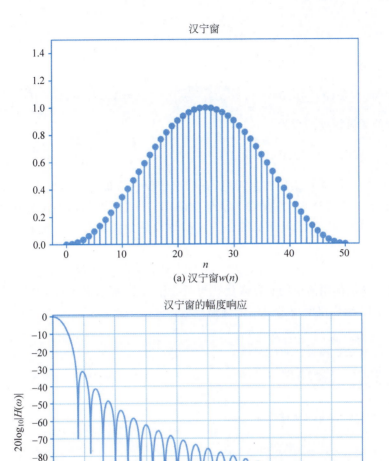

图 3.7.6 汉宁窗及其幅度频谱函数

4. 汉明窗（Hamming window）

汉明窗也称改进的升余弦窗。受汉宁窗启发，可设法调整相邻矩形窗频谱的大小以便更好地获取副瓣相消，为此可设加权窗函数为

$$w(n) = \alpha + (1-\alpha)\cos\left(\frac{2\pi}{N}n\right) \tag{3.7.28}$$

对应的频谱函数为

$$W(\omega) = \alpha W_R(\omega) + \frac{1}{2}(1-\alpha)\left[W_R\left(\omega - \frac{2\pi}{N}\right) + W_R\left(\omega + \frac{2\pi}{N}\right)\right] \tag{3.7.29}$$

改变可调整的比例系数 α 就可改变相邻 3 个矩形窗频谱幅度的大小，若选 $\alpha=0.54$，就是所谓"汉明窗"可使副瓣电平有显著的改善。

汉明窗的偶对称表示为

$$w(n) = 0.54 + 0.46\cos\left(\frac{2\pi}{N}n\right), \quad n = -\frac{N}{2}, \cdots, -1, 0, 1, \cdots, \frac{N}{2} \quad (3.7.30)$$

单边表示为

$$w(n) = 0.54 - 0.46\cos\left(\frac{2\pi}{N}n\right), \quad n = 0, 1, 2, \cdots, N-1 \quad (3.7.31)$$

所得到的频谱幅度函数为

$$W(\omega) = 0.54 W_R(\omega) + 0.23\left[W_R\left(\omega - \frac{2\pi}{N}\right) + W_R\left(\omega + \frac{2\pi}{N}\right)\right] \quad (3.7.32)$$

结果达到99.96%的能量集中在主瓣内，在与汉宁窗相等的主瓣宽度下，获得了更好的副瓣抑制。若选 $\alpha = 0.53856$，则副瓣电平是 -43dB。图3.7.7给出了汉明窗及其频谱，可以看到，在第一副瓣处出现了很深的凹陷。汉明加权后的离散傅里叶变换也可用 $X(k)$ 来表达

$$X_w(k) = 0.54 X(k) - 0.23[X(k-1) + X(k+1)] \quad (3.7.33)$$

它不能像汉宁窗那样用简单的右移来代替与系数作乘法，而需做实数乘复数的乘法。

【例3.11】 绘出汉明窗及其幅度频谱函数。

```python
import numpy as np
from scipy import signal, fft
import matplotlib.pyplot as plt
from matplotlib.ticker import MaxNLocator

# 计算汉明窗的 wn 值和幅度响应
N = 51                                                    # 汉明窗长度
wn = signal.windows.hamming(N)                            # 汉明窗的 wn 值
N0 = 2048
N1 = int(N0 / 2)
Ha = np.abs(fft.fft(wn, N0)) + 1e-10
Ha = Ha / np.max(Ha)
Ar = 20 * np.log10(Ha)
freq = np.linspace(0, 1, N1)

# 绘制汉明窗
fig, ax = plt.subplots()
ax.stem(wn, basefmt = "")
ax.set_title('汉明窗')
ax.set_xlabel('n')
ax.set_ylim([0, 1.5])
plt.rcParams['font.sans-serif'] = ['SimHei']              # 用来正常显示中文标签
fig.savefig('./win_ham1.png', dpi = 500)

# 绘制汉明窗的幅度响应
fig, ax = plt.subplots()
ax.plot(freq, Ar[:N1])
ax.grid()
ax.set_title('汉明窗的幅度响应')
ax.set_xlabel('k')
ax.set_xlabel(r'$ \omega / \pi $')
```

```
ax.set_ylabel(r'$ 20log_{10}|H(\omega)|$')
ax.set_xlim([0, 1])
ax.set_ylim([-100, 1])
ax.xaxis.set_major_locator(MaxNLocator(11))
ax.yaxis.set_major_locator(MaxNLocator(11))
plt.rcParams['axes.unicode_minus'] = False      # 用来显示负号
```

汉明窗的 $w(n)$ 和幅度响应绘制如图 3.7.7 所示。

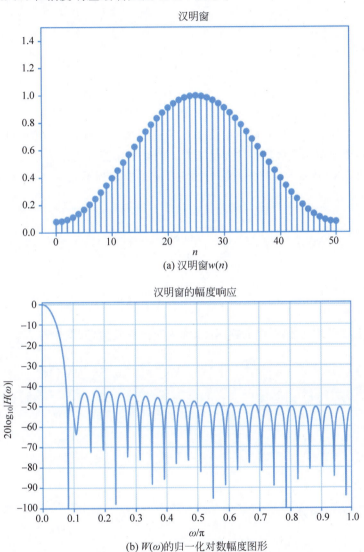

图 3.7.7 汉明窗及其幅度频谱函数

5. 布拉克曼窗（Blackman window）

布拉克曼窗也称二阶升余弦窗。汉宁、汉明加权都由 3 个中心频率不同的矩形窗频谱线性组合而成。布拉克曼利用更多的矩形窗频谱线性组合构成布拉克曼窗，其偶对称表示为

$$w(n) = \sum_{m=0}^{K-1} a_m \cos\left(\frac{2\pi}{N}mn\right), \quad n = -\frac{N}{2}, \cdots, -1, 0, 1, \cdots, \frac{N}{2} \quad (3.7.34)$$

单边表示为

$$w(n) = \sum_{m=0}^{K-1} (-1)^m a_m \cos\left(\frac{2\pi}{N}mn\right), \quad n = 0, 1, 2, \cdots, N-1 \quad (3.7.35)$$

单边表示的布拉克曼窗幅度频谱函数为

$$W(\omega) = \sum_{m=0}^{K-1} (-1)^m \frac{a_m}{2} \left[W_R\left(\omega - \frac{2\pi}{N}m\right) + W_R\left(\omega + \frac{2\pi}{N}m\right) \right] \quad (3.7.36)$$

这个窗函数中系数的选择应满足以下约束条件

$$\sum_{m=0}^{K-1} a_m = 1.0 \quad (3.7.37)$$

因此，汉宁、汉明窗是 a_0 和 a_1 不为零，而其他系数都为零的布拉克曼窗。假如布拉克曼窗有 K 个非零的系数 a_m，则其振幅频谱将由 $(2K-1)$ 个中心频率不同的矩形窗频谱线性组合而成。显然，要使窗函数频谱的主瓣宽度窄，则 K 值不能选得很大。布拉克曼找到 $K=3$ 时在 $\omega = 3.5(2\pi/N)$ 及 $\omega = 4.5(2\pi/N)$ 处出现零点的窗序列系数 $a_m(m=0,1,2)$，其准确值及近似值如下式所示

$$\left. \begin{aligned} a_0 &= \frac{7938}{10608} \approx 0.42 \\ a_1 &= \frac{9240}{18608} \approx 0.5 \\ a_2 &= \frac{1430}{18608} \approx 0.08 \end{aligned} \right\} \quad (3.7.38)$$

按照式(3.7.38)的系数近似得出的窗函数，称为布拉克曼窗，其偶对称表示为

$$w(n) = 0.42 + 0.50\cos\left(\frac{2\pi}{N}n\right) + 0.08\cos\left(\frac{2\pi}{N}2n\right)$$
$$n = -\frac{N}{2}, \cdots, -1, 0, 1, \cdots, \frac{N}{2} \quad (3.7.39)$$

单边表示为

$$w(n) = 0.42 - 0.50\cos\left(\frac{2\pi}{N}n\right) + 0.08\cos\left(\frac{2\pi}{N}2n\right)$$
$$n = 0, 1, 2, \cdots, N-1 \quad (3.7.40)$$

单边表示的频谱幅度函数为

$$W(\omega) = 0.42W_R(\omega) + 0.25\left[W_R\left(\omega - \frac{2\pi}{N}\right) + W_R\left(\omega + \frac{2\pi}{N}\right)\right] +$$
$$0.04\left[W_R\left(\omega - \frac{4\pi}{N}\right) + W_R\left(\omega + \frac{4\pi}{N}\right)\right] \quad (3.7.41)$$

这样可以得到更低的副瓣，但主瓣宽度却进一步加宽到矩形窗的 3 倍。

【例 3.12】 绘出布拉克曼窗及其幅度频谱函数。

```
import numpy as np
from scipy import signal, fft
import matplotlib.pyplot as plt
```

```python
from matplotlib.ticker import MaxNLocator

# 计算布拉克曼窗的 wn 值和幅度响应
N = 51                                              # 布拉克曼窗长度
wn = signal.windows.blackman(N)                     # 布拉克曼窗的 wn 值
N0 = 2048
N1 = int(N0 / 2)
Ha = np.abs(fft.fft(wn, N0)) + 1e - 10
Ha = Ha / np.max(Ha)
Ar = 20 * np.log10(Ha)
freq = np.linspace(0, 1, N1)

# 绘制布拉克曼窗
fig, ax = plt.subplots()
ax.stem(wn, basefmt = "")
ax.set_title('布拉克曼窗')
ax.set_xlabel('n')
ax.set_ylim([0, 1.5])
plt.rcParams['font.sans - serif'] = ['SimHei']      # 用来正常显示中文标签
fig.savefig('./win_blac1.png', dpi = 500)

# 绘制布拉克曼窗的幅度响应
fig, ax = plt.subplots()
ax.plot(freq, Ar[:N1])
ax.grid()
ax.set_title('布拉克曼窗的幅度响应')
ax.set_xlabel('k')
ax.set_xlabel(r'$ \omega / \pi $ ')
ax.set_ylabel(r'$ 20log_{10}| H(\omega) | $ ')
ax.set_xlim([0, 1])
ax.set_ylim([ - 150, 1])
ax.xaxis.set_major_locator(MaxNLocator(11))
ax.yaxis.set_major_locator(MaxNLocator(16))
plt.rcParams['axes.unicode_minus'] = False          # 用来显示负号
```

布拉克曼窗的 $w(n)$ 和幅度响应绘制如图 3.7.8 所示。

6. 最优化窗

最优化窗是指在某种优化准则下得出的窗函数。

1) 高斯窗（Gaussian window）

已经知道，任何一种信号时宽 T、频宽 W 之积 TW 满足下式

$$TW \geqslant \frac{1}{4\pi} \tag{3.7.42}$$

在最小时宽频宽积 $\left(TW = \dfrac{1}{4\pi}\right)$ 的优化准则下得出的是高斯波形，因此，可选择高斯波形作窗函数。高斯波形是一直延伸到无穷大的，但是若在波形 3 倍均方值的地方进行截断，则误差很小。高斯窗如下式所示

$$w(n) = e^{-\frac{1}{2}\left[a\frac{n}{N/2}\right]^2} \quad 0 \leqslant |n| \leqslant \frac{N-1}{2} \tag{3.7.43}$$

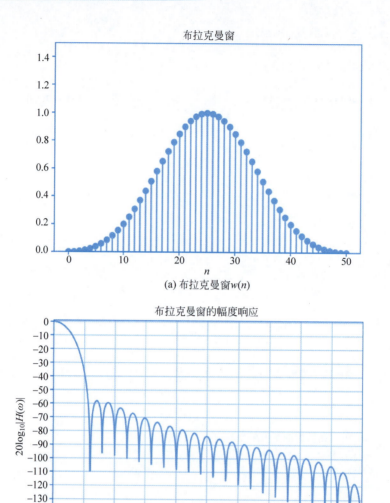

图 3.7.8 布拉克曼窗及其幅度频谱函数

有限列长的高斯形窗相当于高斯形窗与矩形窗相乘。因此,有限列长的高斯形窗的频谱函数应是高斯窗频谱与矩形窗频谱的卷积,即

$$W(\omega) = \frac{1}{2}\frac{\sqrt{2\pi}}{a}e^{-\frac{1}{2}\left[\frac{\omega}{a}\right]^2} * W_R(\omega)$$

$$\approx \frac{N}{2}\frac{\sqrt{2\pi}}{a}e^{-\frac{1}{2}\left[\frac{\omega}{a}\right]^2}, \quad \text{当} a > 2.5, \omega \text{很小时} \quad (3.7.44)$$

a 是标准差值的倒数,是频谱宽度的一种度量。图 3.7.9 为 $a=3$ 时的高斯窗及其频谱。

【例 3.13】 绘出 $a=3$ 时的高斯窗及其频谱幅度函数。

```
import numpy as np
from scipy import signal, fft
```

```python
import matplotlib.pyplot as plt
from matplotlib.ticker import MaxNLocator

# 计算高斯窗的 wn 值和幅度响应
N = 51                                             # 高斯窗长度
wn = signal.windows.gaussian(N, (N-1)/(2*3))       # 高斯窗的 wn 值
N0 = 2048
N1 = int(N0 / 2)
Ha = np.abs(fft.fft(wn, N0)) + 1e-10
Ha = Ha / np.max(Ha)
Ar = 20 * np.log10(Ha)
freq = np.linspace(0, 1, N1)

# 绘制高斯窗
fig, ax = plt.subplots()
ax.stem(wn, basefmt = "")
ax.set_title('高斯窗(a = 3)')
ax.set_xlabel('n')
ax.set_ylim([0, 1.5])
plt.rcParams['font.sans-serif'] = ['SimHei']       # 用来正常显示中文标签
fig.savefig('./win_gauss1.png', dpi = 500)


# 绘制高斯窗的幅度响应
fig, ax = plt.subplots()
ax.plot(freq, Ar[:N1])
ax.grid()
ax.set_title('高斯窗的幅度响应(a = 3)')
ax.set_xlabel('k')
ax.set_xlabel(r'$ \omega / \pi $')
ax.set_ylabel(r'$ 20log_{10}| H(\omega) | $')
ax.set_xlim([0, 1])
ax.set_ylim([-100, 1])
ax.xaxis.set_major_locator(MaxNLocator(11))
ax.yaxis.set_major_locator(MaxNLocator(11))
plt.rcParams['axes.unicode_minus'] = False         # 用来显示负号
```

当 $N=51, \alpha=3, \sigma=\dfrac{N-1}{2\alpha}=\dfrac{50}{6}$ 时,高斯窗的 $w(n)$ 和幅度响应绘制如图 3.7.9 所示。

2) 凯塞窗(Kaiser window)

凯塞窗的最优化准则是:对于有限的信号能量,要求确定一个有限时宽 T 的信号波形,它使得频宽 W 内的能量最大。凯塞窗的定义如下

$$w(n) = \dfrac{I_0\left[\pi a \sqrt{1.0 - \left(\dfrac{n}{N/2}\right)^2}\right]}{I_0(\pi a)}, \quad 0 \leqslant |n| \leqslant \dfrac{N}{2} \qquad (3.7.45)$$

式中,$I_0(x) = 1 + \sum\limits_{k=1}^{\infty}\left[\dfrac{1}{k!}\left(\dfrac{x}{2}\right)^k\right]^2$ 是零阶第一类修正贝塞尔函数。凯塞窗的频谱幅度函数可近似为

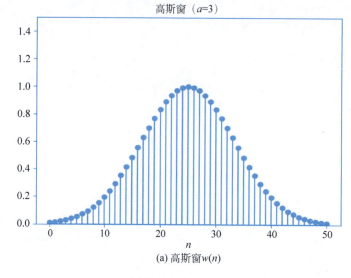

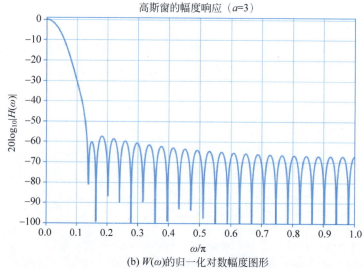

图 3.7.9　$a=3$ 时的高斯窗及其频谱幅度函数

$$W(\omega) \approx \frac{N}{I_0(a\pi)} \frac{\sinh\left[\sqrt{a^2\pi^2 - \left(\frac{N\omega}{2}\right)^2}\right]}{\sqrt{a^2\pi^2 - \left(\frac{N\omega}{2}\right)^2}} \quad (3.7.46)$$

上面公式中的 πa 是时宽、频宽积的一半。

【例 3.14】　绘出凯塞窗及其幅度响应。

```
import numpy as np
from scipy import signal, fft
import matplotlib.pyplot as plt
from matplotlib.ticker import MaxNLocator

# 计算凯塞窗的 wn 值和幅度响应
N = 51                                          # 凯塞窗长度
```

```
wn = signal.windows.kaiser(N, 14)          # 凯塞窗的 wn 值
N0 = 2048
N1 = int(N0 / 2)
Ha = np.abs(fft.fft(wn, N0)) + 1e - 10
Ha = Ha / np.max(Ha)
Ar = 20 * np.log10(Ha)
freq = np.linspace(0, 1, N1)

# 绘制凯塞窗
fig, ax = plt.subplots()
ax.stem(wn, basefmt = "")
ax.set_title('凯塞窗(πa = 14)')
ax.set_xlabel('n')
ax.set_ylim([0, 1.5])
plt.rcParams['font.sans - serif'] = ['SimHei']    # 用来正常显示中文标签
fig.savefig('./win_kaiser1.png', dpi = 500)

# 绘制凯塞窗的幅度响应
fig, ax = plt.subplots()
ax.plot(freq, Ar[:N1])
ax.grid()
ax.set_title('凯塞窗的幅度响应(πa = 14)')
ax.set_xlabel('k')
ax.set_xlabel(r' $ \omega / \pi $ ')
ax.set_ylabel(r' $ 20log_{10}| H(\omega) | $ ')
ax.set_xlim([0, 1])
ax.set_ylim([ - 150, 1])
ax.xaxis.set_major_locator(MaxNLocator(11))
ax.yaxis.set_major_locator(MaxNLocator(16))
plt.rcParams['axes.unicode_minus'] = False      # 用来显示负号
```

当 $\pi a = 14$ 时,凯塞窗的 $w(n)$ 和幅度响应绘制如图 3.7.10 所示。

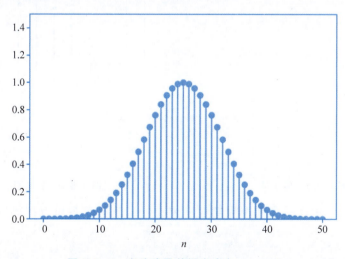

图 3.7.10　凯塞窗及其幅度响应($\pi a = 14$)

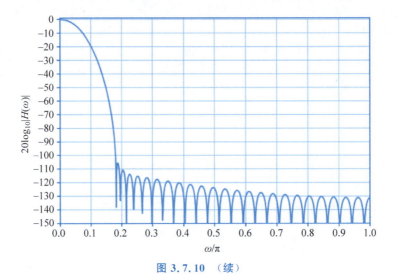

图 3.7.10 （续）

3.8 习题

1. 图 3.8.1 的序列 $\tilde{x}_1(n)$ 是具有周期为 4 的周期性序列。试确定傅里叶级数的系数 $\tilde{X}_1(k)$。

2. 在图 3.8.2 中表示了两个周期都为 6 的周期性序列，确定这两个序列的周期卷积的结果 $\tilde{x}_3(n)$，并画出草图。

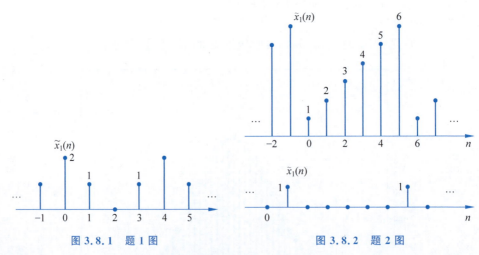

图 3.8.1 题 1 图　　　　图 3.8.2 题 2 图

3. 在图 3.8.3 中表示了几个周期性序列 $x(n)$，这些序列可以按离散傅里叶级数表示为

$$\tilde{x}(n) = \frac{1}{N} \sum_{k=0}^{N-1} \tilde{X}(k) e^{j\left(\frac{2\pi}{N}\right)kn}$$

（1）对于哪些序列可以通过选择时间起点使得所有 $\tilde{X}(k)$ 是实数？

(2) 对于哪些序列可以通过选择时间起点使得除 $\tilde{X}(0)$ 外的所有 $\tilde{X}(k)$ 是虚数？

(3) 对于哪些序列能够做到 $\tilde{X}(k)=0, k=\pm 2, \pm 4, \cdots$？

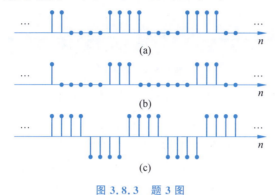

图 3.8.3　题 3 图

4. 试证明下面列出的周期序列离散傅里叶级数的对称特性。在证明中，可以利用离散傅里叶级数的定义及任何已证明的性质。例如在证明性质(3)时可以利用性质(1)和(2)。

序列　　　　　　　离散傅里叶级数

(1) $\tilde{x}^*(n)$　　　　　$\tilde{X}^*(-k)$

(2) $\tilde{x}^*(-n)$　　　　$\tilde{X}^*(k)$

(3) $\mathrm{Re}[\tilde{x}(n)]$　　　　$\tilde{X}_e(k)$

(4) $j\mathrm{Im}[\tilde{x}(n)]$　　　　$\tilde{X}_o(k)$

根据以上证明的性质，证明对于实数周期序列 $\tilde{x}(n)$，离散傅里叶级数的下列对称特性成立：

(1) $\mathrm{Re}[\tilde{X}(k)] = \mathrm{Re}[\tilde{X}(-k)]$

(2) $j\mathrm{Im}[\tilde{X}(k)] = -\mathrm{Im}[\tilde{X}(k)]$

(3) $|\tilde{X}(k)| = |\tilde{X}(-k)|$

(4) $\arg[\tilde{X}(k)] = -\arg[\tilde{X}(-k)]$

5. 求下列序列的 DFT：

(1) $\{1\ \ 1\ \ -1\ \ -1\}$

(2) $\{1\ \ j\ \ -1\ \ -j\}$

(3) $x(n) = cn, 0 \leqslant n \leqslant N-1$

(4) $x(n) = \sin\left(\dfrac{2\pi n}{N}\right), 0 \leqslant n \leqslant N-1$

6. 在图 3.8.4 中表示了有限长序列 $x(n)$，画出序列 $x_1(n)$ 和 $x_2(n)$ 的草图(注意：$x_1(n)$ 和 $x_2(n)$ 是 $x(n)$ 圆周移位的两个点)。

$$x_1(n) = x((n-2))_4 R_4(n)$$
$$x_2(n) = x((-n))_4 R_4(n)$$

7. 在图 3.8.5 中表示了两个有限长序列，试画出它们的 6 点圆周卷积。

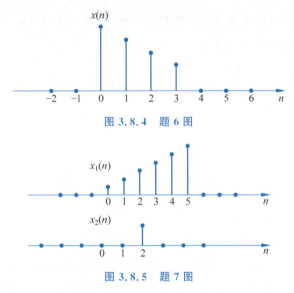

图 3.8.4 题 6 图

图 3.8.5 题 7 图

8. 有限长序列的 DFT 对应于序列在单位圆上的 z 变换的取样。例如一个 10 点序列 $x(n)$ 的 DFT 对应于图 3.8.6 表示的 10 个等间隔点上 $X(z)$ 的采样。希望找出在图 3.8.7 所示的围线上 $X(z)$ 的等间隔采样，即 $X(z)\Big|_{z=0.5\mathrm{e}^{\mathrm{j}\left[\left(\frac{2\pi k}{10}\right)+\left(\frac{\pi}{10}\right)\right]}}$。证明如何修改 $x(n)$ 以获得一个序列 $x_1(n)$ 致使 $x_1(n)$ 的 DFT 对应于所希望的 $X(z)$ 的采样。

图 3.8.6 题 8 图 1　　　　图 3.8.7 题 8 图 2

9. 列长为 8 的一个有限长序列具有 8 点离散傅里叶变换 $X(k)$，如图 3.8.8 所示。列长为 16 点的一个新的序列 $y(n)$ 定义为

$$y(n) = \begin{cases} x\left(\dfrac{n}{2}\right), & n \text{ 为偶数} \\ 0, & n \text{ 为奇数} \end{cases}$$

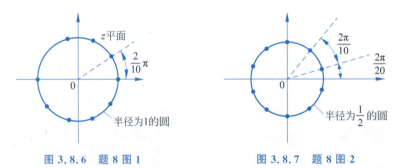

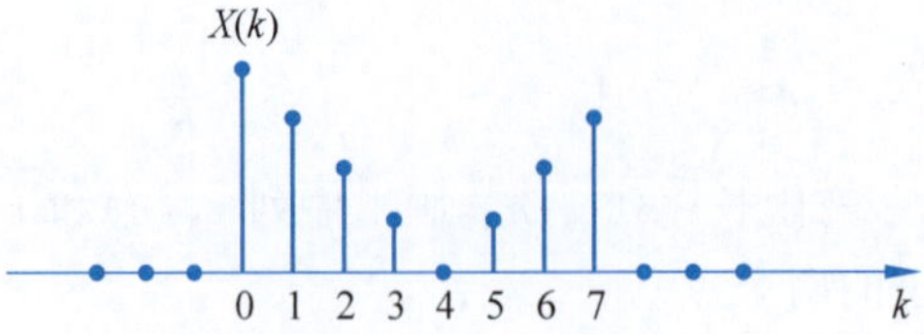

图 3.8.8 题 9 图 1

试从图 3.8.9 的几个图中选出相当于 $y(n)$ 的 16 点离散傅里叶变换序列图。

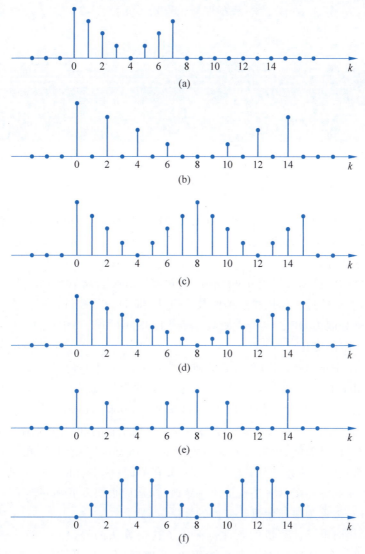

图 3.8.9　题 9 图 2

10. 图 3.8.10 表示一个 4 点序列 $x(n)$。

(1) 试绘出 $x(n)$ 同 $x(n)$ 线性卷积略图；

(2) 试绘出 $x(n)$ 同 $x(n)$ 4 点圆周卷积略图；

(3) 试绘出 $x(n)$ 同 $x(n)$ 10 点圆周卷积略图；

(4) 若 $x(n)$ 同 $x(n)$ 的某个 N 点圆周卷积与其线性卷积相同，试问此时 N 点的最小值是多少？

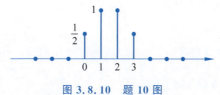

图 3.8.10　题 10 图

第4章 快速傅里叶变换

快速傅里叶变换(Fast Fourier Transform,FFT)并不是与 DFT 不同的变换,而是 DFT 的一种快速有效的算法。为此,要很好理解快速傅里叶变换,首先必须对上文介绍的离散傅里叶变换有充分的理解。

在二百多年前就已发现了傅里叶变换,也知道频域分析常常比时域分析更优越,更简单,且易于分析复杂信号。但用较精确的数字方法,即 DFT 进行谱分析,在 FFT 出现前是不切实际的。这是因为 DFT 计算量太大。直到 1965 年发现了 DFT 的一种快速方法以后,情况才发生了根本的变化。

当时加文(Richard Garwin)在自己的研究中需要一个计算傅里叶变换的快速方法,而图基(John Wilder Tukey,缩写为 J. W. Tukey)正在写有关傅里叶变换的文章,图基为加文介绍了一种方法,它实质上就是后来著名的库利(James William Cooley,缩写为 J. W. Cooley)——图基算法。在加文的迫切要求下,库利很快设计出一个计算机程序。1965 年库利——图基在《计算数学》(*Mathematics of Computation*)杂志上发表了著名的《机器计算快速傅里叶级数的一种算法》的文章。后来又有桑德(G. Sande)——图基等快速算法相继出现,人们对库利——图基算法也提出一些改进,从而很快发展和完善了一套高效的运算方法,这就是现在被称为快速傅里叶变换的算法。

应该指出,当时电子计算机的条件也促成了这个算法的提出。1967—1968 年,制成了 FFT 的数字硬件。至此 DFT 的运算大为简化,运算时间一般可缩短一两个数量级。因而各个科学技术领域广泛地使用 FFT 技术,它大幅推动了信号处理技术的进展,现已成为数字信号处理强有力的工具。

本章主要研究若干种计算离散傅里叶变换的快速算法,它们是按时间抽取的 FFT 算法、按频率抽取的 FFT 算法、N 为复合数的 FFT 算法、分裂基 FFT 算法、实序列的 FFT 算法、线性调频 z 变换算法及 ZFFT 算法。

视频讲解

4.1 DFT 效率问题

4.1.1 直接计算 DFT

有限列长为 N 的序列 $x(n)$ 的 DFT 为

$$X(k) = \sum_{n=0}^{N-1} x(n) W_N^{nk}, \quad k = 0, 1, \cdots, N-1 \tag{4.1.1}$$

逆变换为

$$x(n) = \frac{1}{N} \sum_{k=0}^{N-1} X(k) W_N^{-nk}, \quad n = 0, 1, \cdots, N-1 \tag{4.1.2}$$

二者的差别在于 W_N 的指数符号不同,以及差一个比例因子 $\frac{1}{N}$。因此,下文仅就式(4.1.1)算法进行讨论,而式(4.1.2)算法的情况与它是极为类似的。

一般由于 $x(n)$、W_N^{nk} 都是复数,$X(k)$ 也是复数,因此直接按式(4.1.1)计算某个 $X(k)$ 值需要 N 次 $x(n)W_N^{nk}$ 形式的复数乘法及 $N-1$ 次复数加法的运算。$X(k)$ 共有 N 个点(k 从 0 取到 $N-1$),所以完成全部 DFT 的总计算量则为 N^2 次复数相乘及 $N(N-1)$ 次复数相加。由于复数运算实际上是由实数运算来完成的,式(4.1.1)可表示为

$$\begin{aligned} X(k) &= \sum_{n=0}^{N-1} x(n) W_N^{nk} \\ &= \sum_{n=0}^{N-1} [\mathrm{Re}x(n) + \mathrm{jIm}x(n)][\mathrm{Re}W_N^{kn} + \mathrm{jIm}W_N^{nk}] \\ &= \sum_{n=0}^{N-1} \{[\mathrm{Re}x(n)\mathrm{Re}W_N^{nk} - \mathrm{Im}x(n)\mathrm{Im}W_N^{nk}] + \\ &\quad \mathrm{j}[\mathrm{Re}x(n)\mathrm{Im}W_N^{nk} + \mathrm{Im}x(n)\mathrm{Re}W_N^{nk}]\} \end{aligned} \tag{4.1.3}$$

由式(4.1.3)可见,一个复数乘法须用 4 个实数乘法和两个实数加法(实部虚部分别相加)来实现。这样,每运算一个 $X(k)$ 值需要进行 $4N$ 次实数相乘和 $2N$(由复乘所带来的加法)$+2(N-1) = 2(2N-1)$ 次实数相加,因此整个 DFT 需要 $4N^2$ 次实数相乘和 $N \times 2(2N-1)$ 次实数相加。

上述统计与实际需要的运算是稍有出入的,如 $W_N^0 = 1$ 实际上就无须乘法运算。但为便于比较,一般不考虑这种特例,特别是当 N 很大时,这种特例的影响很小。

总之,由上文统计可见,直接计算 DFT 时,乘法次数与加法次数,都是和 N^2 成比例的。这样,当 N 很大时,所需的运算工作量非常可观。例如,$N=10$ 点的 DFT,需要 100 次复数相乘,而 $N=1024$ 时,则需要 1 048 576 即约 100 万次的复数乘法运算。这对于实时性很强的信号处理(如雷达信号处理)来说,必将对计算速度有十分苛刻的要求。为此,迫切需要改进对 DFT 的计算方法,以减少总的运算次数。

4.1.2 改善 DFT 效率的基本途径

从哪些方面能改进 DFT 的运算以减少工作量呢?仔细考察 DFT 的运算就会看到:充分利用系数 W_N^{nk} 的固有特性,即可改善 DFT 的运算效率。

(1) W_N^{nk} 的对称性。

$$W_N^{k(N-n)} = W_N^{-kn} = (W_N^{nk})^*$$

(2) W_N^{nk} 的周期性。

$$W_N^{kn} = W_N^{k(n+N)} = W_N^{(k+N)n}$$

1. 利用 W_N^{nk} 的对称性使 DFT 运算中对称项合并

由于 $W_N^{k(N-n)} = (W_N^{kn})^*$,对实部、虚部而言则有

$$\begin{cases} \text{Re} W_N^{k(N-n)} = \text{Re} W_N^{kn} \\ \text{Im} W_N^{k(N-n)} = -\text{Im} W_N^{kN} \end{cases}$$

故式(4.1.3)中的对称项可合并为

$$\begin{cases} \text{Re} x(n) \text{Re} W_N^{kn} + \text{Re} x(N-n) \text{Re} W_N^{k(N-n)} = [\text{Re} x(n) + \text{Re} x(N-n)] \text{Re} W_N^{kn} \\ -\text{Im} x(n) \text{Im} W_N^{kn} - \text{Im} x(N-n) \text{Im} W_N^{k(N-n)} = -[\text{Im} x(n) - \text{Im} x(N-n)] \text{Im} W_N^{kn} \end{cases}$$

式中其他各项也可找到类似的合并方法。这样,乘法次数可以减少大约一半。

2. 利用 W_N^{nk} 的周期性和对称性使长序列的 DFT 分解为更小点数的 DFT

上文已指出,DFT 的运算量是与 N^2 成正比的。所以如果一个大点数 N 的 DFT 能分解为若干小点数 DFT 的组合,则显然可达到减少运算量的效果。快速傅里叶变换算法正是基于这一基本思想而发展起来的。

快速傅里叶变换算法形式很多,但基本上可分成两大类,即按时间抽取(Decimation In Time,DIT)法和按频率抽取(Decimation In Frequency,DIF)法。有人把 DFT 看作是矩阵算法,而把 FFT 看作是矩阵因式分解处理的结果。实际上这种矩阵因式分解的处理和下文介绍的按时间抽取和按频率抽取的信号流图分解是一致的。

视频讲解

4.2 按时间抽取的 FFT 算法

4.2.1 算法原理

为了讨论方便,设 $N = 2^v$,其中 v 为整数。如果不满足这个条件,可以人为地加上若干零值点来达到。这种 N 为 2 的整数幂的 FFT,也称基-2FFT。由定义

$$X(k) = \sum_{n=0}^{N-1} x(n) W_N^{nk}, \quad k = 0, 1, \cdots, N-1 \tag{4.2.1}$$

其中,$x(n)$ 是列长为 $N(n=0,1,\cdots,N-1)$ 的输入序列,把它按 n 的奇偶分成两个子序列

$$\begin{cases} x(2r) = x_1(r) \\ x(2r+1) = x_2(r) \end{cases} \quad r = 0, 1, \cdots, \frac{N}{2} - 1 \tag{4.2.2}$$

则式(4.2.1)可化为

$$X(k) = \text{DFT}[x(n)] = \sum_{\substack{n=0 \\ n\text{为偶数}}}^{N-1} x(n) W_N^n + \sum_{\substack{n=0 \\ n\text{为奇数}}}^{N-1} x(n) W_N^n$$

$$= \sum_{r=0}^{\frac{N}{2}-1} x(2r) W_N^{2rk} + \sum_{r=0}^{\frac{N}{2}-1} x(2r+1) W_N^{(2r+1)k}$$

$$= \sum_{r=0}^{\frac{N}{2}-1} x_1(r)(W_N^2)^{rk} + W_N^k \sum_{r=0}^{\frac{N}{2}-1} x_2(r)(W_N^2)^{rk} \tag{4.2.3}$$

由于 $W_N^2 = \mathrm{e}^{-\mathrm{j}\frac{2\pi}{N} \cdot 2} = \mathrm{e}^{-\mathrm{j}\frac{2\pi}{N/2}} = W_{\frac{N}{2}}$，故式(4.2.3)又可表示为

$$X(k) = \sum_{r=0}^{\frac{N}{2}-1} x_1(r) W_{\frac{N}{2}}^{rk} + W_N^k \sum_{r=0}^{\frac{N}{2}-1} x_2(r) W_{\frac{N}{2}}^{rk}$$

$$= X_1(k) + W_N^k X_2(k) \tag{4.2.4}$$

式(4.2.4)中的 $X_1(k)$ 及 $X_2(k)$ 分别是 $x_1(r)$ 及 $x_2(r)$ 的 N/2 点的 DFT

$$X_1(k) = \sum_{r=0}^{\frac{N}{2}-1} x_1(r) W_{\frac{N}{2}}^{rk} = \sum_{r=0}^{\frac{N}{2}-1} x(2r) W_{\frac{N}{2}}^{rk} \tag{4.2.5}$$

$$X_2(k) = \sum_{r=0}^{\frac{N}{2}-1} x_2(r) W_{\frac{N}{2}}^{rk} = \sum_{r=0}^{\frac{N}{2}-1} x(2r+1) W_{\frac{N}{2}}^{rk} \tag{4.2.6}$$

式(4.2.4)表明了一个 N 点的 DFT 被分解为两个 $\frac{N}{2}$ 点的 DFT，这两个 $\frac{N}{2}$ 点的 DFT 按照式(4.2.4)又可合成为一个 N 点的 DFT。但是这里有一个问题，即 $x_1(r)$ 和 $x_2(r)$ 的列长为 $\frac{N}{2}$，它们的 DFT $X_1(k)$ 和 $X_2(k)$ 的点数也是 $\frac{N}{2}$，即 $k=0,1,\cdots,\frac{N}{2}-1$，而 $X(k)$ 却有 N 个点，所以按式(4.2.4)计算得到的只是 $X(k)(k=0,1,\cdots,N-1)$ 的前一半项数的结果，要用 $X_1(k)$ 和 $X_2(k)$ 来表达全部的 $X(k)$ 值还必须应用 W 系数的周期性，即

$$W_{\frac{N}{2}}^{rk} = W_{\frac{N}{2}}^{r\left(k+\frac{N}{2}\right)}$$

这样可得

$$X_1\left(\frac{N}{2}+k\right) = \sum_{r=0}^{\frac{N}{2}-1} x_1(r) W_{\frac{N}{2}}^{r\left(\frac{N}{2}+k\right)} = \sum_{r=0}^{\frac{N}{2}-1} x_1(r) W_{\frac{N}{2}}^{rk}$$

即

$$X_1\left(\frac{N}{2}+k\right) = X_1(k) \tag{4.2.7}$$

同理可得

$$X_2\left(\frac{N}{2}+k\right) = X_2(k) \tag{4.2.8}$$

式(4.2.7)和式(4.2.8)说明了后半部分 k 值 $\left(\frac{N}{2} \leqslant k \leqslant N-1\right)$ 所对应的 $X_1(k)$ 和 $X_2(k)$ 则是完全重复了前半部分 k 值 $\left(0 \leqslant k \leqslant \frac{N}{2}-1\right)$ 所对应的 $X_1(k)$ 和 $X_2(k)$ 的值。

另外又考虑到 W_N^k 的对称性

$$W_N^{\left(\frac{N}{2}+k\right)} = W_N^{\frac{N}{2}} \cdot W_N^k = -W_N^k \tag{4.2.9}$$

将式(4.2.7)、式(4.2.8)及式(4.2.9)代入式(4.2.4)中，就可以将 $X(k)$ 表达为前后两部分。

k 为 $0\sim\frac{N}{2}-1$ 时，$X(k)$ 的前半部分

$$X(k) = X_1(k) + W_N^k X_2(k), \quad k = 0,1,\cdots,\frac{N}{2}-1 \tag{4.2.10}$$

k 为 $\frac{N}{2}\sim N-1$ 时，$X(k)$ 的后半部分

$$X\left(\frac{N}{2}+k\right) = X_1\left(\frac{N}{2}+k\right) + W_N^{(\frac{N}{2}+k)} X_2\left(\frac{N}{2}+k\right)$$

$$= X_1(k) - W_N^k X_2(k)$$

$$k = 0,1,\cdots,\frac{N}{2}-1 \tag{4.2.11}$$

由以上分析可见，只要求出 $\left[0,\frac{N}{2}-1\right]$ 区间内各个整数 k 值所对应的 $X_1(k)$ 和 $X_2(k)$，即可求出 $[0,N-1]$ 区间内的全部 $X(k)$，这一点恰恰是 FFT 能大量节省计算的关键所在。

式(4.2.10)和式(4.2.11)的运算可用图 4.2.1 所示的信号流图符号表示。由于此图外形像蝴蝶，所以称为蝶形运算结构。图中左侧两路为输入，中间以一个小圆表示加减运算，右上路为相加输出，右下路为相减输出。如果在某一支路上信号需要进行相乘运算，则在该支路上标以箭头，将相乘的系数标在箭头旁边。当支路上没有标出箭头及系数时，则该支路的传输比为 1。

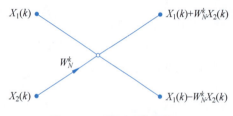

图 4.2.1　蝶形运算流符号

当 $N=2^3=8$ 时，采用这种表示法，可将按时间抽取的过程表示为图 4.2.2 所示。其中 $X(0)\sim X(3)$ 是由式(4.2.10)给出的，而 $X(4)\sim X(7)$ 则是由式(4.2.11)给出的。

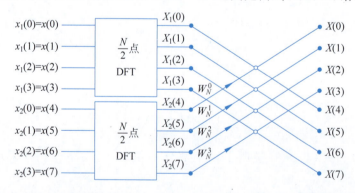

图 4.2.2　按时间抽取将 N 点 DFT 分解为 2 个 $\frac{N}{2}$ 点 DFT($N=8$)

由图 4.2.2 可见，要实现一个蝶形运算，需一次乘法 $X_2(k)W_N^k$ 和二次加(减)法 $[X_1(k)+W_N^k X_2(k)]$ 和 $[X_1(k)-W_N^k X_2(k)]$。据此，一个 N 点的 DFT 分解为两个 $\frac{N}{2}$ 点

的 DFT(设此 $\frac{N}{2}$ 点的 DFT 是由直接计算得到的)。下文可看到,它们还可被继续分解,则各需 $\left(\frac{N}{2}\right)^2$ 次复乘和 $\frac{N}{2}\left(\frac{N}{2}-1\right)$ 次复加,两个 $\frac{N}{2}$ 点的 DFT 则需要 $2\left(\frac{N}{2}\right)^2 = \frac{N^2}{2}$ 次复乘和 $2 \times \frac{N}{2}\left(\frac{N}{2}-1\right) = N\left(\frac{N}{2}-1\right)$ 次复加,将两个 $\frac{N}{2}$ 点的 DFT 合成为 N 点的 DFT 时,需要再进行 $\frac{N}{2}$ 个蝶形运算,即还需要 $\frac{N}{2}$ 次乘法和 $2 \times \frac{N}{2} = N$ 次加法运算。因此通过这样分解后,计算全部 $X(k)$ 共需要 $\frac{N^2}{2} + \frac{N}{2} \approx \frac{N^2}{2}$ 次复乘和 $N(N/2-1) + N = N^2/2$ 次复加。前文已指出,直接计算 N 点 DFT 需要 N^2 次复乘和 $N(N-1)$ 次复加。由此可见,仅仅作了一次分解,即可使计算量差不多节省了一半。

既然这样分解是有效的,由于 $N = 2^v$,$\frac{N}{2}$ 仍然是偶数,所以可以进一步把每个 $\frac{N}{2}$ 点子序列再按其奇偶部分分解为两个 $\frac{N}{4}$ 点子序列。

对于 $N=8$ 点的 DFT 的例子,输入序列 $x(n)$ 按偶数点和奇数点进行第一次分解后成为

[偶序列]   [奇序列]

$x(2r) = x_1(r)$ $x(2r+1) = x_2(r)$

$$r = 0, 1, 2, \cdots, N/2 - 1$$

$x_1(0) = x(0)$ $x_2(0) = x(1)$

$x_1(1) = x(2)$ $x_2(1) = x(3)$

$x_1(2) = x(4)$ $x_2(2) = x(5)$

$x_1(3) = x(6)$ $x_2(3) = x(7)$

进一步把每个 $\frac{N}{2}$ 点子序列按其奇偶部分分解为两个 $\frac{N}{4}$ 点子序列,使用以下符号区分奇偶数序列:

[偶序列中的偶数序列]   [偶序列中的奇数序列]

$x_1(2l) = x_3(l)$ $x_1(2l+1) = x_4(l)$

$$l = 0, 1, \cdots, N/4 - 1$$

$x_3(0) = x_1(0) = x(0)$ $x_4(0) = x_1(1) = x(2)$

$x_3(1) = x_1(2) = x(4)$ $x_4(1) = x_1(3) = x(6)$

[奇序列中的偶数序列]   [奇序列中的奇数序列]

$x_2(2l) = x_5(l)$ $x_2(2l+1) = x_6(l)$

$$l = 0, 1, \cdots, N/4 - 1$$

$x_5(0) = x_2(0) = x(1)$ $x_6(0) = x_2(1) = x(3)$

$x_5(1) = x_2(2) = x(5)$ $x_6(1) = x_2(3) = x(7)$

和第一次分解相同,将序列按奇偶两部分进行第二次分解后,可得

$$X_1(k) = \sum_{l=0}^{\frac{N}{4}-1} x_1(2l) W_{\frac{N}{2}}^{2lk} + \sum_{l=0}^{\frac{N}{4}-1} x_1(2l+1) W_{\frac{N}{2}}^{(2l+1)k}$$

$$= \sum_{l=0}^{\frac{N}{4}-1} x_3(l) W_{\frac{N}{4}}^{lk} + W_{\frac{N}{2}}^{k} \sum_{l=0}^{\frac{N}{4}-1} x_4(l) W_{\frac{N}{4}}^{lk} \quad k = 0, 1, \cdots, \frac{N}{4} - 1$$

$$= X_3(k) + W_{\frac{N}{2}}^{k} X_4(k)$$

而

$$X_1\left(\frac{N}{4} + k\right) = X_3(k) - W_{\frac{N}{2}}^{k} X_4(k) \quad k = 0, 1, \cdots, \frac{N}{4} - 1$$

上式中

$$X_3(k) = \sum_{l=0}^{\frac{N}{4}-1} x_3(l) W_{\frac{N}{4}}^{lk} \tag{4.2.12}$$

$$X_4(k) = \sum_{l=0}^{\frac{N}{4}-1} x_4(l) W_{\frac{N}{4}}^{lk} \tag{4.2.13}$$

图 4.2.3 给出 $N=4$ 时,由两个 $\frac{N}{4}$ 点的 DFT 组合成一个 $\frac{N}{2}$ 点的 DFT。

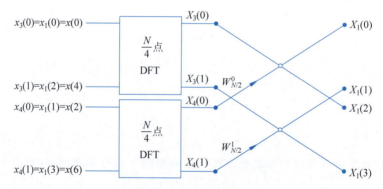

图 4.2.3 由两个 N/4 点 DFT 组合成 N/2 点 DFT

$X_2(k)$ 也可进行同样分解

$$X_2(k) = \sum_{l=0}^{\frac{N}{4}-1} x_2(2l) W_{\frac{N}{2}}^{2lk} + \sum_{l=0}^{\frac{N}{4}-1} x_2(2l+1) W_{\frac{N}{2}}^{(2l+1)k}$$

$$= \sum_{l=0}^{\frac{N}{4}-1} x_5(l) W_{\frac{N}{4}}^{lk} + W_{\frac{N}{2}}^{k} \sum_{l=0}^{\frac{N}{4}-1} x_6(l) W_{\frac{N}{4}}^{lk} \quad k = 0, 1, \cdots, \frac{N}{4} - 1$$

$$= X_5(k) + W_{\frac{N}{2}}^{k} X_6(k)$$

而

$$X_2\left(\frac{N}{4} + k\right) = X_5(k) - W_{\frac{N}{2}}^{k} X_6(k) \quad k = 0, 1, \cdots, \frac{N}{4} - 1$$

$$X_5(k) = \sum_{l=0}^{\frac{N}{4}-1} x_5(l) W_{\frac{N}{4}}^{lk} \tag{4.2.14}$$

$$X_6(k) = \sum_{l=0}^{\frac{N}{4}-1} x_6(l) W_{\frac{N}{4}}^{lk} \tag{4.2.15}$$

将系数统一为 $W_{\frac{N}{2}}^{k} = W_{N}^{2k}$。这样一个 8 点的 DFT 就可分解为 4 个 $\frac{N}{4}$ 点的 DFT，先作 $\frac{N}{4}$ 点的 DFT，再令相应的两个 $\frac{N}{4}$ 点 DFT 的结果合成为 $\frac{N}{2}$ 点的 DFT，从而得到 $X_1(k)$ 和 $X_2(k)$。最后按式(4.2.10)，式(4.2.11)组合成 N 点的 DFT，其流图如图 4.2.4 所示。

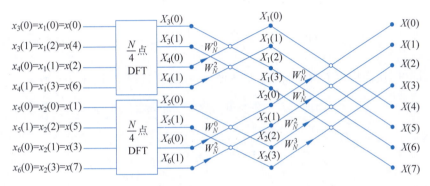

图 4.2.4 按时间抽取将 N 点 DFT 分解为 4 个 $\frac{N}{4}$ 点 DFT($N=8$)

根据上文分析可以知道，利用 4 个 $\frac{N}{4}$ 点 DFT 及两次组合来计算 N 点 DFT，比仅用一次组合方式时的计算量又减少了约一半。

对于 $N=8$ 点的 DFT，经过两次分解后，最后剩下的是 4 个 $\frac{N}{4}=2$ 点的 DFT，即 $X_3(k), X_4(k), X_5(k), X_6(k), k=0, 1$。由式(4.2.12)至式(4.2.15)可分别将它们计算出来，例如，由式(4.2.12)可得出

$$X_3(k) = \sum_{l=0}^{\frac{N}{4}-1} x_3(l) W_{\frac{N}{4}}^{lk} = \sum_{l=0}^{1} x_3(l) W_{\frac{N}{4}}^{lk} \quad k=0, 1$$

即

$$\begin{cases} X_3(0) = x(0) + W_2^0 x(4) = x(0) + W_N^0 x(4) \\ X_3(1) = x(0) + W_2^1 x(4) = x(0) - W_N^0 x(4) \end{cases}$$

注意，此时的 $W_2^1 = e^{-j\pi} = -1$，而 $W_N^0 = 1$，故不需乘法计算。同时注意 $X_3(l)$ 和 $x(n)$ 的对应关系。

同理可求出 $X_4(k)、X_5(k)$ 和 $X_6(k)$。这些两点 DFT 可用一个蝶形表示。这样一个按时间抽取运算的完整的 8 点 DFT 流图如图 4.2.5 所示。

推广到点数 $N=2^v$ 的一般情况，不难看出，第 m 次分解的结果是由 2^m 个 $\frac{N}{2^m}$ 点的 DFT

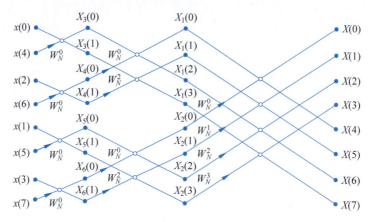

图 4.2.5 $N=8$ 时按时间抽取法 FFT 运算流图

两两组成,共 2^{m-1} 个 $\dfrac{N}{2^{m-1}}$ 点的 DFT。由于 $N=2^v$,通过 $v=\log_2 N$ 次分解后,最终达到了 $\dfrac{N}{2}$ 个两点 DFT,从而构成了由 $x(n)$ 的 $X(k)$ 的 v 级运算过程,如图 4.2.6 所示。

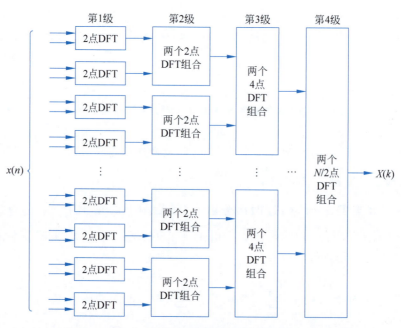

图 4.2.6 N 点基-2FFT 的 v 级迭代过程($N=2^v$)

这种方法,由于每步分解都是按每级输入序列在时间上的次序是属于偶数还是奇数来分解为两个更短的子序列,所以称为"按时间抽取法"。

4.2.2 按时间抽取的 FFT 算法与直接计算 DFT 运算量的比较

由上文介绍的按时间抽取的 FFT 流图可见,每一级都由 $\dfrac{N}{2}$ 个蝶形运算构成。因此,每

一级运算都需要 $\frac{N}{2}$ 次复乘和 N 次复加(每个结加减各一次)。这样 v 级运算总共需要

$$复乘数 \qquad m_F = \frac{N}{2}v = \frac{N}{2}\log_2 N \qquad (4.2.16)$$

$$复加数 \qquad a_F = Nv = N\log_2 N \qquad (4.2.17)$$

实际计算量和这个数字稍有出入,因为 $W_N^0 = 1$,由流图可见,这种情况共有 $(1+2+4+\cdots+2^{l-1}) = \sum_{n=0}^{l-1} 2^n = 2^l - 1 = N - 1$ 次,$W_N^{\frac{N}{2}} = -1$,$W_N^{\pm \frac{N}{4}} = \mp j$,这几个系数是都不用乘法运算的,但这种情况在直接计算 DFT 中也是有的,且当 N 较大时,这些影响也较小。所以为了统一作比较,不考虑以上特例。

综上所述,可以得出如下结论:按时间抽取法所需的复乘数和复加数都是与 $N\log_2 N$ 成正比的,而直接计算 DFT 时所需的复乘数与复加数则都是与 N^2 成正比,复乘数 $m_d = N^2$,复加数 $a_d = N(N-1) \approx N^2$。表 4.2.1 列出了不同 N 值时的 FFT 算法与直接计算 DFT 的运算量的比较。计算时间是与计算次数成正比的,所以由表 4.2.1 可见,当 N 较大时,按时间抽取法将比直接计算法快一两个数量级之多。例如,$N=2048$ 时,如果直接计算需要 3 个小时,采用 FFT 算法则只要不到 1 分钟就完成了。这样的速度使得用 FFT 算法解决信号处理问题成为可能,由此可见 FFT 算法的重大意义。

表 4.2.1 FFT 算法与直接计算法的比较

N	N^2	$N\log_2 N$	$N^2/N\log_2 N$
2	4	2	2.0
4	16	8	2.0
8	64	24	2.7
16	256	64	4.0
32	1024	160	6.4
64	4096	384	10.7
128	16 384	896	18.3
256	65 536	2048	32.0
512	262 144	4608	56.9
1024	1 048 576	10 240	102.4
2048	4 194 304	22 528	186.2

由于数字计算机进行乘法所需时间比加法多得多,如果计算时间只考虑与乘法次数成正比,则直接计算法对 FFT 算法的计算时间之比有下列近似关系

$$\frac{N^2}{Nv/2} = \frac{2N}{v} = \frac{2N}{\log_2 N} \qquad (4.2.18)$$

通过图 4.2.7 给出的 FFT 算法和直接计算法所需运算量与点数 N 的关系曲线,可以更加直观地看出 FFT 算法的优越性,特别是点数 N 越大时,优点更加突出。

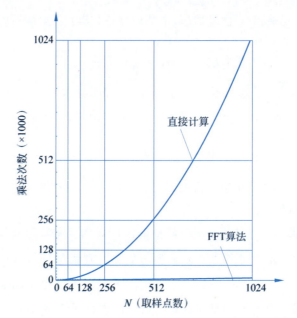

图 4.2.7　直接计算法与 FFT 算法所需乘法次数的比较曲线

4.2.3　按时间抽取的 FFT 算法的特点

为了根据上文讨论的 DIT 基-2FFT 算法原理,能得出任何 $N=2^v$ 点的 FFT 信号流图,并进而得出 FFT 计算程序流程图,必须总结出按时间抽取法分解过程的规律。时间抽取法蝶形运算结构如图 4.2.8 所示。

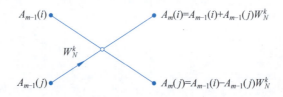

图 4.2.8　时间抽取法蝶形运算结构

1. 原位运算

由上述算法原理及图 4.2.5 的 $N=8$ 的信号流图,可以看出,FFT 的每级(列)计算都是由 N 个复数据经 $N/2$ 个蝶形运算变成了另外 N 个复数。每个蝶形运算结构完成下述基本迭代运算

$$\begin{cases} A_m(i) = A_{m-1}(i) + A_{m-1}(j)W_N^k \\ A_m(j) = A_{m-1}(i) - A_{m-1}(j)W_N^k \end{cases} \quad (4.2.19)$$

式中,m 表示第 m 列迭代,i 和 j 为数据所在的行数。式(4.2.19)的运算如图 4.2.8 所示,由一次复乘运算和一次加减运算构成。

由信号流图 4.2.5 可见,任何两个节点 i 和 j 的节点变量进行蝶形运算后,其结果为下一列的 i 和 j 两点的节点变量,而和其他节点变量无关。因此,如果所有的 W_N^k 的值已预先存储,那么除了运算的工作单元之外,只用 N 个寄存器就够了。因为每个蝶形运算是由两个寄存器中取出数据,而计算结果仍存放到这两个寄存器中,该寄存单元中原来的内容,一经取用即可抹去,不影响以后的计算。每列的 $N/2$ 个蝶形运算全做完以后再开始下一列的运算,这样 N 个寄存器分别存储了每列 N 个不同行的节点变量。每计算完一列,各寄存器中变量所对应的节点沿横行向右偏移一列。由此可见,每列运算均可在原位(in-place)进行,这种原位运算的结构可以节省存储单元,降低设备成本。

2. 输入序列的序号及整序规律

由图 4.2.5 可见,当按原位进行计算时,FFT 输出端的 $X(k)$ 的次序正好是顺序排列的,即 $X(0),X(1),\cdots,X(7)$。但这时输入 $x(n)$ 却不能按自然顺序存入存储单元,而是按 $x(0),x(4),x(2),x(6)\cdots$ 的顺序存入存储单元,因而是乱序的。这就使得运算时取数据的地址编排"混乱无序"。

1) 造成乱序的原因

乱序是按时间抽取进行 FFT 造成的。研究得到流图 4.2.5 的过程,序列 $x(n)$ 首先分成偶序列和奇序列,在图 4.2.5 的上半部分为偶序列 $x(0)$、$x(2)$、$x(4)$ 和 $x(6)$,用二进制数表示则为 $x(000)$、$x(010)$、$x(100)$ 和 $x(110)$。下部分为奇序列 $x(1)$、$x(3)$、$x(5)$ 和 $x(7)$,用二进制数表示则为 $x(001)$、$x(011)$、$x(101)$ 和 $x(111)$。输入序列的这种划分可以通过研究二进制数表示指标 n(即 $n_2n_1n_0$)的最小有效位 n_0 看出。如果最低有效位为 0,则序列相当于偶序列,出现在 $x(r)$ 的上半部分。如果最低有效位为 1,则序列相当于奇序列,出现在 $x(r)$ 的下半部分。接着,偶子序列和奇子序列又按其排列顺序分为偶序列和奇序列。例如,将偶子序列再分成偶序列和奇序列后,则其偶序列为 $x(0)[x(000)]$ 和 $x(4)[x(100)]$,奇序列为 $x(2)[x(010)]$ 和 $x(6)[x(110)]$,而且每次分解总是将偶序列放在上,奇序列放在下。这也可以通过研究指标 n 的次低有效位(n_1)看出。如果次低有效位 n_1 为 0,则序列是该子序列的偶数项。如果次低有效位 n_1 为 1,则序列是该子序列的奇数项。对原来的奇子序列可进行同样的处理。重复这个过程直到得到列长为 1 的 N 个子序列。对于 $N=8$ 的情况,最后得到序列的顺序为 $x(0)[x(000)]$、$x(4)[x(100)]$、$x(2)[x(010)]$、$x(6)[x(110)]$、$x(1)[x(001)]$、$x(5)[x(101)]$、$x(3)[x(011)]$ 和 $x(7)[x(111)]$。这种分成偶数和奇数子序列的情况,如图 4.2.9 所示,称为树状图。这就是按时间抽取的 FFT 算法输入序列的序数成为乱序的原因。

上述讨论,对 $N=2^v$ 的一般情况完全适用。

2) 整序的规律

在实际运算中,将输入数据 $x(n)$ 按原位运算所要求的"乱序"存放是很不方便的。因此总是先按自然顺序将输入序列存入存储单元,再通过变址运算将自然顺序变换成按时间抽取的 FFT 算法要求的顺序。变址的过程可以用程序安排加以实现,称为"整序"或"重排"。

上文分析的输入序列"乱序"的原因,已经指出了整序的规律,这个规律就是如果输入序列的序号

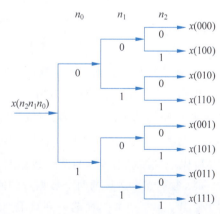

图 4.2.9 二进制反序的树状图

n 用二进制数,例如 $n_2n_1n_0$ 表示,则其反序二进制数 $\hat{n}$ 就是 $n_0n_1n_2$,这样原来在自然顺序时应该放 $x(n)$ 的存储单元,实际放着的是 $x(\hat{n})$。例如 $N=8$ 时,$x(1)$ 的序数 $n=1$,它的二进制数是 001,反序二进制数是 100,即 $\hat{n}=4$,所以顺序存放 $x(001)$ 的单元实际应放入 $x(100)$。表 4.2.2 列出了 $N=8$ 时的顺序二进制数以及相应的反序二进制数。

表 4.2.2 顺序和反序二进制数次序表

序号(n)	二 进 制 数	反序二进制数	反序序号($\hat{n}$)
0	000	000	0
1	001	100	4
2	010	010	2
3	011	110	6
4	100	001	1
5	101	101	5
6	110	011	3
7	111	111	7

将按自然顺序存放在存储单元中的数据,调换成 FFT 原位运算所要求的反序的变址功能,如图 4.2.10 所示。当 $n=\hat{n}$ 时,数据不必调换,当 $n\neq\hat{n}$ 时必须将原来存放数据 $x(n)$ 的存储单元内调入数据 $x(\hat{n})$,而将存放 $x(\hat{n})$ 的单元内调入 $x(n)$。为避免再次考虑前面已调换过的数据,保证调换只进行一次(否则又变回原状),只要检查一下 $\hat{n}$ 是否比 n 小即可,假若 $\hat{n}$ 比 n 小,则意味着此 $x(n)$ 在此前已与 $x(\hat{n})$ 互相调换过。只有当 $n>\hat{n}$ 时,才将原存放 $x(n)$ 及存放 $x(\hat{n})$ 的存储单元内的内容互换。经过上述变址运算以后所得到数据顺序正是输入所要求的顺序。与图 4.2.5 的输入顺序对照,不难看出上述整序规律是正确的。

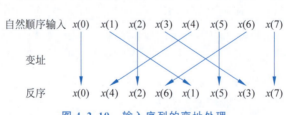

图 4.2.10 输入序列的变址处理

3. 各类蝶形运算两个点相距的"距离"及 W_N^k 的变化规律

以图 4.2.5 的 8 点 FFT 为例,第一列蝶形运算只有一种类型:系数为 $W_8^0=1$,参加运算的两个数据点间距为 1。第二列有 2 种类型的蝶形运算:系数分别是 W_8^0 和 W_8^2,参加蝶形运算的两个数据点的间距等于 2。第 3 列有 4 种类型的蝶形运算:系数分别是 W_8^0、W_8^1、W_8^2 和 W_8^3,参加蝶形运算的两个数据点间的间距等于 4。可见,每列的蝶形类型比前一列增加一倍,参加蝶形运算的两个数据点的间距也增大一倍。最后一列系数用得最多,为 4 个,即 W_8^0、W_8^1、W_8^2 和 W_8^3,而前一列只用到它偶序号的那一半,即 W_8^0 和 W_8^2,第一列只有一个系数即 W_8^0。

上述结论可推广到 $N=2^v$ 的一般情况。规律是第一列只有一种类型的蝶形运算,系数是 W_N^0。以后每列的蝶形类型,比前一列增加一倍,到第 v 列是 $N/2$ 个蝶形类型,系数是 $W_N^0,W_N^1,\cdots,W_N^{\frac{N}{2}-1}$,共 $N/2$ 个。由后向前每推进一列,则用上述系数中偶数序号的那一半,例如第 $v-1$ 列的系数为 $W_N^0,W_N^2,W_N^4,\cdots$。参加蝶形运算的两个数据点的间距,则是最末一级最大,其值为 $\dfrac{N}{2}$,向前每推进一列,间距减小一半。

4.2.4 按时间抽取的 FFT 算法的若干变体

显然,对于任何流图,只要保持各节点所连的支路及其传输系数不变,则不论节点位置怎么排列所得流图总是等效的,最后所得结果 $x(n)$ 都是离散傅里叶变换的正确结果,只是数据的提取和存放的次序不同而已。根据这种设想可得按时间抽取的 FFT 算法的若干变体。

将图 4.2.5 中与 $x(4)$ 水平相邻的所有节点和与 $x(1)$ 水平相邻的所有节点位置对调,再将与 $x(6)$ 水平相邻的所有节点和与 $x(3)$ 水平相邻的所有节点对调,其余各节点保持不变,则可得图 4.2.11。图 4.2.5 与图 4.2.11 二者都通过相同的蝶形运算来实现,运算量也一样。不同之点主要有二:第一是数据存放方式不同,图 4.2.5 的输入序列是反序,输出是自然顺序,而图 4.2.11 则正好相反;第二是取用系数的顺序不同,图 4.2.5 的最后一列是按 W_N^0,W_N^1,W_N^2,W_N^3 的顺序取用系数的,而图 4.2.11 的最后一列是按 W_N^0,W_N^2,W_N^1,W_N^3 的顺序取用系数。图 4.2.11 的流图相当于最初由库利和图基给出的时间抽取法。这种算法取用系数的特点是前一列所用的系数,正好是后一列所用系数的前一半。在用硬件实现 FFT 时常用这种变体。

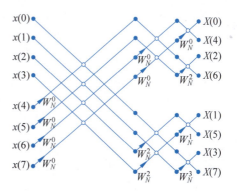

图 4.2.11 输入是自然顺序而输出是反序的流图

再对图 4.2.11 的后两列节点作位置调整,又可得图 4.2.12 所示的流图。它的优点是输入输出都是顺序,无须数据重排。但它却失掉了"原位运算"的性质。这样一来,为变换 N 点数据,至少需要 $2N$ 个复数存储单元。在信号处理中,内存一般是比较紧张的,而对输入数据整序并不困难。因此,图 4.2.12 所示的变体用得不多,不过因为无须整序,有时为了争取速度,在专用硬件实现中也有用这种变体的。

在实现图 4.2.5、图 4.2.11 和图 4.2.12 所描述的计算中,各列计算的几何结构都是不同的。例如,按图 4.2.5,实现由输入数据计算第一列时,每个蝶形的输入是存放在相邻存储位置上的。当从第一列计算第二列时,蝶形的输入隔开两个存储位置,而从第二列计算第三列时蝶形运算的输入隔开 4 个存储位置,以此类推,最后第 v 列的间隔为 $N/2$。图 4.2.11 和图 4.2.12 各列计算的几何结构也是不同的。

对以上各流图进行各列计算时,从各存储器的取数和存数的顺序都是不同的,因此必须采用有随机存取能力的存储器。在没有随机存储器时,可将流图各节点位置调整成图 4.2.13 所

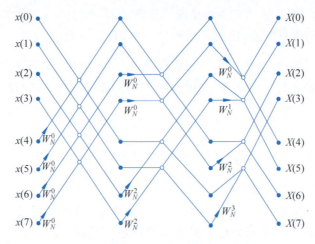

图 4.2.12　输入和输出都是自然顺序的流图

示的形式。此图又回到了输入是反序，输出是自然顺序的情况，但它每列计算的几何结构却是完全相同的，只是列与列之间的支路传输比是改变的。因此，计算每列时，从存储器取数和存数的顺序都是一样的。

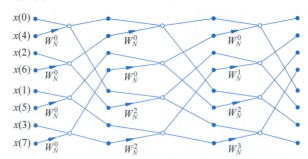

图 4.2.13　输入为反序，输出为自然顺序的恒定几何结构流图

图 4.2.13 所示流图最初是由辛格尔顿(Singleton)给出的按时间抽取算法，因为控制方式简单，有些硬件实现采用这种变体。

图 4.2.14 是各列计算几何结构恒定的另一种流图，与图 4.2.13 不同的仅是该图输入为自然顺序，而输出则是反序。

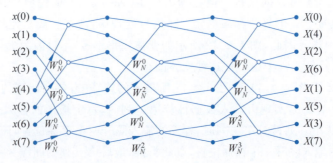

图 4.2.14　输入为自然顺序，输出为反序的恒定几何结构流图

4.3 按频率抽取的 FFT 算法

与按时间抽取的 FFT 算法相对应,还存在另一种称为按频率抽取的算法。该算法不是将序列 $x(n)$ 分解,而是将代表频域的输出序列 $X(k)$(它也具有 N 点)按其顺序是偶数还是奇数分解为越来越短的序列。这是桑德 1966 年提出的。

4.3.1 算法原理

为了方便,仍讨论 $x(n)$ 的列长 $N=2^v$,v 为整数的情况。先将 $x(n)$ 按 n 的顺序分成前后两半(注意,这里是按前后而不是奇偶),由下文分析 $X(k)$ 则是按奇偶分组。

前半子序列 $x(n)$, $0 \leqslant n \leqslant \dfrac{N}{2}-1$

后半子序列 $x\left(n+\dfrac{N}{2}\right)$, $0 \leqslant n \leqslant \dfrac{N}{2}-1$

则由定义

$$X(k) = \sum_{n=0}^{N-1} x(n) W_N^{nk} = \sum_{n=0}^{\frac{N}{2}-1} x(n) W_N^{nk} + \sum_{n=\frac{N}{2}}^{N-1} x(n) W_N^{nk}$$

$$= \sum_{n=0}^{\frac{N}{2}-1} x(n) W_N^{nk} + \sum_{n=0}^{\frac{N}{2}-1} x\left(n+\frac{N}{2}\right) W_N^{(n+\frac{N}{2})k} \quad k=0,1,\cdots,N-1 \quad (4.3.1)$$

注意,由于 $W_N = \mathrm{e}^{-\mathrm{j}\frac{2\pi}{N}} \neq W_{\frac{N}{2}}$,所以式中的两个和式并不代表 $N/2$ 点的 DFT。因为 $W_N^{\frac{N}{2}} = \mathrm{e}^{-\mathrm{j}\frac{2\pi}{N}\frac{N}{2}} = \mathrm{e}^{-\mathrm{j}\pi} = -1$, $W_N^{(\frac{N}{2})k} = (-1)^k$,则式(4.3.1)可写为

$$X(k) = \sum_{n=0}^{\frac{N}{2}-1} \left[x(n) + W_N^{\frac{N}{2}k} x\left(n+\frac{N}{2}\right) \right] W_N^{nk}$$

$$= \sum_{n=0}^{\frac{N}{2}-1} \left[x(n) + (-1)^k x\left(n+\frac{N}{2}\right) \right] W_N^{nk}$$

$$k=0,1,\cdots,N-1 \quad (4.3.2)$$

由 $W_N^{(\frac{N}{2})k} = (-1)^k$ 可以看出,当 k 为偶数时,$(-1)^k = 1$;k 为奇数时,$(-1)^k = -1$。为此按 k 的奇偶可将 $X(k)$ 分为两部分,令

$$k = 2r \text{ 及 } k = 2r+1, \quad r = 0,1,2,\cdots,\frac{N}{2}-1$$

则

$$X(2r) = \sum_{n=0}^{\frac{N}{2}-1} \left[x(n) + x\left(n+\frac{N}{2}\right) \right] W_N^{2rn}$$

$$= \sum_{n=0}^{\frac{N}{2}-1} \left[x(n) + x\left(n+\frac{N}{2}\right) \right] W_{\frac{N}{2}}^{rn} \quad (4.3.3)$$

$$X(2r+1) = \sum_{n=0}^{\frac{N}{2}-1} \left[x(n) - x\left(n+\frac{N}{2}\right) \right] W_N^{(2r+1)n}$$

$$= \sum_{n=0}^{\frac{N}{2}-1} \left[x(n) - x\left(n+\frac{N}{2}\right) \right] W_N^n W_{\frac{N}{2}}^{rn} \quad (4.3.4)$$

式(4.3.3)为输入序列前一半和后一半之和的 $\frac{N}{2}$ 点离散傅里叶变换；式(4.3.4)为输入序列的前一半和后一半之差与 W_N^n 之积的 $\frac{N}{2}$ 点离散傅里叶变换。令

$$\begin{cases} x_1(n) = x(n) + x\left(n+\frac{N}{2}\right) \\ x_2(n) = \left[x(n) - x\left(n+\frac{N}{2}\right) \right] W_N^n \end{cases} \quad n = 0,1,\cdots,\frac{N}{2}-1 \quad (4.3.5)$$

则

$$\begin{cases} X(2r) = \sum_{n=0}^{\frac{N}{2}-1} x_1(n) W_{\frac{N}{2}}^{nr} \\ X(2r+1) = \sum_{n=0}^{\frac{N}{2}-1} x_2(n) W_{\frac{N}{2}}^{nr} \end{cases} \quad r = 0,1,\cdots,\frac{N}{2}-1 \quad (4.3.6)$$

式(4.3.5)的运算关系可以用图 4.3.1 所示的蝶形运算来表示。这样就将一个 N 点 DFT 按频率 k 的奇偶分解为两个 $\frac{N}{2}$ 点的 DFT。

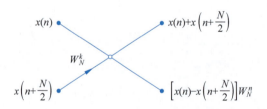

图 4.3.1 频率抽取法的蝶形运算

与时间抽取法的推演过程一样，由于 $N=2^v$，$N/2$ 仍是一个偶数，因此可以将 $N/2$ 点的 DFT 的输出再分解为偶数组与奇数组。这样就将 $N/2$ 点的 DFT 进一步分解为 2 个 $N/4$ 点的 DFT。这两个 $N/4$ 点 DFT 的输入也是将 $N/2$ 点 DFT 的输入上下对半分开，通过蝶形运算而形成，情况和第一步分解相同。图 4.3.2 和图 4.3.3 分别给出了在 $N=8$ 时该两步分解的过程。

这样的分解可一直进行下去，直到分解 v 步以后变成了求 $N/2$ 个两点的 DFT 为止。而这 $N/2$ 个两点 DFT 结果(共 N 个值)就是 $x(n)$ 的 N 点 DFT 的结果 $X(k)$。两点 DFT 实际上只有加减运算，为了比较及统一运算结构，仍然用一个系数为 W_N^0 的蝶形运算来表示。这样，按频率抽取得到完整的 FFT 结构，如图 4.3.4 所示(图中 $N=8$)。

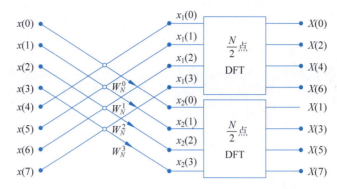

图 4.3.2　按频率抽取将 N 点 DFT 分解为 2 个 $\dfrac{N}{2}$ 点的 DFT（N＝8）

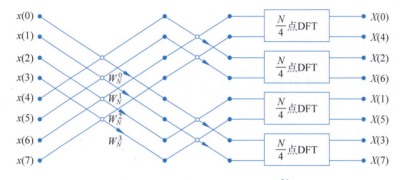

图 4.3.3　按频率抽取将 N 点 DFT 分解为 4 个 $\dfrac{N}{4}$ 点 DFT（N＝8）

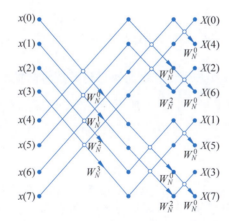

图 4.3.4　N＝8 的频率抽取法 FFT 流图

4.3.2　时间抽取算法与频率抽取算法的比较

比较图 4.2.5 与图 4.3.4 可知 DIT 与 DIF 两种算法存在两点差别。

（1）DIF 的输入正好是自然顺序，输出却是反序顺序，这与 DIT 的情况正好相反。但这并不是实质性差别，因为二者的输入输出顺序都能由自然顺序变为反序，或者相反。由于 DIF 输出是反序，所以运算完毕后，要经过"整序"变为自然顺序输出，整序的规律和时间抽取法相同。

(2) DIF 的蝶形运算(图 4.3.1)与 DIT 的蝶形运算(图 4.2.1)略有不同,其差别在于 DIF 中复数乘法出现于减法运算之后。

DIT 与 DIF 两种算法有很多相似之处。

(1) 由图 4.3.4 可见,频率抽取法也共有 v 列运算。每列运算也需要 $\frac{N}{2}$ 个蝶形运算来完成。因此也需要 $m_F = \frac{N}{2}\log_2 N$ 次复乘和 $a_F = N\log_2 N$ 次复加,计算量和时间抽取法是相等的。

(2) 两种算法均可原位运算。

比较图 4.2.5 和图 4.3.4 不难看出二者互为转置。将图 4.2.5 反一个面,然后倒转信号流图的方向并交换输入与输出,即可从图 4.2.5 得到图 4.3.4。同理,也可通过转置,从图 4.3.4 得到图 4.2.5。概括地说:对于每种按时间抽取的 FFT 算法都存在一种按频率抽取的算法,二者互为转置。

4.3.3 离散傅里叶逆变换的快速算法(IFFT)

研究快速傅里叶逆变换算法,从 IDFT 公式

$$x(n) = \frac{1}{N}\sum_{k=0}^{N-1} X(k) W_N^{-kn} \tag{4.3.7}$$

与 DFT 公式

$$X(k) = \sum_{n=0}^{N-1} x(n) W_N^{nk}$$

比较可见,如果用 W_N^{-1} 代替 W_N,并将计算结果乘以 $\frac{1}{N}$(常数 $\frac{1}{N}$ 经常分解为 $\left(\frac{1}{2}\right)^v$ 并且在 v 列运算中每列都分别乘以一个 $\frac{1}{2}$ 因子),上文所讨论的按时间抽取或按频率抽取的 FFT 算法,都可以直接用来进行 IDFT。例如,按照上述原则,可以直接由图 4.3.4 按频率抽取的 FFT 流图,得到图 4.3.5 的 IFFT 流图。当把时间抽取的 FFT 算法用于 IFFT 时,由于输入变量由时间序列 $x(n)$ 改成了频率序列 $X(k)$,因此原来按 $x(n)$ 的奇偶次序分组的时间抽取法 FFT,改成了按 $X(k)$ 的奇偶次序抽取的 IFFT,故称为频率抽取的 IFFT。同样,频率抽取的 FFT 运用于 IFFT 时,称为时间抽取的 IFFT 运算。

类似地,如果用 W_N 代替 W_N^{-1},并且将输出乘以 N,则快速傅里叶逆变换算法可用来计算快速傅里叶变换。所以把上文按时间抽取的 IFFT 流图 4.3.5 中 W_N^{-k} 换为 W_N^k,每列都去掉因子 $\frac{1}{2}$(等效于输出乘以 N),同时注意图 4.3.5 中的 $X(k)$ 代表 $x(n)$,图中的 $x(n)$ 则应是代表 $X(k)$。这样便由

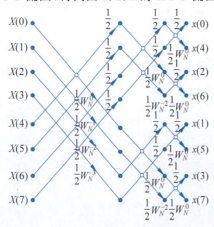

图 4.3.5 $N=8$ 的时间抽取法 IFFT 流图

图 4.3.5 得到按频率抽取的由 $x(n)$ 计算 $X(k)$ 的图 4.3.4。这也就是把图 4.2.5 转置后所得到的流图。

以上所讨论的 IFFT 算法,虽然编程序也很方便,但总要稍微改动 FFT 程序和参数才能实现。还有一种 IFFT 算法可以完全不用改动 FFT 程序。根据离散傅里叶逆变换的另一公式

$$x(n) = \frac{1}{N}\left[\sum_{k=0}^{N-1} X^*(k) W_N^{kn}\right]^* = \frac{1}{N}\{\text{DFT}[X^*(k)]\}^* \qquad (4.3.8)$$

如果先将 $X(k)$ 取共轭,即将 $X(k)$ 的虚部乘以 -1,就可直接访问 FFT 子程序。最后再对运算结果取一次共轭,并乘 $\frac{1}{N}$ 即得 $x(n)$ 值。取共轭变换有内部函数可执行,这样 FFT 及 IFFT 都可以共用一个子程序块,因而在使用时是很方便的。

4.3.4　按频率抽取的 FFT 算法的若干变体

根据上文讨论的时间抽取法和频率抽取法的关系可知,只要将转置处理应用于按时间抽取的 FFT 算法若干变体的流图,就得到了相应的按频率抽取的 FFT 算法若干变体的流图,这里不再赘述。

4.4　实序列 FFT 算法

视频讲解

4.4.1　问题的提出

上文讨论的 FFT 算法都是复数运算,包括序列 $x(n)$ 也认为是复数。但是大多数场合,信号是实数序列。任何实数都可看作虚部为零的复数。例如,要求某实信号的复谱,可以人为地将实信号加上数值为零的虚部变成复信号,再用 FFT 来求其离散傅里叶变换。一个 N 点的实序列只有 N 个自由变量,而一个 N 点的复序列却有 $2N$ 个自由变量。所以按照上文所述去做,是很不经济的,因为把实序列变为复序列,存储器要增加一倍,且计算机在程序执行中,即使虚部为零,仍要进行涉及虚部的乘法运算。一种解决办法是设计一个专门用于实数的 FFT,但是在信息处理系统中复数 FFT 是必不可少的,再编一个实数 FFT 似无必要。下面介绍的两种办法可利用复数 FFT 对实数进行有效的计算。

4.4.2　一个 N 点 FFT 同时运算两个 N 点实序列

这种方法的基本原理在第 3 章关于 DFT 的奇偶对称特性中已简单介绍过,现进一步说明如下。

设 $x_1(n)$ 和 $x_2(n)$ 是彼此独立的 N 点实序列,它们的离散傅里叶变换分别为

$$X_1(k) = \text{DFT}[x_1(n)]$$
$$X_2(k) = \text{DFT}[x_2(n)]$$

$X_1(k)$ 和 $X_2(k)$ 的值可以通过 FFT 一次获得。首先将 $x_1(n)$ 和 $x_2(n)$ 分别当作一复序列的实部和虚部,即令

$$x(n) = x_1(n) + \mathrm{j} x_2(n) \qquad (4.4.1)$$

然后通过 FFT 可以获得 $x(n)$ 的 DFT 值

$$X(k) = \text{DFT}[x(n)]$$
$$= \text{DFT}[x_1(n)] + j\text{DFT}[x_2(n)]$$
$$= X_1(k) + jX_2(k) \tag{4.4.2}$$

根据第 3 章中有关复序列的特性，可得

$$X_1(k) = X_{\text{ep}}(k) = \frac{1}{2}[X(k) + X^*(N-k)] \tag{4.4.3}$$

$$X_2(k) = -jX_{\text{op}}(k) = -j\frac{1}{2}[X(k) - X^*(N-k)] \tag{4.4.4}$$

即将 $x(n)$ 的 FFT 结果 $x(k)$，通过式(4.4.3)和式(4.4.4)分别求出 $x(k)$ 的周期性共轭对称分量 $X_{\text{ep}}(k)$ 和周期性共轭反对称分量 $X_{\text{op}}(k)$，也就得到了独立的 $X_1(k)$ 及 $X_2(k)$ 值。

4.4.3 一个 N 点的 FFT 一个 2N 点的实序列

设 $x(n)$ 是 2N 点的实序列，人为地将 $x(n)$ 分为偶数组 $x_1(n)$ 和奇数组 $x_2(n)$

$$x_1(n) = x(2n), \quad n = 0, 1, \cdots, N-1 \tag{4.4.5}$$

$$x_2(n) = x(2n+1), \quad n = 0, 1, \cdots, N-1 \tag{4.4.6}$$

然后将 $x_1(n)$ 及 $x_2(n)$ 组成一个复序列

$$y(n) = x_1(n) + jx_2(n)$$

通过 N 点 FFT 可得到

$$Y(k) = \text{DFT}[y(n)]$$
$$= \text{DFT}[x_1(n)] + j\text{DFT}[x_2(n)]$$
$$= X_1(k) + jX_2(k)$$

根据前文讨论的式(4.4.3)和式(4.4.4)可以得到

$$X_1(k) = \text{DFT}[x_1(n)] = \frac{1}{2}[Y(k) + Y^*(N-k)]$$

$$X_2(k) = \text{DFT}[x_2(n)] = -j\frac{1}{2}[Y(k) - Y^*(N-k)] \tag{4.4.7}$$

要求的是 2N 点的实序列 $x(n)$ 所对应的 $X(k)$，为此需要求 $X(k)$ 与 $X_1(k)$ 及 $X_2(k)$ 的关系。

$$X_1(k) = \text{DFT}[x(2n)] = \sum_{n=0}^{N-1} x(2n) W_N^{nk} = \sum_{n=0}^{N-1} x(2n) W_{2N}^{2nk}$$

$$X_2(k) = \text{DFT}[x(2n+1)] = \sum_{n=0}^{N-1} x(2n+1) W_N^{nk} = \sum_{n=0}^{N-1} x(2n+1) W_{2N}^{2nk}$$

$$X(k) = \sum_{n=0}^{2N-1} x(n) W_{2N}^{nk}$$

$$= \sum_{n=0}^{N-1} x(2n) W_{2N}^{2nk} + \sum_{n=0}^{N-1} x(2n+1) W_{2N}^{(2n+1)k}$$

$$= \sum_{n=0}^{N-1} x(2n) W_{2N}^{2nk} + W_{2N}^{k} \sum_{n=0}^{N-1} x(2n+1) W_{2N}^{2nk}$$

因此可得

$$X(k) = X_1(k) + W_{2N}^k X_2(k) \quad 0 \leqslant k \leqslant 2N-1$$

或

$$\begin{cases} X(k) = X_1(k) + W_{2N}^k X_2(k) \\ X(k+N) = X_1(k) - W_{2N}^k X_2(k) \end{cases} \quad 0 \leqslant k \leqslant N-1 \quad (4.4.8)$$

这样,由 $x_1(n)$ 和 $x_2(n)$ 组成复序列 $y(n)$,经 FFT 求得 $Y(k)$,再经式(4.4.7)及式(4.4.8)的两级蝶形运算求得 $X(k)$,从而实现了用一个 N 点的 FFT(对 $y(n)$ 进行 FFT),计算了一个 $2N$ 点的实序列 $x(n)$。这时总共需要

复乘次数 $\quad m_{2F} = \dfrac{N}{2}\log_2 N + 2N = \dfrac{N}{2}(4 + \log_2 N)$

复加次数 $\quad a_{2F} = N\log_2 N + 4N = N(4 + \log_2 N)$

直接用 $2N$ 点的 FFT,则需要

复乘次数 $\quad m_{2N} = N\log_2 2N = N(1 + \log_2 N)$

复加次数 $\quad a_{2N} = 2N\log_2 2N = 2N(1 + \log_2 N)$

因此可以分别节省乘法和加法的倍数为

$$\frac{m_{2N}}{m_{2F}} = \frac{2(1+\log_2 N)}{(4+\log_2 N)}$$

$$\frac{a_{2N}}{a_{2F}} = \frac{2(1+\log_2 N)}{(4+\log_2 N)}$$

当 N 很大时,可节省近一倍的工作量。

4.5 FFT 的应用

视频讲解

凡是可以利用傅里叶变换来进行分析、综合、变换的地方,都可以利用 FFT 算法及运用数字计算技术来加以实现。FFT 在数字通信、语音信号处理、图像处理、匹配滤波以及功率谱估算、仿真、系统分析、雷达理论、光学及数值分析等各个领域都得到了广泛的应用。不论 FFT 在哪里应用,一般都以卷积积分或相关积分的处理为依据,或者以用 FFT 作为连续傅里叶变换的近似为基础。如果详细考察了这两种 FFT 的基本应用,就已掌握了一般 FFT 应用的基本原理。对这两种基本的应用没有彻底的了解,想应用 FFT 解决像数字滤波、系统分析等问题就是空谈。

第 3 章讨论了离散傅里叶变换在连续傅里叶变换计算中的应用。由于 FFT 只是快速计算离散傅里叶变换的一种方法,所以本书已经研究了 FFT 作为连续傅里叶变换近似的基本应用原理。剩下的问题是介绍应用 FFT 来计算卷积和相关的技术。应用 DFT 计算卷积和相关的基本原理已在第 3 章中作了介绍,下文只是用 FFT 来计算相应函数的 DFT,或用 IFFT 计算 IDFT 就可以了。上文曾预料用频域关系计算卷积或相关都是不现实的,因为需要增加大量的乘法次数。然而,由于应用 FFT,计算速度得到了极大的提高,使很多在时域难以实时数字处理的工作,通过 FFT 绕到频域得以实现,因而应用频域分析的优点更突出了。

4.5.1 利用FFT求卷积——快速卷积

1. 用FFT求有限长序列间的卷积及求有限长序列与很长序列的卷积

为方便下文的应用及问题的讨论,将用FFT进行离散卷积的步骤归纳如下。

(1) 设 $x(n)$ 的列长为 N_1,$h(n)$ 的列长为 N_2,要求

$$y(n) = x(n) * h(n) = \sum_{k=0}^{N-1} x(k) h((n-k))_N R_N(n)$$

$$= \sum_{k=0}^{N-1} x(k) h(n-k) \tag{4.5.1}$$

(2) 为使两个有限长序列的线性卷积可用圆周卷积来代替而不产生混淆,必须选择 $N \geqslant N_1 + N_2 - 1$。为使用基-2FFT来完成卷积计算,故要求 $N = 2^v$(v 是整数)。用补零的办法使具有列长为 N,即

$$x(n) = \begin{cases} x(n), & n = 0, 1, \cdots, N_1 - 1 \\ 0, & n = N_1, N_1 + 1, \cdots, N - 1 \end{cases}$$

$$h(n) = \begin{cases} h(n), & n = 0, 1, \cdots, N_2 - 1 \\ 0, & n = N_2, N_2 + 1, \cdots, N - 1 \end{cases}$$

(3) 为用圆周卷积定理式(3.4.15)计算线性卷积,先用FFT计算 $x(n)$ 和 $h(n)$ 的 N 点离散傅里叶变换

$$x(n) \xrightarrow{\text{FFT}} X(k) \tag{4.5.2}$$

$$h(n) \xrightarrow{\text{FFT}} H(k) \tag{4.5.3}$$

(4) 组成乘积

$$Y(k) = X(k) H(k) \tag{4.5.4}$$

(5) 用IFFT计算的 $Y(k)$ 离散傅里叶逆变换得到线性卷积 $y(n)$。由于

$$y(n) = \sum_{k=0}^{N-1} \left[\frac{1}{N} Y(k)\right] W_N^{-nk} = \left[\sum_{k=0}^{N-1} \left[\frac{1}{N} Y^*(k)\right] W_N^{nk}\right]^* \tag{4.5.5}$$

可见,$y(n)$ 可由IFFT得到,也可以利用求 $\frac{1}{N} Y^*(k)$ 的FFT再取共轭得到。

单一的线性卷积方程式(4.5.1),可用式(4.5.2)、式(4.5.3)、式(4.5.4)和式(4.5.5)代替。这样的计算虽然在频域上兜了一大圈,但因FFT算法计算效率很高,这4个公式实际上使卷积的计算更加快速。式(4.5.1)求 N 个采样值的卷积 $y(n)$,需要的计算时间正比于 N^2(指乘法次数)。FFT的计算时间正比于 $N\log_2 N$,于是式(4.5.2)、式(4.5.3)和式(4.5.5)的总计算时间正比于 $3N\log_2 N$,式(4.5.4)的计算时间正比于 N,所以应用FFT通过式(4.5.2)~式(4.5.5)计算线性卷积,一般说,比直接用式(4.5.1)计算要快些。究竟快多少,取决于点数、FFT的细节和所使用的卷积程序。

当信号 $x(n)$ 很长,$h(n)$ 仍为有限长序列时,求此两序列的卷积,可采用第3章提到的分段卷积的办法(当然用FFT去完成)。

2. 高效的FFT卷积

FFT算法是对复输入函数设计的,采用FFT算法过滤实序列信号时,算法的虚部就浪

费了。为此,应设法提高使用效率。设 $g(n)$、$s(n)$ 和 $h(n)$ 是 3 组 N 点实序列,它们的 N 点 DFT 依次为 $G(k)$、$S(k)$ 和 $H(k)$。可以用一次 FFT 运算同时实现以下两个卷积

$$\begin{cases} y_1(n) = g(n) \circledast h(n) \\ y_2(n) = s(n) \circledast h(n) \end{cases} \tag{4.5.6}$$

方法是先将 $g(n)$ 和 $s(n)$ 组合成一个复序列 $p(n)$

$$p(n) = g(n) + \mathrm{j}s(n) \tag{4.5.7}$$

则

$$\mathrm{DFT}[p(n)] = P(k) = G(k) + \mathrm{j}S(k)$$

令

$$Y(k) = H(k)p(k) \tag{4.5.8}$$

然后用 IFFT 求出 $y(n)$,它是 $p(n)$ 与 $h(n)$ 的圆周卷积值

$$\begin{aligned} y(n) &= \mathrm{IFFT}[Y(k)] \\ &= p(n) \circledast h(n) \\ &= [g(n) + \mathrm{j}s(n)] \circledast h(n) \\ &= g(n) \circledast h(n) + \mathrm{j}s(n) \circledast h(n) \end{aligned} \tag{4.5.9}$$

因此同时得到两个实序列的圆周卷积值

$$\begin{cases} y_1(n) = g(n) \circledast h(n) = \mathrm{Re}[y(n)] \\ y_2(n) = s(n) \circledast h(n) = \mathrm{Im}[y(n)] \end{cases} \tag{4.5.10}$$

这种同时处理两组实序列卷积的方法,可有 3 种不同的实际应用。

1) 一个系统同时通过两种输入信号

设以 $h(n)$ 表示系统的单位采样响应,而以 $g(n)$ 表示输入信号 $x_1(n)$,$s(n)$ 表示输入信号 $x_2(n)$,和上文的处理方法相同,最后可由式(4.5.10)得到

$$\begin{cases} y_1(n) = x_1(n) \circledast h(n) = \mathrm{Re}[y(n)] \\ y_2(n) = x_2(n) \circledast h(n) = \mathrm{Im}[y(n)] \end{cases}$$

2) 一个系统同时处理长序列分段过滤中的两个片段

仍设 $h(n)$ 表示系统的单位采样响应,并令 $g(n)$ 表示输入片段 $x_i(n)$,$s(n)$ 表示输入片段 $x_{i+1}(n)$,即

$$p(n) = x_i(n) + \mathrm{j}x_{i+1}(n)$$

这样系统对两个片段的过滤结果为

$$\begin{cases} y_i(n) = \mathrm{Re}[y(n)] \\ y_{i+1}(n) = \mathrm{Im}[y(n)] \end{cases}$$

当然,相应于所用的分段方法,还必须按 3.5 节中做法,适当合并所得结果。

3) 一个信号同时通过两个系统

令 $g(n)$ 和 $s(n)$ 分别代表两个系统的单位采样响应 $h_1(n)$ 和 $h_2(n)$,而以 $h(n)$ 代表输入信号 $x(n)$,则据式(4.5.7)~式(4.5.10)的分析可得信号 $x(n)$ 通过两系统的输出为

$$\begin{cases} y_1(n) = x(n) \circledast h_1(n) = \mathrm{Re}[y(n)] \\ y_2(n) = x(n) \circledast h_2(n) = \mathrm{Im}[y(n)] \end{cases}$$

4.5.2 利用 FFT 求相关——快速相关

互相关及自相关的运算已广泛地应用于信号分析与统计分析,应用于连续时间系统也用于离散时间系统。

用 FFT 计算相关函数,称为快速相关,它与快速卷积类似,所不同的是一个应用圆周相关定理,利用圆周相关来等效线性相关。另一个应用圆周卷积定理,利用圆周卷积等效线性卷积,同样都要注意到离散傅里叶变换固有的周期性,也同样要用补零的办法来避免混叠。

利用 FFT 求相关的计算步骤如下。

(1) 设 $x(n)$ 列长为 N_1,$y(n)$ 列长为 N_1,要求线性相关

$$z(n) = \sum_{k=0}^{N-1} x^*(k) y(n+k) \tag{4.5.11}$$

(2) 为了使两个有限长序列的线性相关可用圆周相关代替而不产生混淆现象,可用 FFT 及 IFFT 计算式(4.5.11),选择周期 N 满足 $N \geqslant N_1 + N_2 - 1$,且 $N = 2^v$(v 为整数)。用补零的办法使 $x(n)$ 和 $y(n)$ 具有列长为 N,即

$$x(n) = \begin{cases} x(n), & n = 0, 1, \cdots, N_1 - 1 \\ 0, & n = N_1, N_1 + 1, \cdots, N - 1 \end{cases}$$

$$y(n) = \begin{cases} y(n), & n = 0, 1, \cdots, N_2 - 1 \\ 0, & n = N_2, N_2 + 1, \cdots, N - 1 \end{cases}$$

(3) 为利用圆周相关定理式(3.4.27)计算线性相关,先用 FFT 计算 $x(n), y(n)$ 的 N 点离散傅里叶变换

$$x(n) \xrightarrow{\text{FFT}} X(k) \tag{4.5.12}$$

$$y(n) \xrightarrow{\text{FFT}} Y(k) \tag{4.5.13}$$

(4) 将 $X(k)$ 的虚部 $\text{Im}[X(k)]$ 改变符号,求得其共轭 $X^*(k)$。

(5) 组成乘积

$$z(k) = X^*(k) Y(k) \tag{4.5.14}$$

(6) 对 $z(k)$ 作 IFFT,即得相关序列 $z(n)$。同样由于

$$z(n) = \sum_{k=0}^{N-1} \left[\frac{1}{N} z(k) \right] W_N^{-nk} = \left[\sum_{k=0}^{N-1} \left[\frac{1}{N} z^*(k) \right] W_N^{nk} \right]^* \tag{4.5.15}$$

可见,由 $z(k)$ 的 IFFT 求 $z(n)$,可通过求 $\frac{1}{N} Z^*(k)$ 的 FFT 再取共轭得到。

如果 $x(n) = y(n)$,则求得的 $z(n)$ 是自相关序列。

式(4.5.11)~式(4.5.15)的计算时间,实质上和式(4.5.1)~式(4.5.5)的计算时间是一样的,可以应用上面分析快速卷积计算时间的结果及所得结论。

4.6 习题

1. 如果一台通用计算机的速度为平均每次复乘需 $100\mu s$,每次复加需 $20\mu s$,现在需要计算 $N = 1024$ 点的 $\text{DFT}[x(n)]$,问用直接运算需要多少时间,用 FFT 运算需要多少时间?

2. 把 16 点序 $x(0), x(1), \cdots, x(15)$ 排成反序序列。

3. 图 4.3.2 给出了先计算两个 4 点 DFT 来完成一个 8 点 DFT 的流图,试画出先计算两个 8 点 DFT,来执行一个 16 点 DFT 的对应流图。

4. 试用基-2 按时间抽取与按频率抽取法分别作出 $N=16$ 时的信号流图。

5. 试画出 4 点按时间抽取的 FFT 算法流图,要求利用图 4.3.8 的蝶形,具有反序的输入序列,自然顺序的输出序列,并且表示成"原位"计算。

6. 重排题 5 的流图,使它仍然符合"原位"计算,但要有自然顺序输入,反序输出。

7. 当执行按时间抽取 FFT 算法时,基本蝶形计算如图 4.6.1 的流图所示。

$$x_{m+1}(p) = x_m(p) + W_N^r x_m(q)$$
$$x_{m+1}(q) = x_m(p) - W_N^r x_m(q)$$

用定点算法执行计算过程时,必须注意蝶形计算的溢出问题,一般假定全部数均换成比 1 小的数。

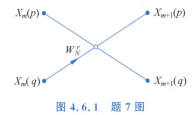

图 4.6.1 题 7 图

(1) 试证明,如果

$$|x_m(p)| < \frac{1}{2} \quad 和 \quad |x_m(q)| < \frac{1}{2}$$

则蝶形计算就不会出现溢出,即

$$\text{Re}[x_{m+1}(p)] < 1 \quad \text{Im}[x_{m+1}(p)] < 1$$
$$\text{Re}[x_{m+1}(q)] < 1 \quad 和 \quad \text{Im}[x_{m+1}(q)] < 1$$

(2) 实际上要求

$$|\text{Re}[x_{m+1}(p)]| < \frac{1}{2} \quad |\text{Im}[x_{m+1}(p)]| < \frac{1}{2}$$
$$|\text{Re}[x_{m+1}(q)]| < \frac{1}{2} \quad 和 \quad |\text{Im}[x_{m+1}(q)]| < \frac{1}{2}$$

更容易一些,也更合适一些。试证明这些条件是否足以保证在蝶形计算中不会出现溢出?

8. 推导 $N=16$ 时,基-4FFT 公式,并画出流图,就运算量的多少(不计 $\pm 1, \pm j$ 的运算量)与基-2 情况作比较。

9. 画出 8 点分裂基 L 形运算流图,计算其复数乘法次数,并与基-2 和基-4 法进行比较。

10. 已知 $X(k)$ 和 $Y(k)$ 分别是两个 N 点实序列 $x(n)$ 和 $y(n)$ 的 DFT。为提高运算效率,试设计用一次 N 点 IFFT 来从 $X(k)$ 和 $Y(k)$ 求 $x(n)$ 和 $y(n)$。

第5章 数字滤波器的结构

数字滤波器是指完成信号滤波处理功能的、用有限精度算法实现的离散时间线性非时变系统,其输入是一组由模拟信号采样和量化的数字量,其输出是经过变换或处理的另一组数字量。数字滤波器既可以是用数字硬件装配成的一台完成给定运算的专用数字计算机,也可以是将所需的运算编成程序,由通用计算机来执行。数字滤波器的结构是指滤波器的物理或逻辑布局,这决定了它们的工作方式和特性。

数字滤波器可以分成两大类。一类称为经典滤波器,即一般滤波器,特点是输入信号中有用的频率成分和希望滤除的频率成分各占有不同的频带,通过一个合适的选频滤波器达到滤波的目的。例如,当输入信号中含有干扰时,如果信号和干扰的频带互不重叠,即可滤除干扰得到想要的信号。但对于一般滤波器,如果信号和干扰的频带互相重叠,则不能完成对干扰的有效滤除,这时需要采用另一类所谓的现代滤波器,如维纳(Wiener)滤波器、卡尔曼(Kalman)滤波器、自适应滤波器等,这些滤波器可按照随机信号内部的一些统计规律,从干扰中最佳地提取信号。

本书仅介绍经典滤波器的设计,本章介绍数字滤波器的 2 种基本结构,包括 IIR(无限冲激响应)滤波器和 FIR(有限冲激响应)滤波器。

5.1 数字滤波器概述

视频讲解

理想滤波器是不可能实现的,因为它们的单位冲激响应均是非因果且无限长的,设计者只能按照某些准则设计实际滤波器,使之尽可能逼近理想滤波器。数字滤波器的传输函数 $H(e^{j\omega})$ 都是以 2π 为周期的,滤波器的低通频带处于 2π 的整数倍处,而高通频带处于 π 的奇数倍附近,如图 5.1.1 所示。数字滤波器按实现的网络结构或单位冲激响应分类,可以分为无限冲激响应(IIR)滤波器和有限冲激响应(FIR)滤波器。它们的系统函数分别表示为

$$H(z) = \frac{Y(z)}{X(z)} = \frac{\sum_{r=0}^{M} b_r z^{-r}}{1 - \sum_{k=1}^{N} a_k z^{-k}} \tag{5.1.1}$$

$$H(z) = \sum_{n=0}^{N-1} h(n) z^{-n} \tag{5.1.2}$$

式(5.1.1)中,当满足 $M < N$ 时,这类系统称为 N 阶 IIR 系统;当 $M \geqslant N$ 时,可视为一

个 N 阶 IIR 子系统与一个 $M-N$ 阶 FIR 子系统(多项式)的级联。式(5.1.2)所示系统称为 $N-1$ 阶 FIR 系统。这两种类型的滤波器的设计方法有很大区别,下面将分别进行介绍。

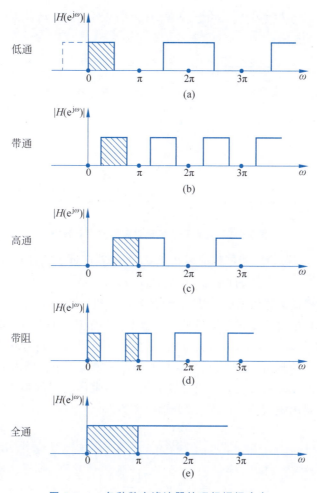

图 5.1.1 各种数字滤波器的理想幅频响应

5.1.1 滤波器的技术指标

数字滤波器的传输函数 $H(e^{j\omega})$ 可以表示为

$$H(e^{j\omega}) = |H(e^{j\omega})| e^{j\theta(\omega)}$$

$|H(e^{j\omega})|$ 称为幅频特性,$\theta(\omega)$ 称为相频特性。幅频特性表示信号通过该滤波器后各频率的衰减情况,而相频特性反映各频率成分通过滤波器后在时间上的延时情况。因此,即使两个滤波器幅频特性相同,而相频特性不一样,对相同的输入,滤波器输出的信号波形也是不一样的。一般选滤波器的技术要求由幅频特性给出,而对相频特性一般不做要求,但如果对输出波形有要求,则需要考虑相频特性的技术指标,例如语音合成、波形传输、图像信号处理等,需要设计成线性相位数字滤波器。

滤波器的性能要求往往以频率响应的幅度特性的允许误差来表征,即通带和阻带都允许有一定的误差容限。按照实际需要,确定滤波器的性能要求。通常是在频域中给定数字滤波器的性能要求。图 5.1.2 所示为低通滤波器的性能要求。虚线表示满足预定性能要求的系统的频率响应,ω_p 为通带截止频率,在通带内幅度响应以 $\pm\delta_1$ 的误差接近于 1,即

$$1-\delta_1 \leqslant |H(e^{j\omega})| \leqslant 1+\delta_1 \quad |\omega| \leqslant \omega_p$$

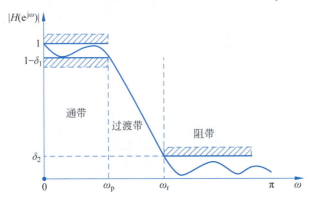

图 5.1.2 逼近理想低通滤波器的误差容限

ω_s 为阻带起始频率,在阻带内幅度响应以小于 δ_2 的误差接近于零,即

$$|H(e^{j\omega})| \leqslant \delta_2 \quad \omega_s \leqslant |\omega| \leqslant \pi$$

为了使逼近理想低通滤波器的方法成为可能,还必须提供宽度为 $(\omega_s-\omega_p)$ 的不为零的过滤频带。在这个频带内幅度响应从通带平滑地下落到阻带。这里 ω,包括 ω_p 和 ω_s,指的是数字域频率,而不是真实频率,或者说 ω 是沿着单位圆周的相角变化。相位特性除了受稳定性和因果性要求的限制,即要求系统函数的极点必须位于单位圆内部,没有其他任何限制。通带内和阻带内允许的衰减一般用分贝数表示,通带内允许的最大衰减用 α_p 表示,阻带内允许的最小衰减用 α_s 表示,α_p 和 α_s 分别定义为

$$\alpha_p = 20\log\frac{|H(e^{j0})|}{|H(e^{j\omega_p})|} \tag{5.1.3}$$

$$\alpha_s = 20\log\frac{|H(e^{j0})|}{|H(e^{j\omega_s})|} \tag{5.1.4}$$

对于低通滤波器,如将 $H(e^{j0})$ 归一化为 1,式(5.1.3)和式(5.1.4)可分别表示为

$$\alpha_p = -20\log|H(e^{j\omega_p})| \tag{5.1.5}$$

$$\alpha_s = -20\log|H(e^{j\omega_s})| \tag{5.1.6}$$

当幅度下降到 $\sqrt{2}/2\approx 0.707$ 时,$\omega=\omega_c$,此时 $\alpha_p=3$dB,称 ω_c 为 3dB 通带截止频率。

5.1.2 数字滤波器的设计过程

实际中的数字滤波器设计都是用有限精度算法实现,一般包括以下设计步骤。

(1) 根据实际需要确定数字滤波器的技术指标。例如滤波器的频率响应的幅度特性和截止频率等。

(2) 用一个因果稳定的离散线性非时变系统的系统函数去比逼近这些性能指标。具体而言,就是用这些指标来计算系统函数。IIR 滤波器的系统函数是 z^{-1} 的有理函数,FIR 滤

波器的系统函数是 z^{-1} 的多项式。这样，滤波器的设计问题，变成了一个数学逼近问题，即用一个因果稳定的系统函数去逼近给定的性能要求，以确定滤波器系数。

(3) 用有限精度的运算实现所设计的系统。包括选择运算结构，及对滤波器的系数、输入变量、中间变量和输出变量量化到固定字长。

(4) 通过模拟，验证所设计的系统是否符合给定性能要求。根据验证的结果决定是否对第(2)步和第(3)步作修改，以满足技术要求。

IIR 数字滤波器和 FIR 数字滤波器的设计方法是很不相同的。IIR 数字滤波器设计方法经常借助于模拟滤波器的设计方法来进行。其设计步骤是：先设计模拟原型滤波器，得到其传输函数，然后按某种方法转换成数字滤波器的系统函数。模拟滤波器设计方法已经很成熟，有完整的设计公式，还有完善的图表可供查阅，并且还有一些典型的滤波器类型可供设计者使用，得到的是闭合形式的公式。FIR 数字滤波器不能采用先设计模拟滤波器然后再转换成数字滤波器的方法，经常使用的设计方法是窗函数法和频率采样法，需要通过计算机辅助设计来完成。

5.2 无限冲激响应数字滤波器的结构

数字滤波器可以用差分方程、单位采样响应，以及系统函数等表示。实现一个数字滤波器需要几种基本的运算单元：加法器、单位延时和常数乘法器。这些基本的运算单元可以有两种表示法：方框图法和信号流图法，因而一个数字滤波器的运算结构也有这两种方法，如图 5.2.1 所示。用方框图表示比较直观，用信号流图表示则更加简单方便。

一个给定的输入输出关系，可以用多种不同的数字网络来实现。在不考虑量化影响时，这些不同的实现方法是等效的；但在考虑量化影响时，这些不同的实现方法性能上就有差异。因此，运算结构是很重要的，同一系统函数 $H(z)$，运算结构不同，将会影响系统的精度、误差、稳定性、经济性以及运算速度等许多重要性能。

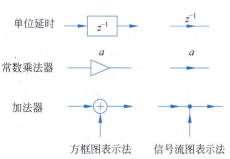

图 5.2.1 基本运算单元的方框图表示法和信号流图表示法

不同结构所需的存储单元及乘法次数是不同的，前者影响复杂性，后者则影响运算速度。无限冲激响应滤波器与有限冲激响应滤波器在结构上有各自不同的特点，本书将分别对它们加以讨论。

无限冲激响应数字滤波器的基本结构包括直接型(直接Ⅰ型、直接Ⅱ型、转置型)、级联型、并联型。

5.2.1 直接型

1. 直接Ⅰ型

IIR 数字滤波器的系统函数

$$H(z) = \frac{\sum_{r=0}^{M} b_r z^{-r}}{1 - \sum_{k=1}^{N} a_k z^{-k}} \quad (5.2.1)$$

对应的差分方程为

$$y(n) = \sum_{r=0}^{M} b_r x(n-r) + \sum_{k=1}^{N} a_k y(n-k) \quad (5.2.2)$$

$y(n)$ 由两部分相加构成：第一部分 $\sum_{r=0}^{M} b_r x(n-r)$ 是一个对输入 $x(n)$ 的 M 节延时链结构，每节延时抽头后加权相加；第二部分 $\sum_{k=1}^{N} a_k y(n-k)$ 是一个对 $y(n)$ 的延时链结构，每级延时抽头后加权相加，因此是一个反馈网络。

这种结构形式称为直接 I 型，如图 5.2.2 所示。其中图 5.2.2(a) 为方框图，图 5.2.2(b) 为信号流图。为了方便，图中画的是 $M = N$ 的情况，如果 $M \neq N$，N 阶滤波器需要 $N + M$ 级延时单元。

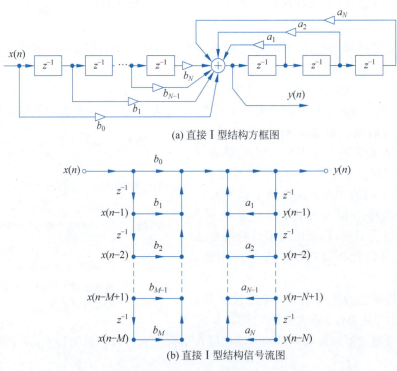

(a) 直接 I 型结构方框图

(b) 直接 I 型结构信号流图

图 5.2.2 直接 I 型结构图

【例 5.1】 采用直接 I 型实现系统函数如下的 IIR 数字滤波器，并求单位脉冲响应和阶跃响应。

$$H(z) = \frac{\sum_{r=0}^{M} b_r z^{-r}}{1 - \sum_{k=1}^{N} a_k z^{-k}} = \frac{1 - 3z^{-1} + 11z^{-2} + 27z^{-3} + 18z^{-4}}{16 + 12z^{-1} + 2z^{-2} - 4z^{-3} - 2z^{-4}}$$

```python
import numpy as np
import matplotlib.pyplot as plt
from scipy import signal

# 差分方程的参数
b = np.array([1, -3, 11, 27, 18])                    # 分子
a = np.array([16, 12, 2, -4, -2])                    # 分母

# 输入信号
N = 30
delta = signal.unit_impulse(N)                       # 单位样本信号
y = np.ones(N)                                        # 单位阶跃信号

# IIR 数字滤波器
zi = signal.lfilter_zi(b, a) * 0                     # 零初始条件
z1, _ = signal.lfilter(b, a, delta, zi = zi)
z2, _ = signal.lfilter(b, a, y, zi = zi)

# 绘图
fig, axs = plt.subplots(2, 1, constrained_layout = True)
axs[0].stem(z1, basefmt = "")
axs[1].stem(z2, basefmt = "")
plt.rcParams['font.sans-serif'] = ['SimHei']         # 用来正常显示中文标签
axs[0].set_title('IIR 直接型 h(n)')
axs[1].set_title('IIR 直接型 y(n)')
plt.show()
fig.savefig('./iir_dir_I_sequence.png', dpi = 500)
```

运行程序,结果如图 5.2.3 所示。

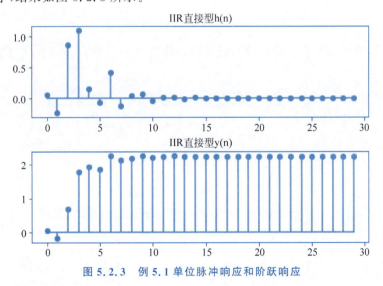

图 5.2.3　例 5.1 单位脉冲响应和阶跃响应

2. 直接 Ⅱ 型

将式(5.2.1)改写成下式(当 $M=N$ 的情况)

$$H(z)=\frac{Y(z)}{X(z)}=\frac{Y(z)}{W(z)}\cdot\frac{W(z)}{X(z)}=\left(\sum_{r=0}^{N}b_r z^{-r}\right)\left(\frac{1}{1-\sum_{k=1}^{N}a_k z^{-k}}\right) \qquad (5.2.3)$$

因此 $H(z)$ 可视为分子多项式 $\sum_{r=0}^{N} b_r z^{-r}$ 与分母多项式 $1-\sum_{k=1}^{N} a_k z^{-k}$ 的倒数所构成的两个子系统函数的乘积,这相当于两子系统的级联。其中第一个子系统实现零点为

$$H_1(z) = \frac{Y(z)}{W(z)} = \sum_{r=0}^{N} b_r z^{-r}$$

故得

$$Y(z) = \sum_{r=0}^{N} b_r z^{-r} W(z)$$

其时域表示为

$$y(n) = \sum_{r=0}^{N} b_r w(n-r)$$

第二个子系统实现极点为

$$H_2(z) = \frac{W(z)}{X(z)} = \frac{1}{1-\sum_{k=1}^{N} a_k z^{-k}}$$

经整理后得

$$W(z) = X(z) + \sum_{k=1}^{N} a_k z^{-k} W(z)$$

其时域表示为

$$w(n) = x(n) + \sum_{k=1}^{N} a_k w(n-k) \tag{5.2.4}$$

综上所述,可得图 5.2.4 所示的实现结构。其中图 5.2.4(a)为方框图,图 5.2.4(b)为信号流图。

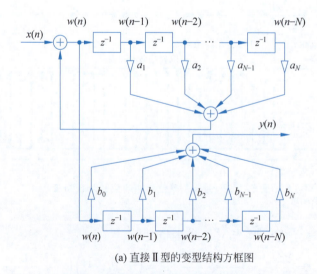

(a) 直接 II 型的变型结构方框图

图 5.2.4 直接 II 型的变型结构图

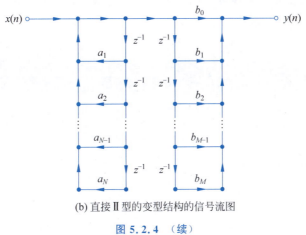

(b) 直接Ⅱ型的变型结构的信号流图

图 5.2.4 （续）

如果将图 5.2.4 中相同输出的延迟单元合成一个，则得图 5.2.5 所示的结构图。它的延迟单元少一倍，N 阶滤波器只需 N 级延迟单元，这是实现 N 阶滤波器所必需的最少数量的延迟单元。这种结构称为直接Ⅱ型。有时将直接Ⅰ型简称为直接型，而将直接Ⅱ型称为典范型。

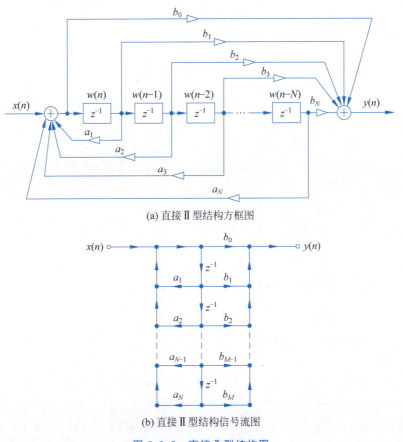

(a) 直接Ⅱ型结构方框图

(b) 直接Ⅱ型结构信号流图

图 5.2.5 直接Ⅱ型结构图

【例 5.2】 用直接Ⅱ型实现系统函数如下的 IIR 数字滤波器，并求单位脉冲响应和单位阶跃响应。

$$H(z) = \frac{\sum_{r=0}^{M} b_r z^{-r}}{1 - \sum_{k=1}^{N} a_k z^{-k}} = \frac{1 - 3z^{-1} + 11z^{-2} + 27z^{-3} + 18z^{-4}}{16 + 12z^{-1} + 2z^{-2} - 4z^{-3} - 2z^{-4}}$$

```python
import numpy as np
import matplotlib.pyplot as plt
from scipy import signal

# 差分方程的参数
b = np.array([[1, 0, 0, 0, 0], [1, -3, 11, 27, 18]])    # 分子
a = np.array([[16, 12, 2, -4, -2], [1, 0, 0, 0, 0]])    # 分母

# 输入信号
M = a.shape[0]
N = 30
delta = signal.unit_impulse(N)                           # 单位样本信号
y = np.ones(N)                                           # 单位阶跃信号

# IIR 直接Ⅱ型滤波器
z1 = np.zeros((M + 1, N))
z2 = np.zeros((M + 1, N))
z1[0, :] = delta
z2[0, :] = y
for i in range(M):                                       # 循环滤波,计算最终结果
    zi = signal.lfilter_zi(b[i, :], a[i, :]) * 0         # 零初始条件
    z1[i + 1, :], _ = signal.lfilter(b[i, :], a[i, :], z1[i, :], zi=zi)
    z2[i + 1, :], _ = signal.lfilter(b[i, :], a[i, :], z2[i, :], zi=zi)

# 绘图
fig, axs = plt.subplots(2, 1, constrained_layout=True)
axs[0].stem(z1[M, :], basefmt="")
axs[1].stem(z2[M, :], basefmt="")
plt.rcParams['font.sans-serif'] = ['SimHei']             # 用来正常显示中文标签
axs[0].set_title('IIR 直接Ⅱ型 h(n)')
axs[1].set_title('IIR 直接Ⅱ型 y(n)')
plt.show()
fig.savefig('./iir_dir_Ⅱ_sequence.png', dpi=500)
```

程序运行结果如图 5.2.6 所示。

3. 转置型

线性信号流图理论上有多种运算处理方法，可在保持输入和输出之间的传输关系不变的情况下，将信号流图变换成各种不同的形式。其中流图转置的方法可导出一种转置滤波器结构。具体地讲，就是把网络中所有支路方向都颠倒成反向，且输入、输出的位置互相调换一下。对于单输入、单输出系统来说，倒转后的结构和原结构的系统函数相同，但对有限字长的影响而言，转置结构与原结构性质不同。

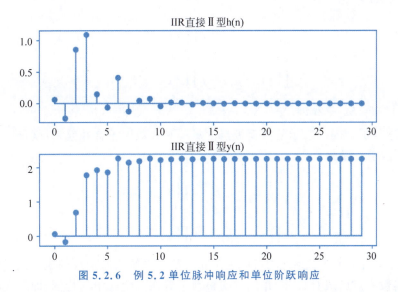

图 5.2.6　例 5.2 单位脉冲响应和单位阶跃响应

将转置原理应用于图 5.2.5 所示的直接 II 型网络，并按照习惯，使输入在左边输出在右边，则得到图 5.2.7 所示的直接 II 型的转置。

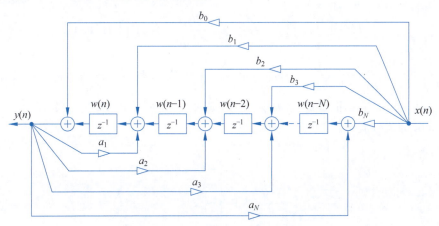

图 5.2.7　直接 II 型的转置结构方框图

直接 I 型和直接 II 型结构优点是简单直观。它们的共同缺点是系数 a_k 对滤波器性能的控制关系不直接，因此调整不便。更严重的是这种结构的极点位置灵敏度太大，对字长效应太敏感，易于出现不稳定现象，产生较大误差。

5.2.2　级联型

将式(5.2.1)按零点和极点进行因式分解，则可表示成

$$H(z) = \frac{\sum_{r=0}^{M} b_r z^{-r}}{1 - \sum_{k=1}^{N} a_k z^{-k}} = A \frac{\prod_{r=1}^{M}(1 - c_r z^{-1})}{\prod_{k=1}^{N}(1 - d_k z^{-1})}$$

式中 A 为归一化常数。由于系统函数 $H(z)$ 的系数都是实系数，故零点 c_r 和极点 d_k 只有两种情况：或者是实根，或者是共轭复根，即

$$H(z) = A \frac{\prod_{i=1}^{M_1}(1-g_i z^{-1}) \prod_{i=1}^{M_2}(1-h_i z^{-1})(1-h_i^* z^{-1})}{\prod_{i=1}^{N_1}(1-p_i z^{-1}) \prod_{i=1}^{N_2}(1-q_i z^{-1})(1-q_i^* z^{-1})} \qquad (5.2.5)$$

式(5.2.5)中 $M=M_1+2M_2$，$N=N_1+2N_2$，g_i 表示实零点，p_i 表示实极点，h_i 和 h_i^* 表示复共轭零点，q_i 和 q_i^* 表示复共轭极点。每一对共轭因子合并起来，就可以构成一个实系数的二阶因子。因此

$$H(z) = A \frac{\prod_{i=1}^{M_1}(1-g_i z^{-1}) \prod_{i=1}^{M_2}(1+\beta_{1i} z^{-1}+\beta_{2i} z^{-2})}{\prod_{i=1}^{N_1}(1-p_i z^{-1}) \prod_{i=1}^{N_2}(1-\alpha_{1i} z^{-1}-\alpha_{2i} z^{-2})} \qquad (5.2.6)$$

式(5.2.6)给出了任意系统均可由一阶和二阶子系统级联构成的表达式。如果假设实数极点和实数零点已成对合并，并把单实根因子看作二阶因子的特例，即二次项系数 α_{2i}，β_{2i} 等于零的二阶因子，同时假设 $M \leqslant N$，则整个函数 $H(z)$ 可分解为实系数二项因子的形式。

$$H(z) = A \prod_{i=1}^{L} \frac{1+\beta_{1i} z^{-1}+\beta_{2i} z^{-2}}{1-\alpha_{1i} z^{-1}-\alpha_{2i} z^{-2}} = A \prod_{i=1}^{L} H_i(z) \qquad (5.2.7)$$

其中 $H_i(z) = \dfrac{1+\beta_{1i} z^{-1}+\beta_{2i} z^{-2}}{1-\alpha_{1i} z^{-1}-\alpha_{2i} z^{-2}}$，$L$ 表示 $\dfrac{(N+1)}{2}$ 中最大整数。$H_i(z)$ 称为滤波器的二阶基本节，可以采用直接Ⅱ型结构实现，如图5.2.8所示。其中图5.2.8(a)为方框图，图5.2.8(b)为信号流图。

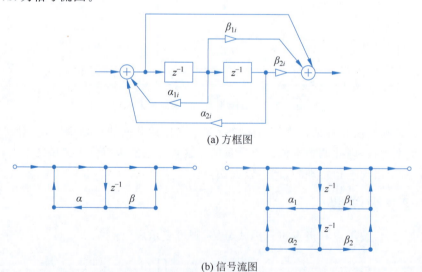

图5.2.8 直接Ⅱ型级联结构的二阶基本节

整个滤波器则是 $H_i(z)$ 的级联，如图5.2.9所示。

级联型结构的一个重要优点是需要较少的存储单元，硬件实现时，可以用一个二阶基本节进行时分复用。

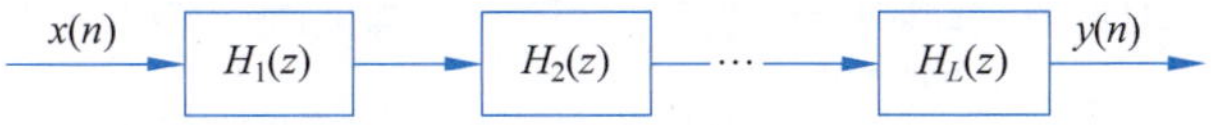

$$x(n) \rightarrow \boxed{H_1(z)} \rightarrow \boxed{H_2(z)} \rightarrow \cdots \rightarrow \boxed{H_L(z)} \rightarrow y(n)$$

图 5.2.9　级联型结构

　　级联型结构的另一特点是,它的每个基本节都是关系到滤波器的一对极点和一对零点。调整系数 β_{1i}、β_{2i},就单独地调整了滤波器的第 i 对零点而不影响其他任何零点、极点。同样,调整系数 α_{1i}、α_{2i} 也就单独调整了第 i 对极点。因此,这种结构便于准确地实现滤波器的极点、零点,也便于调整滤波器的频率响应性能。

　　由式(5.2.7)可见,$H(z)$ 中的分子分母各有 L 个二阶因子,它们可以任意两两搭配形成 $L!$ 个基本节,这些基本节中选出的任意 L 个的级联次序又可有 $L!$ 种排法,但完成的却是同一个系统函数 $H(z)$。实际工作时,由于二进制数的字长有一定限度,因此不同的排列,运算误差会各不相同。如何才能得到最好的排列,以使运算误差最小,这是最优化问题,此处不作讨论。另外级联的各基本节间要有电平的放大或缩小,以使级间输出变量不要太大或太小。级间输出变量太大,易使数字滤波器在运算过程中产生溢出;级间输出变量太小,则输出端的信号噪声比会太小。

　　【**例 5.3**】 用级联结构实现如下系统函数的 IIR 数字滤波器,并求单位脉冲响应和单位阶跃响应。

$$H(z) = \frac{\sum_{r=0}^{M} b_r z^{-r}}{1 - \sum_{k=1}^{N} a_k z^{-k}} = \frac{3(1+z^{-1})(1-3.14z^{-1}+z^{-2})}{(1-0.6z^{-1})(1+0.7z^{-1}+0.72z^{-2})}$$

```python
import numpy as np
import matplotlib.pyplot as plt
from scipy import signal

# 差分方程的参数
A = 3
b = np.array([[1, 1, 0], [1, -3.14, 1]])              # 分子
a = np.array([[1, -0.6, 0], [1, 0.7, 0.72]])          # 分母

# 输入信号
M = a.shape[0]
N = 30
delta = signal.unit_impulse(N)                         # 单位样本信号
y = np.ones(N)                                         # 单位阶跃信号

# IIR 级联型滤波器
z1 = np.zeros((M + 1, N))
z2 = np.zeros((M + 1, N))
z1[0, :] = delta
z2[0, :] = y
for i in range(M):                                     # 循环滤波,计算最终结果
    zi = signal.lfilter_zi(b[i, :], a[i, :]) * 0       # 零初始条件
    z1[i + 1, :], _ = signal.lfilter(b[i, :], a[i, :], z1[i, :], zi = zi)
    z2[i + 1, :], _ = signal.lfilter(b[i, :], a[i, :], z2[i, :], zi = zi)

# 绘图
fig, axs = plt.subplots(2, 1, constrained_layout = True)
```

```
axs[0].stem(A * z1[M, :], basefmt = "")
axs[1].stem(A * z2[M, :], basefmt = "")
plt.rcParams['font.sans - serif'] = ['SimHei']      # 用来正常显示中文标签
plt.rcParams['axes.unicode_minus'] = False          # 用来显示负号
axs[0].set_title('IIR级联型 h(n)')
axs[1].set_title('IIR级联型 y(n)')
plt.show()
fig.savefig('./iir_cas_sequence.png', dpi = 500)
```

运行程序,结果如图 5.2.10 所示。

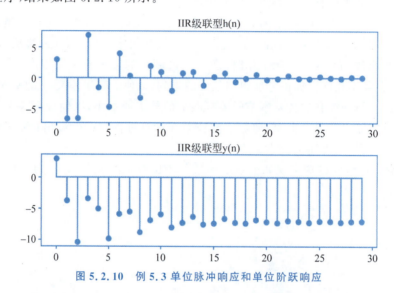

图 5.2.10　例 5.3 单位脉冲响应和单位阶跃响应

5.2.3　并联型

将式(5.2.1)的系统函数 $H(z)$ 展成部分分式之和,即

$$H(z) = \sum_{k=1}^{N_1} \frac{A_k}{1-g_k z^{-1}} + \sum_{k=1}^{N_2} \frac{B_k(1-e_k z^{-1})}{(1-d_k z^{-1})(1-d_k^* z^{-1})} + \sum_{k=0}^{M-N} G_k z^{-k} \quad (5.2.8)$$

式中,$N_1 + 2N_2 = N$,d_k^* 是 d_k 的共轭复数。由于式(5.2.1)中系数 a_k 和 b_r 是实数,故 A_k、B_k、G_k、g_k 及 e_k 全是实数。如果 $M<N$,则式(5.2.8)中不包含 $\sum_{k=0}^{M-N} G_k z^{-k}$ 项,如果 $M=N$,则 $\sum_{k=0}^{M-N} G_k z^{-k}$ 项变为 G_0。一般 IIR 系统皆满足 $M \leqslant N$ 的条件。当 $M=N$ 时,式(5.2.8)成为

$$H(z) = \sum_{k=1}^{N_1} \frac{A_k}{1-g_k z^{-1}} + \sum_{k=1}^{N_2} \frac{r_{0k} + r_{1k} z^{-1}}{1-\alpha_{1k} z^{-1} - \alpha_{2k} z^{-2}} + G_0 \quad (5.2.9)$$

总系统函数为各部分系统函数之和时,表示总系统为各相应子系统的并联。因此,式(5.2.9)可以解释为一阶和二阶系统的并联组合,其结构实现如图 5.2.11 所示。每个一阶或二阶子系统可用直接Ⅱ型实现,如

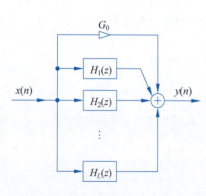

图 5.2.11　并联型结构方框图

图 5.2.12 所示。也可将式(5.2.9)中实根部分两两合并,形成二阶分式,以便系统全部采用二阶系统结构。

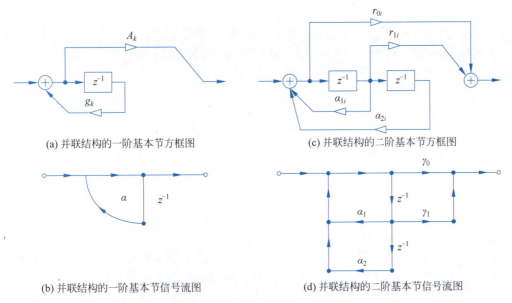

(a) 并联结构的一阶基本节方框图

(c) 并联结构的二阶基本节方框图

(b) 并联结构的一阶基本节信号流图

(d) 并联结构的二阶基本节信号流图

图 5.2.12 直接Ⅱ型实现的并联结构

显然,并联结构运算速度快,也可以单独调整极点位置,但不能像级联型那样直接调整零点,因为并联型各二阶节网络的零点,并非整个系统函数的零点。因此,当要求准确传输零点时,以采用级联型为宜。另外,并联型各基本节的误差互不影响。

基本节构成的并联型信号流图如图 5.2.13 所示。

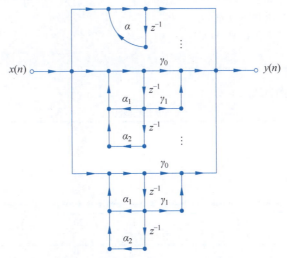

图 5.2.13 基本节构成的并联型信号流图

【例 5.4】 用并联结构实现如下系统函数的 IIR 数字滤波器,并求单位脉冲响应和单位阶跃响应。

$$H(z) = \frac{-13.65 - 14.81z^{-1}}{1 - 2.95z^{-1} + 3.14z^{-2}} + \frac{32.6 - 16.37z^{-1}}{1 - z^{-1} + 0.5z^{-2}}$$

```python
import numpy as np
import matplotlib.pyplot as plt
from scipy import signal

# 差分方程的参数
b = np.array([[-13.65, -14.81, 0], [32.6, -16.37, 0]])   # 分子
a = np.array([[1, -2.95, 3.14], [1, -1, 0.5]])           # 分母

# 输入信号
M = a.shape[0]
N = 30
delta = signal.unit_impulse(N)              # 单位样本信号
y = np.ones(N)                              # 单位阶跃信号

# IIR 并联型滤波器
z1 = np.zeros((M, N))
z2 = np.zeros((M, N))
for i in range(M):                          # 分别通过 M 个滤波器,计算最终结果
    zi = signal.lfilter_zi(b[i, :], a[i, :]) * 0   # 零初始条件
    z1[i, :], _ = signal.lfilter(b[i, :], a[i, :], delta, zi=zi)
    z2[i, :], _ = signal.lfilter(b[i, :], a[i, :], y, zi=zi)

# 绘图
fig, axs = plt.subplots(2, 1, constrained_layout=True)
axs[0].stem(np.sum(z1, axis=0), basefmt="")
axs[1].stem(np.sum(z2, axis=0), basefmt="")
plt.rcParams['font.sans-serif'] = ['SimHei']   # 用来正常显示中文标签
axs[0].set_title('IIR 并联型 h(n)')
axs[1].set_title('IIR 并联型 y(n)')
plt.show()
fig.savefig('./iir_par_sequence.png', dpi=500)
```

程序运行结果如图 5.2.14 所示。

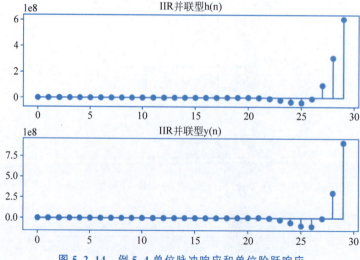

图 5.2.14　例 5.4 单位脉冲响应和单位阶跃响应

除以上 3 种最基本的递归型结构外,还有级并联混合结构、最小乘法结构、把 $H(z)$ 展成连分式实现的梯形结构等。

5.3 有限冲激响应数字滤波器的结构

有限冲激响应数字滤波器的基本结构包括直接型(横截型、卷积型)、级联型、频率采样型、快速卷积型、线性相位的 FIR 数字滤波器结构。

有限冲激响应滤波器的系统函数为

$$H(z) = \sum_{n=0}^{N-1} h(n) z^{-n} \tag{5.3.1}$$

其差分方程为

$$y(n) = \sum_{k=0}^{N-1} h(k) x(n-k) \tag{5.3.2}$$

其基本结构型式有下述几种。

5.3.1 直接型

由式(5.3.2)可得出图 5.3.1 所示的直接型结构,由于式(5.3.2)就是信号的卷积型式,故称为卷积型结构。图 5.3.1 也可看成是图 5.2.4 在各 $a_k=0$ 和 $b_k=h(k)$ 时的特例。

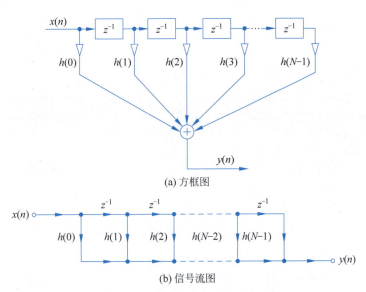

图 5.3.1 FIR 数字滤波器直接型结构

将转置理论应用于图 5.3.1,可得到图 5.3.2 的转置直接型结构。

【例 5.5】 用直接型结构实现如下系统函数的 FIR 数字滤波器,并求单位脉冲响应和单位阶跃响应。

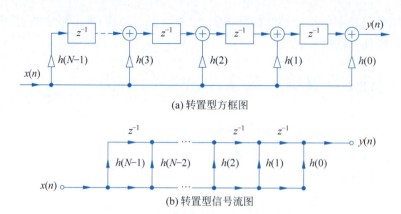

(a) 转置型方框图

(b) 转置型信号流图

图 5.3.2 FIR 数字滤波器转置直接型结构

$$H(z) = \sum_{n=0}^{N-1} h(n) z^{-n} = \sum_{n=0}^{10} 0.9^n z^{-n}$$

```python
import numpy as np
import matplotlib.pyplot as plt
from scipy import signal

# 差分方程的参数
M0 = 11
M = np.arange(0, 11, 1)
a = 1                                              # 分母
b = np.power(0.9, M)                               # 分子

# 输入信号
N = 30
delta = signal.unit_impulse(N)                     # 单位样本信号
y = np.ones(N)                                     # 单位阶跃信号

# FIR 直接型滤波器
zi = signal.lfilter_zi(b, a) * 0                   # 零初始条件
z1, _ = signal.lfilter(b, a, delta, zi = zi)
z2, _ = signal.lfilter(b, a, y, zi = zi)

# 绘图
fig, axs = plt.subplots(2, 1, constrained_layout = True)
axs[0].stem(z1, basefmt = "")
axs[1].stem(z2, basefmt = "")
plt.rcParams['font.sans-serif'] = ['SimHei']       # 用来正常显示中文标签
axs[0].set_title('FIR 直接型 h(n)')
axs[1].set_title('FIR 直接型 y(n)')
plt.show()
fig.savefig('./fir_dir_sequence.png', dpi = 500)
```

运行程序,结果如图 5.3.3 所示。

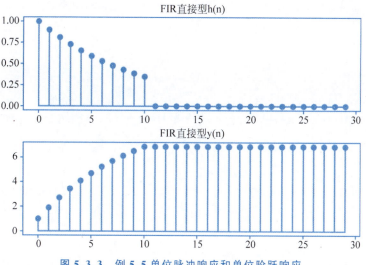

图 5.3.3 例 5.5 单位脉冲响应和单位阶跃响应

5.3.2 级联型

将式(5.3.1)所示的系统函数分解成若干个一阶和二阶多项式的连乘积

$$H(z) = \prod_{k=1}^{M_1} H_{1k}(z) \prod_{k=1}^{M_2} H_{2k}(z)$$

则可构成如图 5.3.4(a)所示的级联型结构。其中，$H_{1k}(z) = a_{0k}^{(1)} + a_{1k}^{(1)} z^{-1}$ 为一阶节；$H_{2k}(z) = a_{0k}^{(2)} + a_{1k}^{(2)} z^{-1} + a_{2k}^{(2)} z^{-2}$ 为二阶节。每个一阶节和二阶节可用图 5.3.1 所示的直接型结构实现。当 $M_1 = M_2 = 1$ 时，即可得图 5.3.4(b)所示的具体结构。这种结构的每节都便于控制零点，在需要控制传输零点时可以采用。但是它所需要的系数 a 比直接型 $h(n)$ 的多，所需要的乘法运算也比直接型多。直接型结构和级联型结构在雷达信号处理中作为相关器和对消器等获得了广泛的应用。

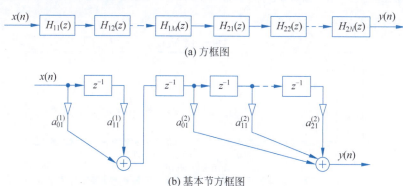

图 5.3.4　FIR 级联型结构

【例 5.6】 用级联型结构实现如下系统函数的 FIR 数字滤波器，并求单位脉冲响应和单位阶跃响应。

$$H(z) = (1 + 1.72z^{-1} + 0.81z^{-2})(1 + 1.17z^{-1} + 0.85z^{-2})$$

```python
import numpy as np
import matplotlib.pyplot as plt
from scipy import signal

# 差分方程的参数
A = 1
a = np.array([[1, 0, 0], [1, 0, 0]])                    # 分母
b = np.array([[1, 1.72, 0.81], [1, 1.17, 0.85]])        # 分子

# 输入信号
M = a.shape[0]
N = 30
delta = signal.unit_impulse(N)                          # 单位样本信号
y = np.ones(N)                                          # 单位阶跃信号

# FIR 级联型滤波器
z1 = np.zeros((M + 1, N))
z2 = np.zeros((M + 1, N))
z1[0, :] = delta
z2[0, :] = y
for i in range(M):                                      # 循环滤波,计算最终结果
    zi = signal.lfilter_zi(b[i, :], a[i, :]) * 0        # 零初始条件
    z1[i + 1, :], _ = signal.lfilter(b[i, :], a[i, :], z1[i, :], zi=zi)
    z2[i + 1, :], _ = signal.lfilter(b[i, :], a[i, :], z2[i, :], zi=zi)

# 绘图
fig, axs = plt.subplots(2, 1, constrained_layout=True)
axs[0].stem(A * z1[M, :], basefmt="")
axs[1].stem(A * z2[M, :], basefmt="")
plt.rcParams['font.sans-serif'] = ['SimHei']            # 用来正常显示中文标签
axs[0].set_title('FIR 级联型 h(n)')
axs[1].set_title('FIR 级联型 y(n)')
plt.show()
fig.savefig('./fir_cas_sequence.png', dpi=500)
```

运行程序,结果如图 5.3.5 所示。

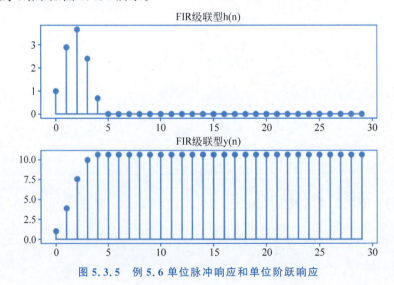

图 5.3.5 例 5.6 单位脉冲响应和单位阶跃响应

5.3.3 线性相位的 FIR 系统网络结构

FIR 系统的最主要特性之一就是它可以构成具有线性相位特性的滤波器。所谓线性相位特性是指滤波器对不同频率的正弦波所产生的相移和正弦波的频率成直线关系。因此，在滤波器通带内的信号通过滤波器后，除了由相频特性的斜率决定的延迟外，可以不失真地保留通带以内的全部信号。

线性相位的 FIR 系统的单位采样响应具有如下特性

$$h(n) = \pm h(N-1-n) \tag{5.3.3}$$

此时式(5.3.1)可分两种情况写出。

当 N 为偶数时

$$H(z) = \sum_{n=0}^{N-1} h(n) z^{-n}$$

$$= \sum_{n=0}^{\frac{N}{2}-1} h(n) z^{-n} + \sum_{n=\frac{N}{2}}^{N-1} h(n) z^{-n}$$

$$= \sum_{n=0}^{\frac{N}{2}-1} h(n) z^{-n} + \sum_{n=0}^{\frac{N}{2}-1} h(N-1-n) z^{-(N-1-n)}$$

将式(5.3.3)代入可得到

$$H(z) = \sum_{n=0}^{\frac{N}{2}-1} h(n) [z^{-n} \pm z^{-(N-1-n)}] \tag{5.3.4}$$

当 N 为奇数时，可证明

$$H(z) = \sum_{n=0}^{N-1} h(n) z^{-n}$$

$$= \sum_{n=0}^{\frac{N-1}{2}-1} h(n) [z^{-n} \pm z^{-(N-1-n)}] + h\left(\frac{N-1}{2}\right) z^{-\left(\frac{N-1}{2}\right)} \tag{5.3.5}$$

式(5.3.4)及式(5.3.5)的 FIR 系统的非递归型实现结构如图 5.3.6 所示。由图可见，仅需 $\frac{N}{2}$(N 为偶数时)个或 $\frac{N+1}{2}$(N 为奇数时)个乘法运算，而不是如图 5.3.1 所示的需 N 次乘法。在 $h(n) = -h(N-1-n)$(即 $h(n)$ 为奇对称)，N 为奇数的情况下，$h\left(\frac{N-1}{2}\right) = -h\left(N-1-\frac{N-1}{2}\right) = -h\left(\frac{N-1}{2}\right)$，因此 $h(n)$ 的中间项 $h\left(\frac{N-1}{2}\right)$ 必须为零，这时图 5.3.6(c) 和图 5.3.6(d) 中的 $h\left(\frac{N-1}{2}\right)$ 为零。也可从图 5.3.6 得到其相应的转置形式。

其中，$h(n)$ 偶对称时取 $+1$，$h(n)$ 奇对称时取 -1。

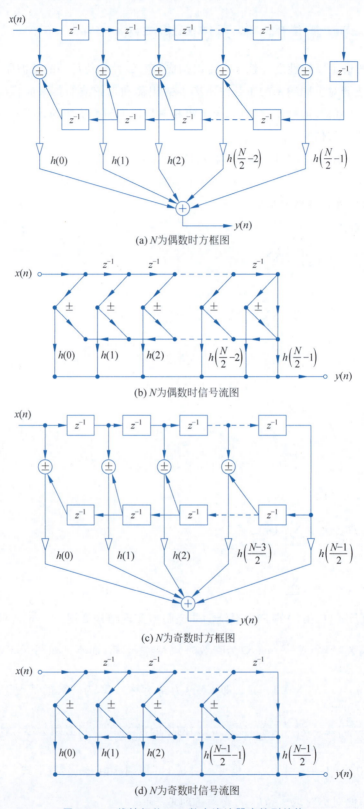

图 5.3.6 线性相位 FIR 数字滤波器直接型结构

5.3.4 频率采样型

系统函数 $H(z)$ 在单位圆上作 N 等分采样的采样值就是 $h(n)$ 的离散傅里叶变换 $H(k)$

$$H(k) = H(W_N^{-k}) = |H(k)| e^{j\theta(k)} = \sum_{n=0}^{N-1} h(n) e^{-j\frac{2\pi}{N}kn}$$

根据式(3.5.5)可得

$$H(z) = (1 - z^{-N}) \frac{1}{N} \sum_{k=0}^{N-1} \frac{H(k)}{1 - W_N^{-k} z^{-1}} \qquad (5.3.6)$$

由式(5.3.6)可见，FIR 系统可用一个子 FIR 系统 $(1 - z^{-N})$ 和一个子 IIR 系统 $\sum_{k=0}^{N-1} \dfrac{H(k)}{1 - W_N^{-k} z^{-1}}$ 级联实现，如图 5.3.7 所示。

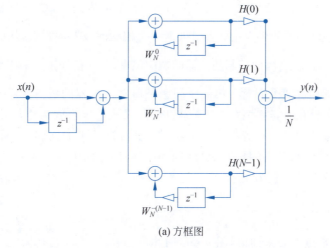

(a) 方框图

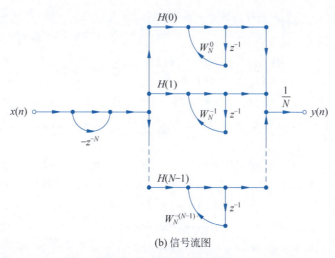

(b) 信号流图

图 5.3.7 频率采样型结构

子 FIR 系统 $(1 - z^{-N})$ 是一个由 N 节延迟单元组成的梳状滤波器，如图 5.3.8 所示。$(1 - z^{-N})$ 在单位圆上有 N 个等分的零点

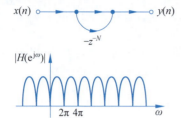

图 5.3.8 梳状滤波器的结构及频率响应幅度

$$1 - z^{-N} = 0$$

$$z_k = e^{j\frac{2\pi}{N}k}, \quad k = 0, 1, \cdots, N-1$$

梳状滤波器的频率响应

$$H(e^{j\omega}) = 1 - e^{-jN\omega}$$

其幅度特性为

$$|H(e^{j\omega})| = 2\left|\sin\left(\frac{N}{2}\omega\right)\right|$$

子 IIR 系统是 N 个 $\dfrac{H(k)}{1-W_N^{-k}z^{-1}}$ 型的分式和的形式，所以其实现采用了图 5.3.7 所示的并联结构。每个一阶网络 $\dfrac{H(k)}{1-W_N^{-k}z^{-1}}$ 在单位圆上有一个极点 $z_k = W_N^{-k} = e^{j\frac{2\pi}{N}k}$，因此网络对频率为 $\omega = \dfrac{2\pi}{N}k$ 的响应是 ∞，是一个谐振频率为 $\dfrac{2\pi}{N}k$ 的无耗谐振器。并联谐振器的极点正好各自抵消一个梳状滤波器的零点，从而使在频率点 $\omega = \dfrac{2\pi}{N}k$ 处的响应就是 $H(k)$。因此控制滤波器的响应很直接，这正是频率采样型结构的特点。

频率采样型结构有两个问题。第一个问题是所有谐振器的极点都在单位圆上，由系数 W_N^{-k} 决定，当系数量化时，这些极点会移动，因此，系统稳定裕度为零，实际上是不能用的。实践中将所有谐振器的极点设置在半径 r 小于 1 又接近于 1 的圆周上，而子 FIR 系统的零点又需和这些极点重合以互相抵消，故梳状滤波器的零点也移到 r 圆上，如图 5.3.9 所示。

实现修正后的系统函数为

$$H(z) = \frac{(1-r^N z^{-N})}{N}\sum_{k=0}^{N-1}\frac{H_r(k)}{1-rW_N^{-k}z^{-1}}$$

其中 $H_r(k)$ 是修正点上的采样值，因 $r \approx 1$，因此

$$H_r(k) = H(z)\big|_{z=rW_N^{-k}} = H(rW_N^{-k}) \approx H(W_N^{-k}) = H(k)$$

故

$$H(z) \approx \frac{(1-r^N z^{-N})}{N}\sum_{k=0}^{N-1}\frac{H(k)}{1-rW_N^{-k}z^{-1}} \quad (5.3.7)$$

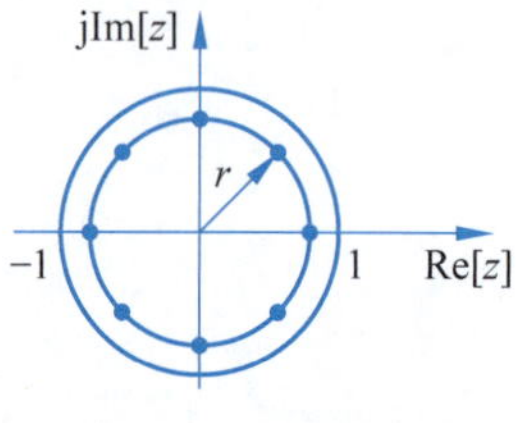

图 5.3.9 采样点改到 r 小于 1 或近似等于 1 的圆上

第二个问题：因 W_N^{-k} 及 $H(k)$ 都是复数，因此按图 5.3.7 结构实现 FIR 系统需要进行大量的复数运算，比实数运算复杂。但在系统的单位采样响应 $h(n)$ 为实序列时，可得到局部改善。

由第 3 章讨论的 DFT 奇偶对称特性可知，当时间函数是实函数时，频率函数的模是偶函数，而相角是奇函数，即

$$|H(k)| = |H(N-k)|$$
$$\theta(k) = -\theta(N-k)$$

或者表示为

$$H(k) = H^*(N-k) \quad k = 1, 2, \cdots, N-1$$

另外，为了使系数为实数，可将谐振器的共轭根合并。若谐振器的根为

$$z_k = W_N^{-k} = e^{j\frac{2\pi}{N}k}$$

与其对称的根 $W^{-(N-k)} = W_N^k = (W_N^{-k})^*$ 是共轭的。

综上所述,可将第 k 个及第 $N-k$ 个谐振器合并为一个二阶网络

$$H_k(z) \approx \frac{H(k)}{1-rW_N^{-k}z^{-1}} + \frac{H(N-k)}{1-rW_N^{-(N-k)}z^{-1}}$$

$$= \frac{H(k)}{1-rW_N^{-k}z^{-1}} + \frac{H^*(k)}{1-(W_N^{-k})^*z^{-1}}$$

$$= \frac{2|H(k)|\left\{\cos[\theta(k)] - rz^{-1}\cos\left[\theta(k) - \frac{2\pi k}{N}\right]\right\}}{1 - 2rz^{-1}\cos\frac{2\pi k}{N} + r^2 z^{-2}}, \quad 0 < k < \frac{N}{2}$$

此系统函数所对应的结构如图 5.3.10 所示,全部都是实数运算。

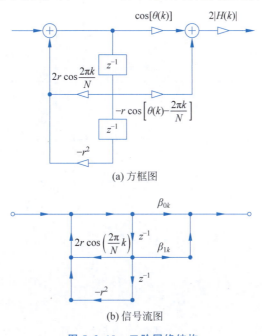

(a) 方框图

(b) 信号流图

图 5.3.10　二阶网络结构

可以发现,按照上述合并法,图 5.3.7 中的极点位于 W_N^0 的一阶网络 $H_0(z)$,与 N 为偶数时极点位于 $W_N^{-\frac{N}{2}}$ 的一阶网络 $H_{\frac{N}{2}}(z)$ 合并不了。

综上所述,改进后的总结构如图 5.3.11 所示。

当 N 为偶数时

$$H(z) = \frac{(1-r^N z^{-N})}{N}\left[\frac{H(0)}{1-rz^{-1}} + \frac{H\left(\frac{N}{2}\right)}{1+rz^{-1}} + \right.$$

$$\left. \sum_{k=1}^{\frac{N}{2}-1} \frac{2|H(k)|\left\{\cos[\theta(k)] - rz^{-1}\cos\left[\theta(k) - \frac{2\pi k}{N}\right]\right\}}{1 - 2rz^{-1}\cos\frac{2\pi k}{N} + r^2 z^{-2}}\right]$$

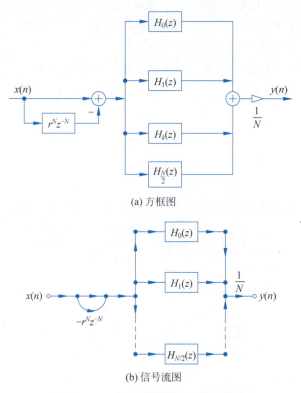

(a) 方框图

(b) 信号流图

图 5.3.11 修正后的频率采样型结构

其中

$$H_0(z) = \frac{H(0)}{1 - rz^{-1}}$$

$$H_{\frac{N}{2}}(z) = \frac{H\left(\frac{N}{2}\right)}{1 + rz^{-1}}$$

是一阶网络,其结构如图 5.3.12 所示。其余网络都是二阶的。

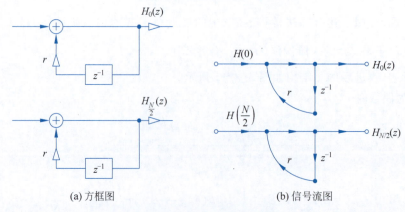

(a) 方框图 (b) 信号流图

图 5.3.12 实根一阶网络结构

当 N 为奇数时

只有一个 $H_0(z)$ 一阶网络。

一般来说，频率采样结构比较复杂，所需存储器及乘法器也比较多。但频率采样法也有其优点。由图 5.3.11 可见，每个二阶节均要乘以与频率采样值成比例的数值 $2|H(k)|$，如果这些值中某些是零（比如窄带低通或带通滤波器的情况），则对应的二阶节就可省去，从而使结构大为简化。另外，它的每个部分都具有很高的规范性，二阶节很多时，设计也并不复杂。

5.4 习题

1. 按照下面所给滤波器系统函数，求出该系统直接Ⅰ型和直接Ⅱ型两种形式的实现方案。

$$H(z) = \frac{3 + 3.6z^{-1} + 0.6z^{-2}}{1 + 0.1z^{-1} - 0.2z^{-2}}$$

2. 给出题 1 系统函数的级联和并联实现方案。

3. 用一阶节和二阶节的级联形式实现下面所给的系统函数。

$$H(z) = \frac{2(z-1)(z^2 + 1.4142136z + 1)}{(z+0.5)(z^2 - 0.9z + 0.81)}$$

4. 给出题 3 系统函数的并联实现方案。

5. (1) 确定出由下面差分方程所表示的系统的频率响应（幅度与相位）。

$$y(n) = 0.5y(n-1) + x(n) + x(n-1)$$

(2) 设采样频率为 1kHz，输入正弦波幅度为 10，频率为 100Hz，求稳态输出。

6. 用可编程序的计算器来对一组测量的随机数据 $x(n)$ 进行平均处理。当接收到一个测量数据以后，计算器算出这一测量数据与前 3 次测量数据的平均值，并计算出这一运算过程的频率响应。

7. 已知滤波器单位采样响应为

$$h(n) = \begin{cases} 0.2^n, & 0 \leqslant n \leqslant 5 \\ 0, & 其他 n \end{cases}$$

求 FIR 数字滤波器直接型结构。

8. 已知 FIR 数字滤波器的 6 个频率采样值为

$H(0) = 12, \quad H(1) = -3 - j\sqrt{3}$
$H(2) = 1 + j, \quad H(3) \sim H(13)$ 都为 0
$H(14) = 1 - j, \quad H(15) = -3 + j\sqrt{3}$

计算滤波器的频率采样结构，设选择修正半径 $r = 1$（即不修正极点位置）。

9. 已知 FIR 线性系统的系统函数为 $H(z) = \left(1 + \dfrac{1}{2}z^{-1}\right)(1 + 2z^{-1})\left(1 + \dfrac{1}{4}z^{-1}\right)(1 - 4z^{-1})$，画出下列每种类型的实现流程图。

(1) 级联型

(2) 直接型

(3) 线性相位型

(4) 频率采样型

10. 试求图 5.4.1 中两个网络的系统函数，并证明它们有相同的极点。

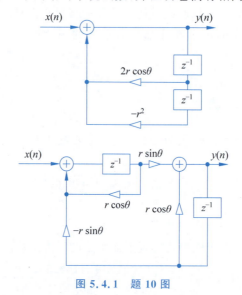

图 5.4.1　题 10 图

第6章　无限冲激响应数字滤波器设计

无限冲激响应数字滤波器是信号处理中常用的一种滤波器,其特点是具有无限长的脉冲响应。这意味着,当输入信号为一个单位脉冲时,滤波器的输出不仅仅在脉冲发生的时刻有响应,而且会持续响应一段时间,这个响应的持续时间是无限的。IIR 数字滤波器的这一特性使得它们在处理信号时具有一定的记忆性,即前面的输入会影响到后面的输出。

IIR 数字滤波器的工作原理基于差分方程,这种方程描述了滤波器的输入和输出之间的关系。在数字信号处理中,IIR 数字滤波器通过数值运算处理输入信号,改变信号中不同频率成分的相对比例,或者滤除某些不需要的频率成分。IIR 数字滤波器的设计通常基于模拟滤波器原型,通过模拟-数字转换技术(如双线性变换法)来实现。

IIR 数字滤波器的结构可以分为直接型、级联型和并联型 3 种基本形式。直接型是最基本的 IIR 结构,包含输入部分和输出部分,通过反馈连接实现滤波功能;级联型由多个直接型滤波器串联组成,调整零极点结构方便,运算误差较小,但误差会逐级积累;并联型由多个滤波器并联组成,子系统的误差不相互影响,可以单独调整极点,但不能调整零点。

IIR 数字滤波器在多个领域有着广泛的应用。在医疗信号处理中,利用 IIR 数字滤波器滤除脉搏信号中的干扰,以便更准确地分析脉搏波形;在电力系统中,IIR 数字滤波器可用于滤除谐波,保障基波传输的质量;在模拟人耳的听觉特性的应用中,IIR 数字滤波器可用于声级器中,修正声音信号,使其对不同频率信号具有类似于人耳的灵敏度;在砌块成型机中,通过 IIR 数字滤波器对振台振动信号进行滤波,以提高砌块的质量。IIR 数字滤波器因其高效的频率选择性和较低的计算复杂度,在许多实际应用中具有优势。然而,它们也存在一些局限性,比如相位失真在某些对相位要求较高的应用中会成为问题,在这种情况下,可以在 IIR 数字滤波器后加入相位校准网络来改善相位特性。总的来说,IIR 数字滤波器是数字信号处理中一个非常重要和有用的工具。

IIR 数字滤波器的设计过程归纳为 4 个步骤,而设计任务的中心是求得系统函数。IIR 数字滤波器的系统函数一般形式为

$$H(z)=\frac{\sum_{r=0}^{M}b_r z^{-r}}{1-\sum_{k=1}^{N}a_k z^{-k}}=A\frac{\prod_{i=1}^{M}(1-c_i z^{-1})}{\prod_{i=1}^{N}(1-d_i z^{-1})} \quad (6.1.1)$$

本节讨论的所有设计都假设 $M \leqslant N$。

数字滤波器的系统函数有 3 个主要特性,即幅度平方响应、相位响应及群延迟。这是因为系统函数是 ω 的复函数的缘故。幅度平方响应定义为

$$|H(\mathrm{e}^{\mathrm{j}\omega})|^2 = |H(z)H(z^{-1})|_{z=\mathrm{e}^{\mathrm{j}\omega}} \tag{6.1.2}$$

在设计 IIR 数字滤波器时,当只需幅度逼近而不考虑相位时,根据幅度平方响应进行设计很方便。滤波器的设计问题就成为求出一组系数 a_k 和 b_r,或者零点 c_i 和极点 d_i 的问题,以使得在规定的条件下,如最小均方误差、最大误差最小化等时,滤波器的响应,如时间响应、频率响应、群延迟等逼近给定的特性。如果在 s 域求解,则逼近为模拟滤波器;如果在 z 域求解,则逼近为数字滤波器。

设计 IIR 数字滤波器的方法有 3 种:

方法 1:先设计一个合适的模拟滤波器,然后将其数字化,即将 s 平面映射到 z 平面得到所需的数字滤波器。模拟滤波器的设计技巧非常成熟,不仅得到的是闭合形式的公式,而且设计系数已经表格化了。因此,由模拟滤波器设计数字滤波器的方法准确、简便,得到普遍的应用。应该指出,IIR 数字滤波器的设计本质上并不取决于模拟滤波器的设计。

方法 2:在 z 平面直接设计 IIR 数字滤波器,给出闭合形式的公式,或是以所希望的滤波器响应作为依据,直接在 z 平面通过多次选定极点和零点的位置,以逼近该响应。

方法 3:是利用最优化技术设计参数,选定极点和零点在 z 平面上的合适位置,在某种最优化准则意义上逼近所希望的响应。但一般不能得到滤波器系数(即零、极点位置)作为给定响应的闭合形式函数表达式。最优化设计法需要完成大量的迭代运算,这种设计法实际上也是 IIR 数字滤波器的直接设计。

下文着重介绍由模拟滤波器设计相应的 IIR 数字滤波器的方法。

视频讲解

6.1 模拟原型滤波器

为了从模拟滤波器设计 IIR 数字滤波器,必须先设计一个满足技术指标的模拟原型滤波器。设计模拟原型有多种办法,如模拟低通逼近有巴特沃斯(Butterworth)滤波器、切比雪夫(Chebyshev)滤波器或椭圆(Elliptic)滤波器。低通滤波器是最基本的,至于高通、带通、带阻等滤波器可以用频率变换的方法,由低通型变换得到。

模拟滤波器的设计就是要将一组规定的设计要求,转换为相应的模拟系统函数使其逼近某个理想滤波器的特性,例如逼近图 6.1.1 所示的理想低通滤波器的特性。这种逼近是根据幅度平方函数来确定的。

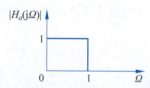

图 6.1.1 理想低通滤波器特性

模拟滤波器幅度响应常采用幅度平方函数 $A^2(\Omega)$ 表示。

$$A^2(\Omega) = |H_a(\mathrm{j}\Omega)|^2$$
$$= H_a(s)H_a(-s)|_{s=\mathrm{j}\Omega} \tag{6.1.3}$$

式中,$H_a(s)$ 是模拟滤波器的系统函数,它是 s 的有理函数。$H_a(\mathrm{j}\Omega)$ 是其稳态响应,又称为滤波器的频率特性。$|H_a(\mathrm{j}\Omega)|$ 是滤波器的稳态振幅特性。

从模拟滤波器变换为数字滤波器是从 $H_a(\mathrm{j}\Omega)$ 开始的,为此必须由已知 $A^2(\Omega)$ 求得

$H_a(s)$。这就要将式(6.1.3)与 s 平面的解释联系起来。设 $H_a(s)$ 有一个临界频率(极点或零点)位于 $s=s_0$，则 $H_a(-s)$ 必有一个相应的临界频率位于 $s=-s_0$，当 $H_a(s)$ 的临界频率落在 $-a\pm jb$ 位置时，则 $H_a(-s)$ 相应的临界频率必落在 $-a\mp jb$ 的位置。应该指出，纯虚数的临界频率必然是二阶的。在 s 平面上，上述临界频率的特性如图 6.1.2 所示。所得到的对称形式称为象限对称。图中在 $j\Omega$ 轴上零点处所标的数表示零点的阶次是二阶的。

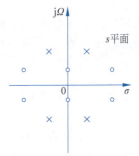

图 6.1.2 $H_a(s)$ 和 $H_a(-s)$ 象限对称的零极点分布

任何实际的滤波器都是稳定的，因此，极点必落于 s 平面的左半平面。所以落于左半平面的极点都属于 $H_a(s)$，落于右半平面的极点属于 $H_a(-s)$。

零点的分布与滤波器的相位特性有关。如果要求最小相位特性，则应选取 s 平面左半平面的零点。如果要求具有特殊相位的滤波器，则可以按各种不同的组合来分配左半平面和右半平面内的零点。

综上所述，可归纳出由 $A^2(\Omega)$ 确定系统函数的方法。

(1) 根据式(6.1.3)，将 $\Omega^2=-s^2$ 代入 $A^2(\Omega)$ 中，即得 $-s$ 平面函数。

(2) 将 $A^2(\Omega)$ 的分子多项式和分母多项式分解为因子形式，得到零点和极点。若系统函数是最小相位函数，则 s 平面内左半平面的极点和零点都属于 $H_a(s)$ 的极点和零点，而任何 $j\Omega$ 轴上的零点和极点都是偶次的，其中一半属于 $H_a(s)$。

(3) 根据具体情况，对比 $A(\Omega)$ 与 $H_a(s)$ 的低频或高频特性就可以确定出增益常数。

(4) 求出零、极点及增益常数后，便可得到系统函数 $H_a(s)$。

下文介绍两种常用的模拟低通滤波器特性。有关模拟高通、带通、带阻滤波器的内容，在 IIR 数字滤波器频率变换这部分介绍。

6.1.1 巴特沃斯滤波器

巴特沃斯模拟滤波器幅度平方函数的形式是

$$A^2(\Omega)=|H_a(j\Omega)|^2=\frac{1}{1+\left(\dfrac{j\Omega}{j\Omega_c}\right)^{2N}} \tag{6.1.4}$$

式中，N 为整数，是滤波器的阶次。Ω_c 定义为截止频率，当 $\Omega=\Omega_c$ 时，$A^2(\Omega)=\dfrac{1}{2}$ 或 $|H_a(j\Omega)|=\dfrac{1}{\sqrt{2}}$，这相当于 3.01dB 的衰减，所以 Ω_c 又称为 3dB 带宽。巴特沃斯滤波器在通带中有最大平坦的振幅特性，这就是说，N 阶低通滤波器在 $\Omega=0$ 处幅度平方函数的前 $(2N-1)$ 阶导数等于零，在止带内的逼近是单调变化的。

巴特沃斯滤波器的特性完全由其阶数 N 决定，当 N 增大时，滤波器的特性曲线变得更陡峭，虽然式(6.1.4)决定了在 $\Omega=\Omega_c$ 处的幅度函数总是 $1/\sqrt{2}$，但是它们将在通带的更大范围内接近于 1，在止带内更迅速地接近于零，因而振幅特性更接近于理想的矩形频率特性。巴特沃斯滤波器的振幅特性对阶数 N 的依赖关系如图 6.1.3 所示。

$$H_a(s)H_a(-s) = \frac{1}{1+\left(\frac{s}{j\Omega_c}\right)^{2N}} \qquad (6.1.5)$$

所以巴特沃斯滤波器属于全极点设计,即 $H_a(s)$ 的零点全在 $s=\infty$ 处。于是幅度平方函数的各极点为

$$s_p = (-1)^{\frac{1}{2N}}(j\Omega_c) = \Omega_c e^{j\pi\left[\frac{1}{2}+\frac{2p-1}{2N}\right]}, \quad p=1,2,\cdots,2N$$

它分布在 s 平面半径为 Ω_c 的圆(称为巴特沃斯圆)上,共有 $2N$ 个角度间隔是 π/N 弧度的极点。例如 $N=3$ 时,极点间隔为 $\pi/3$ 弧度或 $60°$。极点对虚轴是对称的,且不会落在虚轴上。当 N 是奇数时,实轴上有极点;当 N 是偶数时,实轴上没有极点。

由 $A^2(\Omega)$ 在 s 平面左半平面的巴特沃斯圆上的极点可以直接写出滤波器的系统函数为

$$H_a(s) = \frac{K_0}{\prod_{k=1}^{N}(s-s_k)} \qquad (6.1.6)$$

式中,K_0 为归一化常数,由它的低频特性决定。而 s 平面左半平面巴特沃斯圆上极点为

$$s_k = \Omega_c e^{j\pi\left(\frac{1}{2}+\frac{2k-1}{2N}\right)}, \quad k=1,2,\cdots,N \qquad (6.1.7)$$

低阶巴特沃斯滤波器的系统函数如表 6.1.1 所示。

表 6.1.1 低阶巴特沃斯滤波器的系统函数

阶 次	系统函数 $H_a(s)$
1	$\dfrac{\Omega_c}{s+\Omega_c}$
2	$\dfrac{\Omega_c^2}{s^2+\sqrt{2}\Omega_c s+\Omega_c^2}$
3	$\dfrac{\Omega_c^3}{s^3+2\Omega_c s^2+2\Omega_c^2 s+\Omega_c^3}$
4	$\dfrac{\Omega_c^4}{s^4+2.613\Omega_c s^3+3.414\Omega_c^2 s^2+2.613\Omega_c^3 s+\Omega_c^4}$
5	$\dfrac{\Omega_c^5}{s^5+3.236\Omega_c s^4+5.236\Omega_c^2 s^3+5.236\Omega_c^3 s^2+3.236\Omega_c^4 s+\Omega_c^5}$
6	$\dfrac{\Omega_c^6}{s^6+3.863\Omega_c s^5+7.464\Omega_c^2 s^4+9.141\Omega_c^3 s^3+7.464\Omega_c^4 s^2+3.863\Omega_c^5 s+\Omega_c^6}$

若在 $\Omega > \Omega_c$ 范围内选一个 Ω_s 作为阻带的起始点,则有

$$A^2(\Omega_s) = \frac{1}{1+\left(\dfrac{\Omega_s}{\Omega_c}\right)^{2N}} \qquad (6.1.8)$$

当衰减值 $A^2(\Omega_s)$ 和 Ω_c 给定时,即可由式(6.1.8)求出 Ω_s 的值(当阶次 N 为已知时)或求出 N(当 Ω_s 为已知时);或者当 Ω_c、N 及 Ω_s 已知时,可以求出 $A^2(\Omega_s)$ 的值。

【例 6.1】 （a）绘制巴特沃斯模拟滤波器振幅特性对阶数的依赖关系图。

```python
import numpy as np
import matplotlib.pyplot as plt
plt.rcParams['font.sans-serif'] = ['SimHei']        # 设置中文字体为黑体
from scipy.signal import buttap, freqs

# 设置滤波器阶数范围
N = 6
orders = np.arange(1, N + 1)

# 创建一个用于绘制频率响应的等间距归一化频率数组
# 这里使用 0 到 pi 的范围,但将其归一化为 0~1
w = np.linspace(0, np.pi, 1000) / np.pi

# 初始化一个图表
plt.figure()

# 循环遍历每个阶数,计算并绘制频率响应
for n in orders:
    # 设计巴特沃斯滤波器(获取零点、极点和增益)
    # 注意:对于模拟滤波器,buttap 的 Wn 参数默认为 1(归一化截止频率)
    z, p, k = buttap(n)

    # 由于 buttap 返回的是归一化的零点和极点,可以直接使用它们来计算频率响应
    # 无须将零点和极点转换为传递函数的系数(b 和 a)
    # 但是,为了使用 freqs 函数,需要将零点和极点转换为系数
    b, a = zpk2tf(z, p, k)

    # 计算频率响应
    _, h = freqs(b, a, worN = w * np.pi)    # 注意:这里应该直接使用 w,但由于旧用法,需要乘
                                            # 以 np.pi 来得到角频率
    # 在新版本的 scipy 中,应该这样使用 freqs 函数:
    # _, h = freqs(b, a, w * np.pi)         # 乘以 np.pi 是因为之前将 w 归一化了

    # 计算振幅并归一化(对于巴特沃斯滤波器,归一化可能是多余的)
    mag = np.abs(h) / np.abs(h[0])          # 如果需要的话,可以通过除以 DC 增益来归一化

    # 绘制当前阶数的振幅特性
    plt.plot(w, mag, label = f"N = {n}")

# 设置图表标题和图例
plt.title('巴特沃斯滤波器振幅特性对阶数 N 的依赖关系(归一化频率)')
plt.xlabel('Normalized Frequency (ω/π)')
plt.ylabel('Amplitude')
plt.legend()
plt.grid(True)

# 显示图表
plt.show()
```

程序运行结果如图 6.1.3 所示。

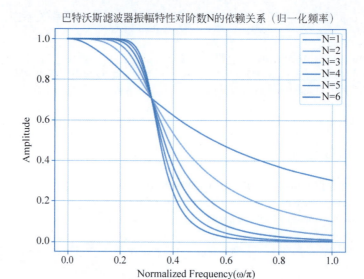

图 6.1.3　巴特沃斯滤波器振幅特性对阶数 N 的依赖关系

(b) 绘制 3 阶巴特沃斯模拟滤波器零极点图。

```python
import numpy as np
import matplotlib.pyplot as plt
plt.rcParams['font.sans-serif'] = ['SimHei']        # 设置中文字体为黑体
from scipy.signal import butter

# 设计一个3阶巴特沃斯滤波器
n = 3                                               # 滤波器阶数
Wn = 1                                              # 截止频率,这里设为归一化值1
b, a = butter(n, Wn, analog=True)                   # 获取滤波器系数,analog=True 表示模拟滤波器

# 计算滤波器的极点和零点
poles = np.roots(a)                                 # a是滤波器的分母多项式系数,其根即为极点
zeros = np.roots(b)                                 # b是滤波器的分子多项式系数,其根即为零点(对于巴特
                                                    # 沃斯滤波器,零点通常在原点)

# 绘制零极点图
plt.figure(figsize=(8, 8))                          # 设置图表大小
plt.scatter(np.real(zeros), np.imag(zeros), color='green', marker='o',
    label='Zeros', zorder=5)                        # 绘制零点
plt.scatter(np.real(poles), np.imag(poles), color='red', marker='x',
    label='Poles', zorder=5)                        # 绘制极点

# 绘制单位圆(对于归一化频率而言)
unit_circle = plt.Circle((0, 0), 1, edgecolor='blue', facecolor='none',
    linestyle='--', label='Unit Circle')
plt.gca().add_artist(unit_circle)

# 设置坐标轴范围以显示完整的图
plt.axis('equal')                                   # 设置坐标轴等比例

plt.xlim(-1.5, 1.5)
plt.ylim(-1.5, 1.5)
```

```
# 设置图表标题和坐标轴标签
plt.title('Pole-Zero Plot of a 3rd-Order Butterworth Analog Filter')
plt.xlabel('Real Axis')
plt.ylabel('Imaginary Axis')
plt.grid(True)              # 显示网格
plt.legend()                # 显示图例

# 显示图表
plt.show()
```

程序运行结果如图 6.1.4 所示。

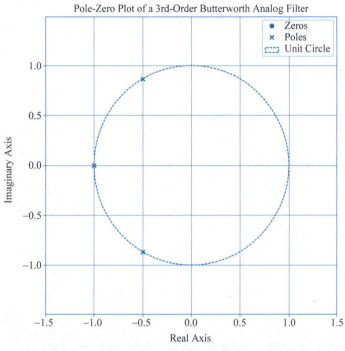

图 6.1.4　3 阶巴特沃斯模拟滤波器零极点图

6.1.2　切比雪夫滤波器

巴特沃斯滤波器的频率特性曲线,无论在通带中还是阻带中都是频率的单调函数。因此,当通带的边界处满足指标要求时,通带内肯定会有裕量。所以更有效的设计方法应该是将精确度均匀地分布在整个通带或阻带内,或者同时分布在两者之内,这样就可用阶数较低的系统满足要求。这可通过选择具有等波纹特性的逼近函数来达到。

切比雪夫滤波器的振幅特性就具有这种等波纹特性。它有两种形式:振幅特性在通带内是等波纹的,在阻带内是单调的称为切比雪夫Ⅰ型滤波器;振幅特性在通带内是单调的,在阻带内是等波纹的称为切比雪夫Ⅱ型滤波器。采用何种形式的切比雪夫滤波器取决于实际用途。

下文介绍切比雪夫Ⅰ型滤波器,其幅度平方函数为

$$A^2(\Omega) = |H_a(j\Omega)|^2 = \frac{1}{1+\varepsilon^2 c_N^2\left(\dfrac{\Omega}{\Omega_c}\right)} \tag{6.1.9}$$

ε 为小于 1 的正数，表示通带内振幅波动的程度。ε 越大，波动也越大。Ω/Ω_c 为 Ω 对 Ω_c 的归一化频率，Ω_c 为截止频率，也是滤波器的通带宽度。$C_N(x)$ 是 N 阶切比雪夫多项式，定义为

$$C_N(x) = \begin{cases} \cos(N\arccos x), & 0 < x \leqslant 1 \\ \cosh(N\mathrm{arccosh}\,x), & x \geqslant 1 \end{cases} \tag{6.1.10}$$

式(6.1.10)可展开为多项式。

当 $N=0$ 时，$C_0(x)=1$；

当 $N=1$ 时，$C_1(x)=x$；

当 $N=2$ 时，$C_2(x)=2x^2-1$；

当 $N=3$ 时，$C_3(x)=4x^3-3x$；

由此可归纳出高阶切比雪夫多项式的递推公式为

$$\begin{cases} C_0(x) = 1 \\ C_1(x) = x \\ C_{N+1}(x) = 2xC_N(x) - C_{N-1}(x) \quad N \geqslant 1 \end{cases} \tag{6.1.11}$$

切比雪夫多项式的性质如下。

(1) 切比雪夫多项式的零值在 $0<x<1$ 的间隔内。

(2) $|C_N(x)| \leqslant 1, x \leqslant 1$。即在 $x \leqslant 1$ 时，该多项式具有等波纹幅度特性。

(3) 在 $x \leqslant 1$ 的区间之外，$C_N(x)$ 是双曲余弦函数，随 x 增加而单调地增加。

再看函数 $\varepsilon^2 C_N^2(x)$。ε 是小于 1 的实数，$\varepsilon^2 C_N^2(x)$ 的值在 $x \leqslant 1$ 之内将在 $0 \sim \varepsilon^2$ 之间改变。而函数 $1+\varepsilon^2 C_N^2(x)$ 的值在 $x \leqslant 1$ 时，将在 $1 \sim 1+\varepsilon^2$ 之间变化。然后 $1+\varepsilon^2 C_N^2(x)$ 将变成倒数，即得如式(6.1.9)所示的切比雪夫 I 型滤波器幅度平方函数。

由上所述可见，在 $\Omega/\Omega_c \leqslant 1$ 即 $0 \leqslant \Omega \leqslant \Omega_c$ 时，$|H_a(\mathrm{j}\Omega)|^2$ 在接近 1 处振荡，其最大值为 1，最小值为 $\dfrac{1}{1+\varepsilon^2}$。在此范围之外，随 Ω/Ω_c 增大，$\varepsilon^2 C_N^2(x) \gg 1$，则 $|H(\mathrm{j}\Omega)|^2$ 很快接近于零。切比雪夫 I 型滤波器的振幅特性如图 6.1.6 所示。振幅特性 $|H_a(\mathrm{j}\Omega)|^2$ 的起伏为 $1-\dfrac{1}{\sqrt{1+\varepsilon^2}}$，因 $C_N^2(1)=1$，在 $\Omega=\Omega_c$ 时，$|H_a(\mathrm{j}\Omega)|^2 = \dfrac{1}{\sqrt{1+\varepsilon^2}}$。

由式(6.1.9)可见，确定切比雪夫滤波器特性需要 3 个参数（ε、Ω_c 及 N）。下文研究如何确定这 3 个参数。

为确定 ε，先定义通带波纹 δ（以 dB 表示）为

$$\delta = 10\log_{10} \frac{|H_a(\mathrm{j}\Omega)|^2_{\max}}{|H_a(\mathrm{j}\Omega)|^2_{\min}} = 20\log_{10} \frac{|H_a(\mathrm{j}\Omega)|_{\max}}{|H_a(\mathrm{j}\Omega)|_{\min}} \tag{6.1.12}$$

这里 $|H_a(\mathrm{j}\Omega)|_{\max}$ 及 $|H_a(\mathrm{j}\Omega)|_{\min}$ 是幅度响应的最大值和最小值，且 $|H_a(\mathrm{j}\Omega)|^2_{\max}=1$，$|H_a(\mathrm{j}\Omega)|^2_{\min} = \dfrac{1}{1+\varepsilon^2}$。这样，由式(6.1.12)便可得到 $\delta=10\log_{10}(1+\varepsilon^2)$，因而

$$\varepsilon^2 = 10^{\frac{\delta}{10}} - 1 \tag{6.1.13}$$

阶数 N 等于通带内最大和最小值个数的总和，如果 N 是奇数，则在 $\Omega=0$ 处有一最大

值,如果 N 是偶数,则在 $\Omega=0$ 处为一最小值(见图6.1.6)。

根据式(6.1.9),由阻带起始点 Ω_s 处的关系可以求出切比雪夫滤波器的阶数

$$A^2(\Omega_s) = \frac{1}{1 + \varepsilon^2 C_N^2\left(\frac{\Omega_s}{\Omega_c}\right)} \tag{6.1.14}$$

由于 $\Omega_s/\Omega_c > 1$,所以按式(6.1.10)的第二式定义有

$$C_N\left(\frac{\Omega_s}{\Omega_c}\right) = \cosh\left[N\operatorname{arcosh}\left(\frac{\Omega_s}{\Omega_c}\right)\right] = \frac{1}{\varepsilon}\sqrt{\frac{1}{A^2(\Omega_s)} - 1}$$

可以解得

$$N = \frac{\operatorname{arcosh}\left[\frac{1}{\varepsilon}\sqrt{\frac{1}{A^2(\Omega_s)} - 1}\right]}{\operatorname{arcosh}\left(\frac{\Omega_s}{\Omega_c}\right)} \tag{6.1.15}$$

或对 Ω_s 求解得

$$\Omega_s = \Omega_c \cosh\left\{\frac{1}{N}\operatorname{arcosh}\left[\frac{1}{\varepsilon}\sqrt{\frac{1}{A^2(\Omega_s)} - 1}\right]\right\} \tag{6.1.16}$$

Ω_c 是切比雪夫滤波器的通带宽度,但不是3dB带宽,一般是预先给定的。3dB带宽 Ω_{3dB} 应由下式决定

$$A^2(\Omega_{3dB}) = |H_a(j\Omega_{3dB})|^2 = \frac{1}{2} \tag{6.1.17}$$

由式(6.1.17)得

$$\varepsilon^2 C_N^2\left(\frac{\Omega_{3dB}}{\Omega_c}\right) = 1$$

通常可认为 $\frac{\Omega_{3dB}}{\Omega_c} > 1$。

因此

$$C_N\left(\frac{\Omega_{3dB}}{\Omega_c}\right) = \pm\frac{1}{\varepsilon} = \cosh\left[N\operatorname{arcosh}\left(\frac{\Omega_{3dB}}{\Omega_c}\right)\right]$$

取正号并解得

$$\Omega_{3dB} = \Omega_c \cosh\left[\frac{1}{N}\operatorname{arcosh}\left(\frac{1}{\varepsilon}\right)\right]$$

ε、N、Ω_c 数值确定之后,就可求出滤波器的极点,确定 $H_a(s)$。设滤波器的系统函数 $H_a(s)$ 的极点(由 $1 + \varepsilon^2 c_N^2\left(\frac{s}{j\Omega_c}\right) = 0$ 决定)为

$$s_i = \sigma_i + j\Omega_i$$

则可证明

$$\begin{cases} \sigma_i = -\Omega_c \sinh\xi \sin\left(\frac{2i-1}{2N}\pi\right) \\ \Omega_i = \Omega_c \cosh\xi \cos\left(\frac{2i-1}{2N}\pi\right) \end{cases} \quad i = 1, 2, \cdots, N \tag{6.1.18}$$

式中，

$$\xi = \frac{1}{N}\text{arsinh}\left(\frac{1}{\varepsilon}\right)$$

若将式(6.1.18)中的 σ_i 除以 $\Omega_c \sinh\xi$，Ω_i 除以 $\Omega_c \cosh\xi$ 并求它们平方和，即得

$$\frac{\sigma_i^2}{\Omega_c^2 \sinh^2\xi} + \frac{\Omega_i^2}{\Omega_c^2 \cosh^2\xi} = 1 \tag{6.1.19}$$

因具有相同总量的双曲余弦总大于双曲正弦，所以式(6.1.19)是长半轴为 $\Omega_c \cosh\xi$（在虚轴上），和短半轴为 $\Omega_c \sinh\xi$（在实轴上）的椭圆方程。

若令

$$\begin{cases} b\Omega_c = \cosh\left(\frac{1}{N}\text{arsinh}\frac{1}{\varepsilon}\right)\Omega_c \\ a\Omega_c = \sinh\left(\frac{1}{N}\text{arsinh}\frac{1}{\varepsilon}\right)\Omega_c \end{cases}$$

经过推导，可得出确定 a 和 b 的公式如下

$$a = \frac{1}{2}(\alpha^{\frac{1}{N}} - \alpha^{-\frac{1}{N}}) \tag{6.1.20}$$

$$b = \frac{1}{2}(\alpha^{\frac{1}{N}} + \alpha^{-\frac{1}{N}}) \tag{6.1.21}$$

式中，

$$\alpha = \frac{1}{\varepsilon} + \sqrt{\frac{1}{\varepsilon^2} + 1} \tag{6.1.22}$$

因此切比雪夫滤波器的极点，就是一组分布在以 $b\Omega_c$ 为长轴，$a\Omega_c$ 为短轴的椭圆上的点。图 6.1.5 给出了 $N=3$ 的 3 阶切比雪夫滤波器的幅度平方函数 $A^2(\Omega)$ 的极点分布。其中左半平面的极点是 $H_a(s)$ 的极点。求得 $H_a(s)$ 的极点 s_i 后即可求得切比雪夫滤波器的系统函数为

$$H_a(s) = \frac{c}{\prod_{i=1}^{N}(s - s_i)} \tag{6.1.23}$$

增益常数 c 可由对比 $A(\Omega)$ 与 $H_a(s)$ 的低频或高频特性确定。

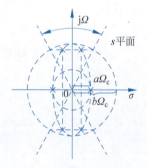

图 6.1.5 3 阶切比雪夫滤波器的极点位置

图 6.1.5 中的虚线表示如何利用几何法求解切比雪夫滤波器的极点。首先考察在以 $b\Omega_c$ 为半径的大圆和以 $a\Omega_c$ 为半径的小圈上按等角间隔 π/N 均匀分布的诸点。这些点与虚轴对称，并且没有一点落在虚轴上。N 为奇数时这些点之一落在实轴上，N 为偶数时，则实轴上也没有极点。然后通过大圆上的这些等角间隔均匀分布的诸点作实轴的平行线，再通过小圆上的等角间隔均匀分布的诸点作虚轴方向的平行线，两组互相垂直的平行线的交点，就是切比雪夫滤波器的极点位置。关于切比雪夫Ⅱ型滤波器，限于篇幅，这里就不作介绍了。

【例6.2】

(a) 绘制切比雪夫滤波器多项式图-Ⅰ型。

```
import numpy as np
import matplotlib.pyplot as plt
from scipy.special import chebyt

x = np.linspace(0, 3, 500)
plt.figure(figsize = (8, 6))

for n in range(5):
    plt.plot(x, chebyt(n)(x), label = f'T_{n}(x)')

plt.axis([0, 3, -2, 4])
plt.xlabel('x')
plt.ylabel('T_n(x)')
plt.legend(loc = 'best')
plt.title('Chebyshev Type I Polynomial')
plt.grid()
plt.show()
```

运行程序,结果如图6.1.6所示。

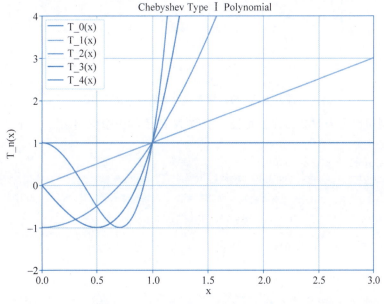

图6.1.6　切比雪夫滤波器多项式图-Ⅰ型

(b) 绘制切比雪夫滤波器多项式图-Ⅱ型。

```
import numpy as np
import matplotlib.pyplot as plt
from scipy.special import chebyu

x = np.linspace(0, 3, 500)
plt.figure(figsize = (8, 6))

for n in range(5):
    plt.plot(x, chebyu(n)(x), label = f'U_{n}(x)')
```

```python
plt.axis([0, 3, -2, 4])
plt.xlabel('x')
plt.ylabel('U_n(x)')
plt.legend(loc = 'best')
plt.title('Chebyshev Type Ⅱ Polynomial')
plt.grid()
plt.show()
```

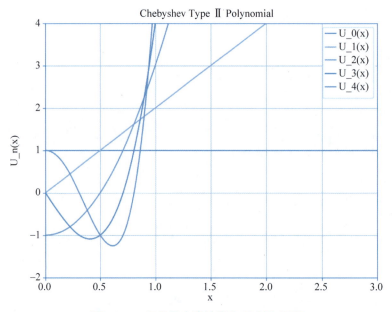

图 6.1.7　切比雪夫滤波器多项式图-Ⅱ型

（c）绘制切比雪夫滤波器振幅特性对阶数 N 的依赖关系图-Ⅰ型。

```python
import numpy as np
import matplotlib.pyplot as plt
from scipy.signal import cheb1ap, zpk2tf, freqs

N = 6
str = ["N = 1", "N = 2", "N = 3", "N = 4", "N = 5", "N = 6"]

plt.figure(figsize = (10, 8))

for n in range(1, N + 1):
    z, p, k = cheb1ap(n, 3)
    num, den = zpk2tf(z, p, k)
    w = np.linspace(0, np.pi, 1000)
    h = freqs(num, den, w)
    
    if n % 2 == 1:                       # 奇数
        plt.subplot(2, 1, 1)
        plt.plot(w/np.pi, np.abs(h[1])/np.abs(h[1][0]))
        plt.xlabel('Frequency')
        plt.ylabel('Magnitude')
        plt.title('Chebyshev Type I Filter Amplitude Response vs. Order N - Odd N')
        plt.legend(str[0::2])
        plt.grid()
    else:                                # 偶数
        plt.subplot(2, 1, 2)
```

```
        plt.plot(w/np.pi, np.abs(h[1])/np.abs(h[1][0]))
        plt.xlabel('Frequency')
        plt.ylabel('Magnitude')
        plt.title('Chebyshev Type I Filter Amplitude Response vs. Order N - Even N')
        plt.legend(str[1::2])
        plt.grid()

plt.tight_layout()
plt.show()
```

程序运行结果如图 6.1.8 所示。

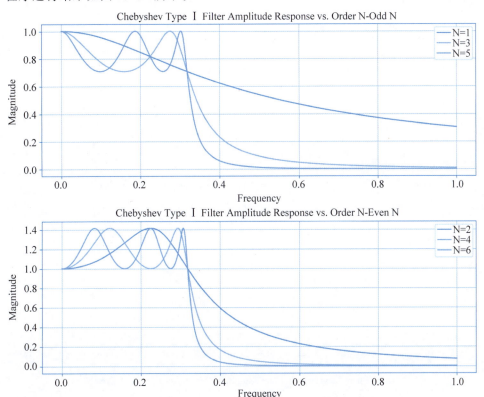

图 6.1.8 切比雪夫滤波器振幅特性对阶数 N 的依赖关系图-Ⅰ型

(d) 绘制切比雪夫滤波器振幅特性对阶数 N 的依赖关系图-Ⅱ型。

```
import numpy as np
import matplotlib.pyplot as plt
from scipy.signal import cheb2ap, zpk2tf, freqs

N = 6
str = ["N = 1", "N = 2", "N = 3", "N = 4", "N = 5", "N = 6"]

plt.figure(figsize = (10, 8))

for n in range(1, N + 1):
    z, p, k = cheb2ap(n, 3)
    num, den = zpk2tf(z, p, k)
    w = np.linspace(0, np.pi, 1000)
    h = freqs(num, den, w)
```

```python
        mag = np.abs(h[1])/np.abs(h[1][0])

        if n % 2 == 1:  # 奇数
            plt.subplot(2, 1, 1)
            plt.plot(w/np.pi, mag)
            plt.xlabel('Frequency')
            plt.ylabel('Magnitude')
            plt.title('Chebyshev Type Ⅱ Filter Amplitude Response vs. Order N - Odd N')
            plt.legend(str[0::2])
            plt.grid()
        else:  # 偶数
            plt.subplot(2, 1, 2)
            plt.plot(w/np.pi, mag)
            plt.xlabel('Frequency')
            plt.ylabel('Magnitude')
            plt.title('Chebyshev Type Ⅱ Filter Amplitude Response vs. Order N - Even N')
            plt.legend(str[1::2])
            plt.grid()

plt.tight_layout()
plt.show()
```

程序运行结果如图 6.1.9 所示。

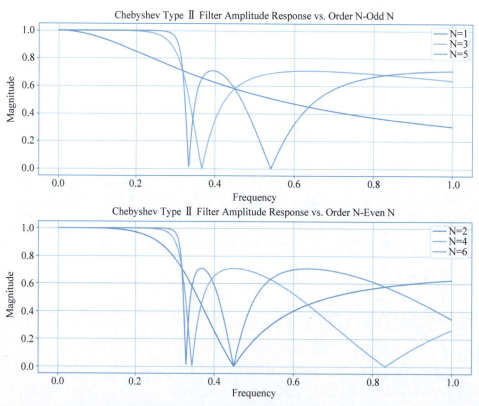

图 6.1.9 切比雪夫滤波器振幅特性对阶数 N 的依赖关系图-Ⅱ型

(e) 绘制巴特沃斯-切比雪夫滤波器幅度平方函数特性比较图。

```python
import numpy as np
import matplotlib.pyplot as plt
from scipy.signal import buttap, cheb1ap, zpk2tf, freqs
```

```python
n = 4
strs = ["N = 4 巴特沃斯", "N = 4 切比雪夫 - I"]

plt.figure(figsize = (8, 6))

# 巴特沃斯滤波器
z, p, k = buttap(n)
num, den = zpk2tf(z, p, k)
w = np.linspace(0, np.pi, 1000)
h = freqs(num, den, w)
mag = np.abs(h[1])/np.abs(h[1][0])        # 获取幅度响应并归一化
plt.plot(w/np.pi, mag, label = strs[0])

# 切比雪夫 - I 滤波器
Rp = 1
n_values = [1, 3]
for n in n_values:
    z, p, k = cheb1ap(n, Rp)
    num, den = zpk2tf(z, p, k)
    h = freqs(num, den, w)
    max_h = h[1]
    mag = np.abs(max_h)/np.abs(max_h[0])        # 获取幅度响应并归一化
    plt.plot(w/np.pi, mag, label = f"N = {n} 切比雪夫 - I")

plt.xlabel('Frequency')
plt.ylabel('Magnitude')
plt.title ( 'Comparison of Amplitude Squared Function Characteristics of Butterworth and Chebyshev Type I Filters')
plt.legend()
plt.grid()
plt.show()
```

程序运行结果如图 6.1.10 所示。

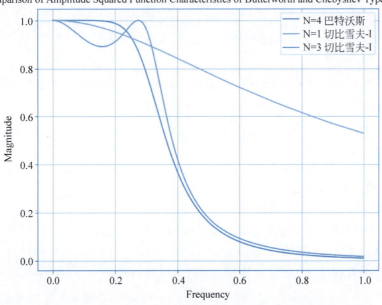

图 6.1.10　巴特沃斯-切比雪夫滤波器幅度平方函数特性比较图

还有一种在通带和阻带内都具有"等波纹"振幅特性的滤波器,由于其振幅特性是由雅可比椭圆函数决定的,故称为"椭圆滤波器"。

从 Ω_p 至 Ω_s 间的过渡带陡峭角度看,切比雪夫滤波器比巴特沃斯滤波器过渡带陡,而椭圆滤波器又比切比雪夫滤波器过渡带陡。换言之,如果过渡带的特性要求相同,则选用椭圆滤波器时所要求的阶数 N 最低,切比雪夫滤波器次之,选用巴特沃斯滤波器时所要求的阶数最高。不过从设计的复杂性和对参数的灵敏度要求看,情况恰恰相反。选用何种滤波器应视实际用途和指标要求而定。

6.1.3 从模拟滤波器设计数字滤波器的方法

从模拟滤波器设计 IIR 数字滤波器就是要由列出的 $H_a(s)$ 进一步求得 $H(z)$。归根结底是一个由 s 平面到 z 平面的变换,这个变换应遵循两个基本的目标。

(1) $H(z)$ 的频响必须要模仿 $H_a(s)$ 的频响,也即 s 平面的虚轴 $j\Omega$ 应该映射到 z 平面的单位圆上;

(2) $H_a(s)$ 的因果稳定性,通过映射后仍应在所得到的 $H(z)$ 中保持,也即 s 平面的左半平面($\mathrm{Re}[s]<0$)应该映射到 z 平面单位圆以内($|z|<1$)。

从模拟滤波器映射(变换)成数字滤波器有 4 种方法。

(1) 微分-差分变换法;
(2) 脉冲响应不变变换法;
(3) 双线性变换法;
(4) 匹配 z 变换法。

其中(1)、(4)两种方法都有一定的局限性,工程上常用的是脉冲响应不变变换法和双线性变换法两种。

视频讲解

6.2 脉冲响应不变变换法

6.2.1 变换原理

脉冲响应不变变换法又称为标准 z 变换法。它是保证从模拟滤波器变换所得的数字滤波器的单位采样响应 $h(n)$,是相应的模拟滤波器的单位脉冲响应 $h_a(t)$ 的等间隔采样值,即

$$h(n) = h_a(nT)$$

如图 6.2.1 所示,这里 T 为采样周期。

$h_a(t)$ 的拉普拉斯变换为

$$L[h_a(t)] = H_a(s)$$

$h(nT)$ 的 z 变换即为数字滤波器的系统函数 $H(z)$

$$Z[h(nT)] = H(z)$$

由第 2 章证明可知,$h(n)$ 的 z 变换和 $h_a(t)$ 的拉普拉斯变换之间的关系为

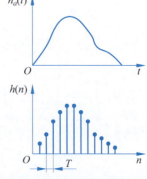

图 6.2.1 脉冲响应不变概念示意图

$$H(z)\bigg|_{z=e^{sT}} = \frac{1}{T}\sum_{m=-\infty}^{\infty} H_a\left(s+\mathrm{j}\frac{2\pi}{T}m\right) = \hat{H}(s) \qquad (6.2.1)$$

即时域的采样,使连续时间信号的拉普拉斯变换 $H_a(s)$ 在 s 平面上沿虚轴周期延拓,然后再经过 $z=e^{sT}$ 的映射关系,将 $H_a(s)$ 映射到 z 平面上,即得 $H(z)$。

第2章讨论 $z=e^{sT}$ 的映射关系表明:s 平面上每个宽为 $2\pi/T$ 的条带,都将重叠地映射到全部 z 平面上。而每个条带的左半部分映射在 z 平面单位圆以内,条带的右半部分映射在单位圆以外。s 平面的虚轴 $\mathrm{j}\Omega$ 映射到单位圆上,但是 $\mathrm{j}\Omega$ 轴上的每段 $2\pi/T$ 的虚轴,都对应于绕单位圆一周。所以按照脉冲响应不变变换法,从 s 平面到 z 平面的映射不是单值关系,千万不可错误地认为经过 $z=e^{sT}$ 的简单代数变换即可由 $H_a(s)$ 得到 $H(z)$。这里除了这一变换之外,还同时含有 $H_a(s)$ 以 $2\pi/T$ 周期为作周期延拓的过程。脉冲响应不变变换法 s 平面与 z 平面的映射关系如图 6.2.2 所示。

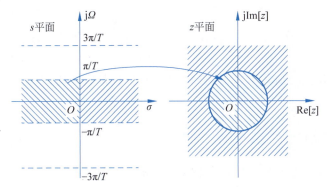

图 6.2.2 脉冲响应不变变换法 s 平面与 z 平面的映射关系

由式(6.2.1)可得数字滤波器与模拟滤波器频率响应之间关系为

$$H(e^{\mathrm{j}\omega}) = \frac{1}{T}\sum_{m=-\infty}^{\infty} H_a\left(\mathrm{j}\frac{\omega}{T}+\mathrm{j}\frac{2\pi}{T}m\right)$$

即数字滤波器的频率响应是模拟滤波器频率响应的周期延拓。如果模拟滤波器的频响是限带于折叠频率之内的,即

$$H_a(\mathrm{j}\Omega) = 0, \quad |\Omega| \geqslant \frac{\pi}{T}$$

这时才使数字滤波器的频率响应在折叠频率以内,重现模拟滤波器的频率响应而不产生混叠失真。

$$H(e^{\mathrm{j}\omega}) = \frac{1}{T}H_a\left(\mathrm{j}\frac{\omega}{T}\right) \quad |\omega| \leqslant \pi \qquad (6.2.2)$$

但是任何一个实际的模拟滤波器,都不是带宽绝对有限的,因此,通过脉冲响应不变变换法所得的数字滤波器不可避免地要出现频谱的混叠失真,如图 6.2.3 所示。只有当模拟滤波器频响在折叠频率以上衰减很大,混叠失真很小时,采用脉冲响应不变变换法设计的数字滤波器才能满足精度的要求。

应该注意,在设计中,当滤波器的指标用数字域频率 ω 给定时,不能用减小 T 的办法解决混叠问题。如设计截止频率为 Ω_c 的低通滤波器,则要求相应模拟滤波器的截止频率为 $\Omega_c = \dfrac{\omega}{T}$,$T$ 减小时,只有让 Ω_c 同倍数地增大,才能保证给定的 ω_c 不变。T 减小使带域

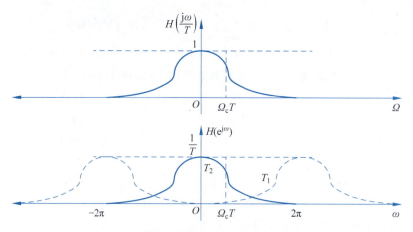

图 6.2.3　脉冲响应不变变换法中的频谱混叠现象

$\left[-\dfrac{\pi}{T},\dfrac{\pi}{T}\right]$加宽了，但也使 Ω_c 同倍数加宽，所以如果在 $\left[-\dfrac{\pi}{T},\dfrac{\pi}{T}\right]$ 带域外有非零的 $H_a(s)$ 值，即 $\Omega_c > \dfrac{\pi}{T}$，则不论如何减小 T，由于 Ω 与 T 成同样倍数变化，总还是 $\Omega_c > \dfrac{\pi}{T}$，不能解决混叠问题。

6.2.2　模拟滤波器的数字化

在脉冲响应不变变换法设计中，由较为复杂的模拟系统函数（或脉冲响应）求出数字滤波器系统函数（或单位采样响应）的变换过程是很麻烦的。因为乘积的 z 变换并不等于各部分变换的乘积，所以不宜采用级联分解。但各项和的 z 变换是线性关系，因而用部分分式表达系统函数，特别适合于对复杂模拟系统函数的变换。现实的系统通常是分母的阶数 N，高于分子的阶数 M，这时系统若只有单极点（若不是单极点情况，则求逆拉普拉斯变换要复杂一些），则可将模拟滤波器的系统函数 $H_a(s)$ 表达为如下的部分分式形式

$$H_a(s) = \sum_{i=1}^{N} \dfrac{A_i}{s+s_i} \tag{6.2.3}$$

相应的单位脉冲响应是

$$h_a(s) = L^{-1}[H_a(s)] = \sum_{i=1}^{N} A_i \mathrm{e}^{-s_i t} u(t) \tag{6.2.4}$$

式中 $u(t)$ 是单位阶跃响应。根据脉冲响应不变变换法的意义，数字滤波器的单位采样响应是

$$h(n) = h_a(nT) = \sum_{i=1}^{N} A_i \mathrm{e}^{-s_i nT} u(n) = \sum_{i=1}^{N} A_i (\mathrm{e}^{-s_i T})^n u(n)$$

数字滤波器的系统函数 $H(z)$ 为

$$\begin{aligned} H(z) &= \sum_{m=-\infty}^{\infty} h(n) z^{-n} = \sum_{n=0}^{\infty} \sum_{i=1}^{N} A_i \mathrm{e}^{-s_i nT} z^{-n} \\ &= \sum_{i=1}^{N} A_i \sum_{n=0}^{\infty} (\mathrm{e}^{-s_i T} z^{-1})^n = \sum_{i=1}^{N} \dfrac{A_i}{1-\mathrm{e}^{-s_i T} z^{-1}} \end{aligned} \tag{6.2.5}$$

将式(6.2.5)与式(6.2.3)相比可见，由 $H_a(s)$ 至 $H(z)$ 间的变换关系为

$$\frac{1}{s+s_i} \Leftrightarrow \frac{1}{1-e^{-s_iT}z^{-1}} = \frac{z}{z-e^{-s_iT}} \quad (6.2.6)$$

式(6.2.6)说明：

(1) $H_a(s)$ 与 $H(z)$ 的各部分分式的系数是相同的，均为 A_i；

(2) 极点是以 $z=e^{-s_iT}$ 的关系进行映射的，$H_a(s)$ 的极点 $s=-s_i$ 变成了 $H(z)$ 的 $z=e^{-s_iT}$ 的极点；

(3) $H_a(s)$ 与 $H(z)$ 间的零点没有一一对应的关系，一般来说，它是由极点和各系数 A_i 决定的一个函数关系。

根据以上分析，脉冲响应不变变换法的设计步骤可不再经历 $H_a(s) \rightarrow h_a(t) \rightarrow h(nT) \rightarrow H(z)$ 的过程，而是直接将 $H_a(s)$ 写成许多单极点的部分分式之和的形式，然后将各个部分分式用式(6.2.6)的关系进行替代，即可得所需的数字滤波器系统函数 $H(z)$。

【例 6.3】 设模拟滤波器的系统函数为

$$H_a(s) = \frac{s+a}{(s+a)^2+b^2} = \frac{\frac{1}{2}}{s+a+jb} + \frac{\frac{1}{2}}{s+a-jb}$$

直接应用式(6.2.6)可得到脉冲响应不变变换法设计的数字滤波器的系统函数。

$$\begin{aligned} H(z) &= \frac{\frac{1}{2}}{1-e^{-aT}e^{-jbT}z^{-1}} + \frac{\frac{1}{2}}{1-e^{-aT}e^{jbT}z^{-1}} \\ &= \frac{z(z-e^{-aT}\cos bT)}{(z-e^{-aT}e^{-jbT})(z-e^{-aT}e^{jbT})} \end{aligned} \quad (6.2.7)$$

由此例可见，模拟系统函数仅一个零点 $s=-a$，而相应的数字系统却有两个零点：$z=0$ 和 $z=e^{-aT}\cos bT$，而且都不是用 $s=-a$ 经 $z=e^{-sT}$ 映射后得到的。

图 6.2.4 画出了此例的极点、零点分布图和频率特性图。由图可见，所设计出的数字滤波器是稳定的，由于 $H_a(j\Omega)$ 在 $\Omega > \frac{\pi}{T}$ 点以上仍有明显的非零值，因而数字滤波器频率响应中混叠效应明显，使得 $H(e^{j\omega})$ 的图形在 $\omega \rightarrow \pi$ 时比 $H_a(j\Omega)$ 的图形在 $\Omega_c \rightarrow \frac{\pi}{T}$ 时下降得慢。

雷道(Rader)和戈尔德(Gold)提出了脉冲响应不变变换法的又一问题。由式(6.2.2)可见，频响 $H(e^{j\omega})$ 与 T 成反比。数字滤波器在 T 很小(或说采样频率很高)时，可能具有不希望的高增益，故作以下简单修正：取 $h(n)=Th_a(nT)$ 为数字系统的单位采样响应。因此实际中通常不是取式(6.2.5)而是取下式进行设计

$$H(z) = \sum_{i=1}^{N} \frac{A_i}{1-e^{-s_iT}z^{-1}}$$

这时

$$H(e^{j\omega}) = \sum_{m=-\infty}^{\infty} H_a\left(j\frac{\omega+2\pi m}{T}\right) \approx H_a\left(j\frac{\omega}{T}\right), \quad |\omega| < \pi \quad (6.2.8)$$

从而数字滤波器的增益，不随采样频率而变化。

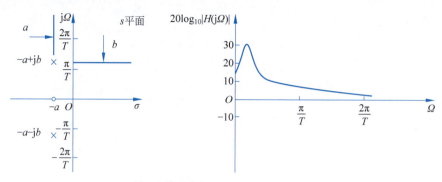

(a) 某二阶模拟系统的极点、零点图和频率响应图

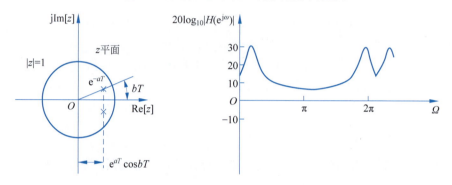

(b) 经采样后得到的时域离散系统的极点、零点图和频率响应图

图 6.2.4　例 6.3 由脉冲响应不变变换法设计数字滤波器

【例 6.4】 利用脉冲响应不变变换法，把下列模拟域的模拟滤波器转换为数字滤波器，采样周期 $T=1$

$$H(s) = \frac{s+1}{s^2+5s+6}$$

```
import numpy as np
from scipy import signal

# analog filter transfer function
b_analog = np.array([1,1])              # numerator
a_analog = np.array([1,5,6])            # denominator
T = 1                                   # sampling period

# impulse response invariable method
r,p_analog,k = signal.residue(b_analog,a_analog)

# r is coefficient, p_analog is pole in analog
p_digital = np.exp(p_analog * T)        # p_digital is pole in digital
b_digital,a_digital = signal.invresz(r,p_digital,k)

display(b_digital, a_digital)
```

打印结果如下：

(array([1.   , -0.2208835]),
array([1.   , -0.18512235, 0.00673795]))

对应 z 域的系统函数为

$$H(z) = \frac{1 - 0.220\,883\,5z^{-1}}{1 - 0.185\,122\,35z^{-1} + 0.006\,737\,95z^{-2}}$$

6.2.3 逼近的情况

首先,稳定的模拟滤波器所有极点在 s 平面的左半平面内,其实部 $\delta_i < 0$,则 $e^{s_i T}$ 的模 $e^{\delta_i T} < 1$,故在脉冲响应不变变换法设计的相应的数字滤波器中,极点是在单位圆的内部,因而脉冲响应不变变换法所设计的数字滤波器也是稳定的。

其次,由图 6.2.2 可见,当稳态时,s 平面的虚轴映射在 z 平面的单位圆上,而且处处落在此圆上,所以脉冲响应不变变换法的逼近是良好的,但仅限于 Ω 在 $-\frac{\pi}{T} \sim \frac{\pi}{T}$ 的范围。

6.2.4 优缺点

脉冲响应不变变换法的一个重要特点是频率坐标的变换是线性的,$\omega = \Omega T$。因此,如果模拟滤波器的频响是限带于折叠频率以内的,则通过变换后所得的数字滤波器的频响可以不失真地反映原响应与频率的关系

$$H(e^{j\Omega T}) = H(j\Omega)$$

脉冲响应不变变换法最大的缺点是有频谱的周期延拓效应,因此,只能用于带限的频响特性,如衰减特性很好的低通,或带通,而且高频衰减越大,频响的混叠效应就越小。对于高通、带阻滤波器,由于它们在高频部分不衰减,当一定要追求频率线性关系而采用脉冲响应不变变换法时,必须先对模拟高通和带阻滤波器加一个保护滤波器,滤掉高于折叠频率以上的频率,然后再转变为数字滤波器以避免混叠失真。

脉冲响应不变变换法或阶跃响应不变变换法,主要用于设计某些要求在时域上能模仿模拟滤波器功能(例如控制脉冲响应或阶跃响应)的数字滤波器。这样,可把模拟滤波器时域特性的许多优点在相应的数字滤波器中保留下来。其他情况下设计 IIR 数字滤波器时,多用下文介绍的双线性变换。

6.2.5 用脉冲响应不变变换法设计数字巴特沃斯滤波器

由模拟低通滤波器设计数字低通滤波器的设计法,首先的和主要的工作是根据模拟域指标设计出满足技术要求的模拟滤波器。如果给定的是数字域指标,则必须要把它转换为模拟域指标进行设计,剩下的工作就是通过脉冲响应不变变换法或双线性变换法将所求得的模拟滤波器的系统函数 $H_a(s)$ 数字化为数字滤波器的系统函数 $H(z)$。下文结合实例,具体说明模拟低通—数字低通的变换方法。

【例 6.5】 设计指标要求为在 $\omega \leqslant 0.2\pi$ 的通带范围内幅度特性变化(下降)小于 1dB,在 $0.3\pi \leqslant \omega \leqslant \pi$ 的阻带范围内,衰减大于 15dB。

按照衰减的定义可知

$$\begin{cases} 20\log_{10}\left|\dfrac{H(\mathrm{e}^{\mathrm{j}0})}{H(\mathrm{e}^{\mathrm{j}0.2\pi})}\right| \leqslant 1 \\ 20\log_{10}\left|\dfrac{H(\mathrm{e}^{\mathrm{j}0})}{H(\mathrm{e}^{\mathrm{j}0.3\pi})}\right| \geqslant 15 \end{cases}$$

如果通带幅度在 $\omega=0$ 处归一化为 1，即 $|H(\mathrm{e}^{\mathrm{j}0})|=1$，可以得到式(6.2.9)和式(6.2.10)

$$20\log_{10}|H(\mathrm{e}^{\mathrm{j}0.2\pi})| \geqslant -1 \tag{6.2.9}$$

及

$$20\log_{10}|H(\mathrm{e}^{\mathrm{j}0.3\pi})| \leqslant -15 \tag{6.2.10}$$

设计步骤如下。

(1) 将设计要求转换为按模拟频率表示的对模拟滤波器的要求。

已经指出，当不存在混叠时，脉冲响应不变变换法从模拟频率到数字频率的映射是线性的。通常先忽略混叠效应，待设计完成后再对所得滤波器的性能进行校验。

由式(6.2.8)可知 $H(\mathrm{e}^{\mathrm{j}\omega})=H_a\left(\mathrm{j}\dfrac{\omega}{T}\right)=H_a(\mathrm{j}\Omega)$，$|\omega|\leqslant\pi$。同时为简便计，假设参数 T 为 1。

因此，可直接写出本实例的模拟指标如下。

$$20\log_{10}|H_a(\mathrm{j}0.2\pi)| \geqslant -1 \tag{6.2.11}$$

$$20\log_{10}|H_a(\mathrm{j}0.3\pi)| \leqslant -15 \tag{6.2.12}$$

(2) 计算滤波器所需阶数 N 及截止频率 Ω_c。

巴特沃斯滤波器的形式为

$$|H_a(\mathrm{j}\Omega)|^2 = \dfrac{1}{1+\left(\dfrac{\Omega}{\Omega_c}\right)^{2N}}$$

因而设计归结为根据给定指标来确定参数 N 和 Ω。以 dB 表示则得

$$20\log_{10}|H_a(\mathrm{j}\Omega)| = -10\log_{10}\left[1+\left(\dfrac{\Omega}{\Omega_c}\right)^{2N}\right]$$

将给定指标代入得

$$-10\log_{10}\left[1+\left(\dfrac{0.2\pi}{\Omega_c}\right)^{2N}\right] \geqslant -1 \tag{6.2.13}$$

$$-10\log_{10}\left[1+\left(\dfrac{0.3\pi}{\Omega_c}\right)^{2N}\right] \leqslant -15 \tag{6.2.14}$$

首先考虑用等号来满足指标，于是

$$1+\left(\dfrac{0.2\pi}{\Omega_c}\right)^{2N} = 10^{0.1} \tag{6.2.15}$$

$$1+\left(\dfrac{0.3\pi}{\Omega_c}\right)^{2N} = 10^{1.5} \tag{6.2.16}$$

解上述方程得 $N=5.8858$ 和 $\Omega_c=0.70474$。N 为滤波器阶次，只能取整数，为满足或超过给定指标，取 $N=6$。将 $N=6$ 代入式(6.2.15)中，得 $\Omega_c=0.7032$。显然采用此值正好可满足通带指标，同时还给阻带的要求留下一定的裕量，这对更好地防止数字滤波器中的频谱混叠效应是有好处的。

(3) 由求得的 N 和 Ω_c 确定 s 平面上滤波器的极点分布。

将 $\Omega_c = 0.7032$, $N=6$ 代入式(6.1.7)中,解出左半 s 平面的 3 对极点,其坐标分别为

$$\Omega_c(\cos 105° \pm \mathrm{j}\sin 105°) = -0.182\,001\,553 \pm \mathrm{j}0.679\,239\,041$$
$$\Omega_c(\cos 135° \pm \mathrm{j}\sin 135°) = -0.497\,237\,489 \pm \mathrm{j}0.497\,237\,489$$
$$\Omega_c(\cos 165° \pm \mathrm{j}\sin 165°) = -0.679\,239\,041 \pm \mathrm{j}0.182\,001\,553$$

(4) 由式(6.1.6)可得模拟滤波器系统函数。

$$H_a(s) = \frac{0.120\,93}{(s^2 + 0.3640s + 0.4945)(s^2 + 0.9945s + 0.4945)(s^2 + 1.3585s + 0.4945)}$$

系数 $0.120\,93$ 是根据 $s=0$ 时,$H_a(0)=1$ 而得到的,也可由表 6.1.1 查得。

(5) 将 $H_a(s)$ 展成部分分式,并作如式(6.2.8)所示的变换,求得数字滤波器的系统函数

$$H(z) = \frac{0.2871 - 0.4466z^{-1}}{1 - 1.297z^{-1} + 0.6949z^{-2}} + \frac{-2.1428 + 1.1454z^{-1}}{1 - 1.0691z^{-1} + 0.3699z^{-2}} + \frac{1.8558 - 0.6304z^{-1}}{1 - 0.9972z^{-1} + 0.2570z^{-2}}$$

由上式可见,用并联型结构实现脉冲响应不变变换法所得到的系统函数 $H(z)$ 是很方便的。欲采用级联型或直接型结构实现,则还需将各二阶子式按一定方式组合起来。

当 $z = \mathrm{e}^{\mathrm{j}\omega}$,即得数字滤波器的频率响应。由图 6.2.5 可见,所设的滤波器在通带边缘 (0.2π) 处恰好满足指标要求,而在阻带边缘,则超出要求。这表明滤波器的带宽是充分受限的,因而混叠的影响可以忽略。若得出的数字滤波器并不满足指标要求,则可用更高阶的滤波器或者调节滤波器的参数而维持阶数不变,再行试算。

【例 6.6】 实现例 6.5 采用脉冲响应不变变换法设计的数字巴特沃斯滤波器。

指标要求:

(1) 在 $0.2\pi \leqslant \omega$ 的通带范围内幅度特性变化(下降)小于 1dB;

(2) 在 $0.3\pi \leqslant \omega \leqslant \pi$ 的阻带范围内,衰减大于 15dB。

```
import numpy as np
from scipy import signal
import matplotlib.pyplot as plt

def impinvar(b, a, fs, tol = None):
    # 模拟滤波器的脉冲响应不变变换
    r, p_analog, k = signal.residue(b, a)
    p_digital = np.exp(p_analog * 1/fs)          # 数字域的极点
    b_digital, a_digital = signal.invresz(r, p_digital, k)
    
    return b_digital, a_digital

# 指标
T = 1
fs = 1
Wp = 0.2 * np.pi
```

```python
Ws = 0.3 * np.pi
Ap = 1                                          # dB
As = 15                                         # dB

# 模拟原型滤波器设计
N, Wc = buttord(Wp, Ws, Ap, As, analog = True)
z, p, k = buttap(N)
num, den = zpk2tf(z, p, k)
b_analog = num * Wc ** N                        # numerator
a_analog = den * [1, Wc ** (N-5), Wc ** (N-4), Wc ** (N-3), Wc ** (N-2), Wc ** (N-1), Wc ** N]                                          # denominator

# 脉冲响应不变变换法设计数字低通滤波器
Dz, Cz = impinvar(b_analog, a_analog, fs)

# 画幅频、相频图
W = np.linspace(0, np.pi, 1000)
H = freqz(Dz, Cz, W)
mag = np.abs(H[1]) / np.abs(H[1][0])            # 获取实部的幅度响应并归一化

plt.figure(figsize = (12, 8))
plt.subplot(3, 1, 1)
plt.plot(W/np.pi, mag)
plt.title('Frequency Response')
plt.xlabel('Normalized Frequency (0 to π)')
plt.ylabel('Magnitude')
plt.grid(True)                                  # 显示网格

plt.subplot(3, 1, 2)
plt.plot(W/np.pi, 20 * np.log10(mag))
plt.title('Magnitude Response in dB')
plt.xlabel('Normalized Frequency (0 to π)')
plt.ylabel('Magnitude (dB)')
plt.grid(True)                                  # 显示网格

plt.subplot(3, 1, 3)
plt.plot(W/np.pi, np.angle(H[1]) * 180 / np.pi)
plt.title('Phase Response')
plt.xlabel('Normalized Frequency (0 to π)')
plt.ylabel('Phase (degrees)')
plt.grid(True)                                  # 显示网格

plt.tight_layout()
plt.show()
```

运行程序,结果如图6.2.5所示。

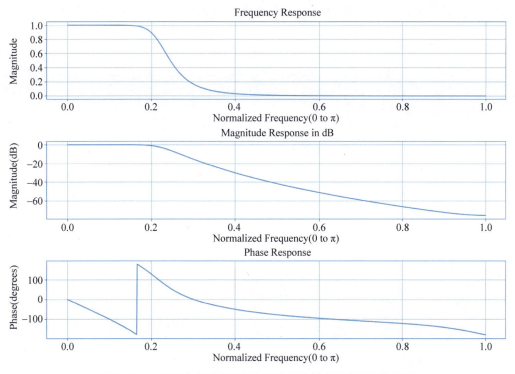

图 6.2.5　采用脉冲响应不变变换法设计数字巴特沃斯滤波器

6.3　双线性变换法

6.3.1　变换原理

为了克服脉冲响应不变变换法可能产生的频谱混叠效应的缺点,凯塞(Kaiser)和戈尔登(Golden)建议用一种新的有效的变换,这就是双线性变换。双线性变换可认为是基于对微分方程的积分,利用对积分的数值逼近得到的。

研究一阶微分方程描述的系统

$$C_1 y'(t) = C_0 y(t) = d_0 x(t) \tag{6.3.1}$$

对式(6.3.1)取拉普拉斯变换即得模拟系统函数

$$H_a(s) = \frac{Y(s)}{X(s)} = \frac{d_0}{C_1 s + C_0}$$

$y(t)$ 可以写成 $y'(t)$ 的积分

$$y(t) = \int_{t_0}^{t} y'(\tau) \mathrm{d}\tau + y(t_0)$$

以采样形式表示,令 $t = nT, t_0 = (n-1)T$ 可得到

$$y(nT) = \int_{(n-1)T}^{nT} y'(\tau) \mathrm{d}\tau + y[(n-1)T]$$

用梯形近似求定积分,则逼近为

$$y(nT) = \left\{ \frac{y'(nT) + y'[(n-1)T]}{2} \right\} T + y[(n-1)T]$$

或写作

$$y(nT) - y[(n-1)T] = \frac{T}{2}[y'(nT) + y'(n-1)T]$$

式中,微分由式(6.3.1)采样得到,即

$$y'(nT) = \frac{-C_0}{C_1} y(nT) + \frac{d_0}{C_1} x(nT)$$

则可以得到

$$[y(n) - y(n-1)] = \frac{T}{2} \left\{ \frac{-C_0}{C_1}[y(n) + y(n-1)] + \frac{d_0}{C_1}[x(n) + x(n-1)] \right\}$$

式中,

$$y(n) = y(nT)$$
$$y(n-1) = y[(n-1)T]$$
$$x(n) = x(nT)$$
$$x(n-1) = x[(n-1)T]$$

接下来取 z 变换,并解得 $H(z)$ 为

$$H(z) = \frac{Y(z)}{X(z)} = \frac{d_0}{C_1 \frac{2}{T} \cdot \frac{1-z^{-1}}{1+z^{-1}} + C_0}$$

比较 $H_a(s)$ 和 $H(z)$ 的表达式可见,$H(z)$ 可由 $H_a(s)$ 作下述的变量代换而得到

$$s = \frac{2}{T} \cdot \frac{1-z^{-1}}{1+z^{-1}} \tag{6.3.2}$$

由式(6.3.2)可以解得

$$z = \frac{1 + \left(\frac{T}{2}\right)s}{1 - \left(\frac{T}{2}\right)s} = \frac{\frac{2}{T} + s}{\frac{2}{T} - s} \tag{6.3.3}$$

这样就得到了 s 平面与 z 平面的双线性变换关系。它之所以称为"双线性"变换,是由于变换公式中 s 与 z 的关系无论是分子部分,还是分母部分都是"线性"的。上述结果是由一阶系统得出的,但它对高阶系统也同样成立,因为 N 阶微分方程可以写成 N 个一阶微分方程。

6.3.2 模拟滤波器的数字化

由于双线性变换法中,s 与 z 之间有简单的代数关系,故可由模拟系统函数通过代数变换直接得到数字滤波器的系统函数,即

$$H(z) = H_a(s)\Big|_{s=\frac{2}{T} \cdot \frac{1-z^{-1}}{1+z^{-1}}} = H_a\left(\frac{2}{T} \cdot \frac{1-z^{-1}}{1+z^{-1}}\right) \tag{6.3.4}$$

可见数字滤波器的极点数等于模拟滤波器的极点数。

频率响应也可用直接变换得到

$$H(\mathrm{e}^{\mathrm{j}\omega}) = H_a(\mathrm{j}\Omega)\Big|_{\Omega=\frac{2}{T}\tan(\frac{\omega}{2})} = H_a\left[\mathrm{j}\frac{2}{T}\tan\left(\frac{\omega}{2}\right)\right] \quad (6.3.5)$$

这一公式可用于将滤波器的数字域指标，转换为模拟域指标。

再者，可在未进行双线性变换前把原模拟系统函数分解为并联或级联子系统函数，然后再对每个子系统函数分别加以双线性变换。就是说，所有的分解，都可以就模拟滤波器系统函数来进行，因为模拟滤波器已有大量图表可利用，且分解模拟系统函数比较容易。

6.3.3 逼近的情况

双线性变换具备模拟域到数字域映射变换的总要求。

(1) 将 $s=\sigma+\mathrm{j}\Omega$ 代入式(6.3.3)可得

$$z = \frac{\frac{2}{T}+\sigma+\mathrm{j}\Omega}{\frac{2}{T}-\sigma-\mathrm{j}\Omega}$$

或

$$|z| = \left|\frac{\left(\frac{2}{T}+\sigma\right)^2+\Omega^2}{\left(\frac{2}{T}-\sigma\right)^2+\Omega^2}\right|^{\frac{1}{2}} \quad (6.3.6)$$

由式(6.3.6)可见，当 $\sigma<0$ 时，$|z|<1$；当 $\sigma=0$ 时，$|z|=1$；当 $\sigma>0$ 时，$|z|>1$。这就是说双线性变换把 s 左半开平面映射在单位圆 $|z|=1$ 的内部，把平面的整个 $\mathrm{j}\Omega$ 轴映射成单位圆 $|z|=1$，把 s 右半开平面映射在单位圆 $|z|=1$ 的外部。双线性变换的 s 平面与 z 平面的映射关系如图 6.3.1 所示。

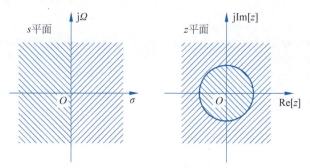

图 6.3.1 双线性变换的映射关系

(2) 令 $s=\mathrm{j}\Omega, z=\mathrm{e}^{\mathrm{j}\omega}$，则由式(6.3.3)得

$$\mathrm{e}^{\mathrm{j}\omega} = \frac{\frac{2}{T}+\mathrm{j}\Omega}{\frac{2}{T}-\mathrm{j}\Omega}$$

所以

$$\omega = \arctan\left(\frac{\Omega T}{2}\right)$$

由此得出模拟滤波器的频率 Ω 和导出的数字滤波器频率 ω 的关系式为

$$\Omega = \frac{2}{T}\tan\left(\frac{\omega}{2}\right) \tag{6.3.7}$$

式(6.3.7)的关系如图 6.3.2 所示。可以看出,当 $\Omega=0$ 时,$\omega=0$,当 $\Omega=+\infty$ 时,$\omega=\pi$。当 $\Omega=-\infty$ 时,$\omega=-\pi$,这就是说 s 平面的原点映射为 z 平面(1,0)点,而 s 平面的正 $j\Omega$ 轴和负 $j\Omega$ 轴分别映射成 z 平面单位圆 $|z|=1$ 上半圆和下半圆。

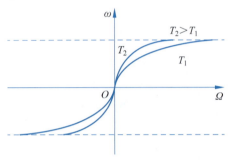

图 6.3.2 双线性变换的频率非线性关系

综上所述,可得如下结论。

(1) 模拟滤波器 $H_a(s)$ 中最大值和最小值将保留在数字滤波器 $H(e^{j\omega})$ 中,因此模拟滤波器的通带或阻带变换成数字滤波器的通带或阻带。

(2) 如果模拟滤波器是稳定的,则通过双线性变换后所得的数字滤波器也一定是稳定的。

(3) 由于 s 平面的整个 $j\Omega$ 轴映射为 z 平面上的单位圆,因此双线性变换法确实消除了脉冲响应不变变换法所存在的混叠误差,所以逼近是良好的。但由式(6.3.7)可见,在频率与 ω 间存在严重的非线性。

【例 6.7】 利用双线性变换法,把下列模拟域的模拟滤波器转换为数字滤波器,采样周期 $T=0.001$

$$H(s) = \frac{s+1}{s^2+5s+6}$$

```
import numpy as np
from scipy import signal

# analog filter transfer function
b_analog = np.array([1,1])                    # numerator
a_analog = np.array([1,5,6])                  # denominator
T = 0.001;fs = 1/T                            # sampling rate

# bilinear transformation method
filtz = signal.bilinear(b_analog,a_analog,fs)
display(filtz)
```

打印结果如下:

(array([4.90172170e-03, 4.87733502e-05, -4.85294835e-03]),
 array([1.   , -1.95064137, 0.95122665]))

对应 z 域的系统函数为

$$H(z) = \frac{0.00490172 - 0.00004877z^{-1} - 0.00485295z^{-2}}{1 - 1.95064137z^{-1} + 0.95122265z^{-2}}$$

6.3.4 优缺点

双线性变换法的主要优点是消除了脉冲响应不变变换法所固有的混叠误差,这是由于 s 平面的整个沿 $j\Omega$ 轴单值地对应于 z 平面单位圆一周。数字频率 ω 与模拟域频率 Ω 的关系如式(6.3.7)所示,关系图如图 6.3.2 所示。由图可见,在零频附近,模拟频率 Ω 与数字频率 ω 的关系接近于线性。T 值越小,即采样频率越高,则呈线性关系的频率范围越大。当 Ω 进一步增长时,ω 增长变慢,二者不再是线性关系了。当 $\Omega \to \infty$ 时,ω 终止在折叠频率 $\omega = \pi$ 处,从而双线性变换不会出现由于高频部分超过折叠频率而混叠到低频部分的现象。这意味着,模拟滤波器全部频率响应特性被压缩于等效的数字频率范围 $0 < \omega < \pi$ 之内。这种情况如图 6.3.3 所示。可见,双线性变换消除混叠的这个特点是靠频率的严重非线性而得到的。

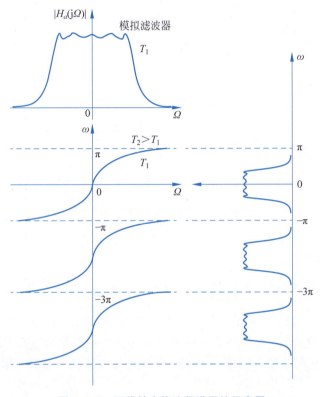

图 6.3.3　双线性变换法频谱压缩示意图

双线性变换法的缺点是频率 Ω 与 ω 间的非线性。这种非线性关系要求被变换的连续时间系统的幅度响应必须是分段常数型的(某段频率范围幅度响应近似于某一常数),不然所映射出的数字频率响应相对于原来的模拟频率响应会产生变形。例如,双线性变换不能将模拟微分器变换成数字微分器,但是对于低通、高通、带通和带阻模拟滤波器,频率响应都是分段常数型的,可采用双线性变换,只要截止频率点映射正确,即可消除变换中所带来的频率间的非线性畸变。实际解决双线性变换中的频率非线性关系的方法有两种。

(1) 在低频段,模拟滤波器与数字滤波器的频率关系处于近似的线性范围之内,故可忽略非线性影响。

(2) 采用补偿的办法,也可称为预畸的方法。预畸设计法如图 6.3.4 所示。设所希望的数字滤波器的 4 个截止频率为 ω_1、ω_2、ω_3、ω_4。利用式(6.3.7)的频率变换关系,求出对应的 4 个模拟截止频率为 Ω_1、Ω_2、Ω_3、Ω_4,按此畸变了的截止频率组进行模拟滤波器设计。对这个模拟滤波器作双线性变换,便可得到具有要求的截止频率 ω_1、ω_2、ω_3、ω_4 的数字滤波器。

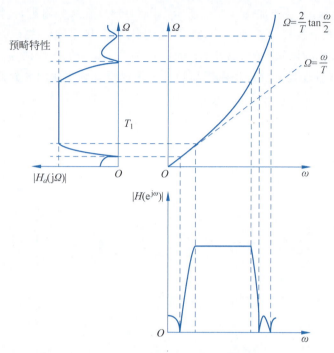

图 6.3.4 双线性变换时频率的预畸

模拟域与数字域频率间的非线性关系还会造成变换后滤波器的相位特性失真。对线性相位特性的模拟滤波器进行双线性变换后所得的数字滤波器就不再保持线性相位特性了。

6.3.5 用双线性变换法设计数字切比雪夫滤波器

用双线性变换法设计数字滤波器时,如果是在模拟域给定指标的,则应该首先将模拟频率 Ω 按照 $\omega = \Omega T$ 的线性关系得到数字域频率 ω,然后再按照预畸的关系得到相应的模拟域指标,按此指标进行模拟滤波器设计后,按双线变换法将模拟滤波器转换为数字滤波器即可。

【例 6.8】 针对例 6.5 指标,用双线性变换法设计数字切比雪夫滤波器,仍按式(6.2.9)和式(6.2.10)的技术条件进行设计。

步骤如下。

(1) 将数字域指标变为相应的模拟域指标。

为解决双线性变换频率非线性关系,模拟域频率必须对于相应的数字域频率作预畸,即按 $\Omega = \dfrac{2}{T}\tan\left(\dfrac{\omega}{2}\right)$ 求出对应的模拟滤波器频率,故有 $H_a(j\Omega) = H_a\left(j\dfrac{2}{T}\tan\left(\dfrac{\omega}{2}\right)\right)$。为简便计,仍取 $T=1$,则所给出的对数字滤波器的设计要求转化为如下的对模拟滤波器的要求

$$20\log_{10}\left|H_a\left(j2\tan\left(\dfrac{0.2\pi}{2}\right)\right)\right| \geqslant -1 \qquad (6.3.8)$$

及

$$20\log_{10}\left|H_a\left(j2\tan\left(\dfrac{0.3\pi}{2}\right)\right)\right| \leqslant -15 \qquad (6.3.9)$$

由此可见,在实现由数字滤波器的设计要求转化为对模拟滤波器的设计要求中,就已经考虑

了频率预畸。

(2) 求 ε。

显然，$\Omega_c = 2\tan\left(\dfrac{0.2\pi}{2}\right) = 0.6498394$。选择在 Ω_c 处精确地满足技术指标，在 $\Omega = 0 \sim \Omega_c$ 处具有等波纹的频率响应。根据式(6.1.13)可求得

$$\varepsilon = \sqrt{10^{\frac{\delta}{10}} - 1} = \sqrt{10^{0.1} - 1} = 0.50885$$

(3) 根据式(6.1.15)计算阶次 N。

由 $10\log_{10}A^2(\Omega_s) \leqslant -15$ 的指标要求可求出

$$10\log_{10}A^2(\Omega_s) \leqslant 10^{-1.5} = 0.0316227$$

因此

$$N \geqslant \dfrac{\operatorname{arcosh}\left[\dfrac{1}{\varepsilon}\sqrt{\dfrac{1}{A^2(\Omega_s)} - 1}\right]}{\operatorname{arcosh}\left(\dfrac{\Omega_s}{\Omega_c}\right)} = \dfrac{\operatorname{arcosh}\left[\dfrac{1}{0.50885}\sqrt{10^{0.1} - 1}\right]}{\operatorname{arcosh}\left(\dfrac{2\tan\left(\dfrac{0.3\pi}{2}\right)}{2\tan\left(\dfrac{0.2\pi}{2}\right)}\right)} \geqslant 3.014066$$

(6.3.10)

选定 $N = 4$。

(4) 计算 α，及 a, b。

由式(6.1.22)得

$$\alpha = \dfrac{1}{\varepsilon} + \sqrt{\dfrac{1}{\varepsilon^2} + 1} = 4.1702$$

由式(6.1.20)得

$$a = \dfrac{1}{2}(a^{\frac{1}{N}} - a^{-\frac{1}{N}}) = 0.3646235$$

由式(6.1.21)得

$$b = \dfrac{1}{2}(a^{\frac{1}{N}} - a^{-\frac{1}{N}}) = 1.0644015$$

进而求得

$$a\Omega_c = 0.2369322$$
$$b\Omega_c = 0.691648$$

(5) 求左半 s 平面的两对极点。

$$-a\Omega_c\sin\dfrac{\pi}{8} \pm jb\Omega_c\cos\dfrac{\pi}{8} = -0.0906699 \pm j0.6389997$$

$$-a\Omega_c\sin\dfrac{3\pi}{8} \pm jb\Omega_c\cos\dfrac{3\pi}{8} = 0.2188969 \pm j0.2646819$$

(6) 求模拟滤波器的系统函数 $H_a(s)$。

由所求极点及式(6.1.23)得

$$H_a(s) = \frac{c}{\prod_{i=1}^{N}(s-s_i)} = \frac{0.043\,81}{(s^2+0.4378s+0.1180)(s^2+0.1814s+0.4166)}$$

(6.3.11)

由图 6.1.7 可见，切比雪夫 I 型滤波器，当 N 为偶数时，在 $s=0$ 处，$H_a(s)=1/\sqrt{1+\varepsilon^2}$，与式(6.3.11)在 $s=0$ 时的值相等，从而求得 $c=0.0438$。

(7) 求数字滤波器的系统函数 $H(z)$。

对 $H(z)$ 作双线性变换后求得

$$H(z) = H_a(s)\Big|_{s=\frac{2(1-z^{-1})}{T(1+z^{-1})}} = \frac{0.001\,836(1+z^{-1})^4}{(1-1.4996z^{-1}+0.8482z^{-2})(1-1.5548z^{-1}+0.6493z^{-2})}$$

(6.3.12)

【例 6.9】 实现例 6.8 采用双线性变换法设计的数字切比雪夫滤波器。

指标要求为

(1) 在 $\omega \leqslant 0.2\pi$ 的通带范围内幅度特性变化(下降)小于 1dB；

(2) 在 $0.3\pi \leqslant \omega \leqslant \pi$ 的阻带范围内，衰减大于 15dB。

```python
import numpy as np
import matplotlib.pyplot as plt
from scipy.signal import cheb1ord, cheby1, bilinear, freqz

# 数字域指标
T = 1
fs = 1
Wp = 0.2 * np.pi                    # 数字频率
Ws = 0.3 * np.pi                    # 数字频率
Ap = 1                              # dB
As = 15                             # dB

# 预畸
wp = 2/T * np.tan(Wp/2)             # 模拟角频率
ws = 2/T * np.tan(Ws/2)             # 模拟角频率

# 求 N,wp
N, wp = cheb1ord(wp, ws, Ap, As, analog=True)

# 设计模拟滤波器
B, A = cheby1(N, Ap, wp, 'low', analog=True)

# 采用双线性变换法设计
Dz, Cz = bilinear(B, A, fs)

# 画幅频、相频图
W = np.linspace(0, np.pi, 1000)
H = freqz(Dz, Cz, W)
mag = np.abs(H[1]) / np.abs(H[1][0])    # 获取实部的幅度响应并归一化

plt.figure(figsize=(12, 8))
plt.subplot(3, 1, 1)
```

```
plt.plot(W/np.pi, mag)
plt.title('Frequency Response')
plt.xlabel('Normalized Frequency (0 to π)')
plt.ylabel('Magnitude')

plt.subplot(3, 1, 2)
plt.plot(W/np.pi, 20 * np.log10(mag))
plt.title('Magnitude Response in dB')
plt.xlabel('Normalized Frequency (0 to π)')
plt.ylabel('Magnitude (dB)')

plt.subplot(3, 1, 3)
plt.plot(W/np.pi, np.angle(H[1]) * 180 / np.pi)
plt.title('Phase Response')
plt.xlabel('Normalized Frequency (0 to π)')
plt.ylabel('Phase (degrees)')

plt.tight_layout()
plt.show()
```

运行程序,结果如图 6.3.5 所示。

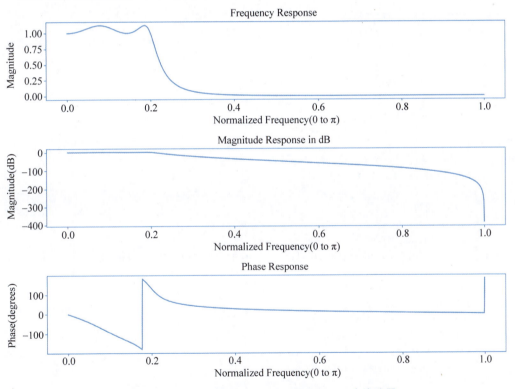

图 6.3.5 采用双线性变换法设计数字切比雪夫滤波器

同样,也可应用脉冲响应不变变换法设计切比雪夫数字滤波器。这时应将数字域指标转换为模拟域指标,并且最后对所求得的 $H_a(s)$ 进行脉冲响应不变变换,以求得数字滤波器的系统函数 $H(z)$,其余步骤与按双线性变换法设计切比雪夫数字滤波器相同。请读者按照上述思路,并按照给出的指标要求,用双线性变换法设计巴特沃斯数字滤波器及用脉冲响应不变变换法设计切比雪夫数字滤波器。

【例 6.10】 实现采用脉冲响应不变变换法设计的切比雪夫数字滤波器。

指标要求：

(1) 在 $\omega \leqslant 0.2\pi$ 的通带范围内幅度特性变化(下降)小于 1dB；

(2) 在 $0.3\pi \leqslant \omega \leqslant \pi$ 的阻带范围内，衰减大于 15dB。

```python
import numpy as np
import matplotlib.pyplot as plt
from scipy.signal import cheb1ord, cheby1, iirfilter, bilinear, freqz

# 数字域指标
T = 1
fs = 1
Wp = 0.2 * np.pi                    # 数字频率
Ws = 0.3 * np.pi                    # 数字频率
Ap = 1                              # dB
As = 15                             # dB

# 预畸
wp = 2/T * np.tan(Wp/2)             # 模拟角频率
ws = 2/T * np.tan(Ws/2)             # 模拟角频率

# 求 N, wp
N, wp = cheb1ord(wp, ws, Ap, As, analog=True)

# 设计模拟滤波器
B, A = cheby1(N, Ap, wp, 'low', analog=True)

# 采用脉冲响应不变变换法设计数字滤波器
Dz, Cz = bilinear(B, A, fs)

# 画幅频、相频图
W = np.linspace(0, np.pi, 1000)
H = freqz(Dz, Cz, W)
mag = np.abs(H[1]) / np.abs(H[1][0])    # 获取实部的幅度响应并归一化

plt.figure(figsize=(12, 8))
plt.subplot(3, 1, 1)
plt.plot(W/np.pi, mag)
plt.title('Frequency Response')
plt.xlabel('Normalized Frequency (0 to π)')
plt.ylabel('Magnitude')

plt.subplot(3, 1, 2)
plt.plot(W/np.pi, 20 * np.log10(mag))
plt.title('Magnitude Response in dB')
plt.xlabel('Normalized Frequency (0 to π)')
plt.ylabel('Magnitude (dB)')

plt.subplot(3, 1, 3)
```

```
plt.plot(W/np.pi, np.angle(H[1]) * 180 / np.pi)
plt.title('Phase Response')
plt.xlabel('Normalized Frequency (0 to π)')
plt.ylabel('Phase (degrees)')

plt.tight_layout()
plt.show()
```

运行程序,结果如图 6.3.6 所示。

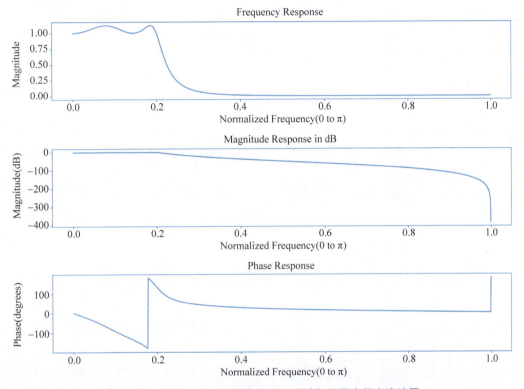

图 6.3.6 采用脉冲响应不变变换法设计切比雪夫数字滤波器

6.3.6 用双线性变换法设计数字巴特沃斯滤波器

应该指出,在上面的举例中,也可用双线性变换法设计巴特沃斯数字滤波器。这时除在将数字域指标转换为模拟域指标时应按式(6.3.5)进行及最后应将所求得的 $H_a(s)$ 按 $s=(s/T)(1-z^{-1})/(1+z^{-1})$ 的双线性转换关系变换至数字滤波器的系统函数 $H(z)$ 外,其余设计步骤和脉冲响应不变变换法是一样的。

【例 6.11】 实现采用双线性变换法设计的数字巴特沃斯滤波器。

指标要求:

(1) 在 $\omega \leqslant 0.2\pi$ 的通带范围内幅度特性变化(下降)小于 1dB;

(2) 在 $0.3\pi \leqslant \omega \leqslant \pi$ 的阻带范围内,衰减大于 15dB。

```
import numpy as np
import matplotlib.pyplot as plt
from scipy.signal import butter, bilinear, freqz, buttord
```

```python
# 数字域指标
T = 1
fs = 1
Wp = 0.2 * np.pi              # 数字频率
Ws = 0.3 * np.pi              # 数字频率
Ap = 1                        # dB
As = 15                       # dB

# 预畸
wp = 2/T * np.tan(Wp/2)       # 模拟角频率
ws = 2/T * np.tan(Ws/2)       # 模拟角频率

# 求 N,wp
N, wp = buttord(wp, ws, Ap, As, analog = True)

# 设计模拟滤波器
B, A = butter(N, wp, 'low', analog = True)

# 采用双线性变换法设计
Dz, Cz = bilinear(B, A, fs)

# 画幅频、相频图
W = np.linspace(0, np.pi, 1000)
H = freqz(Dz, Cz, W)
mag = np.abs(H[1]) / np.abs(H[1][0])        # 获取实部的幅度响应并归一化

plt.figure(figsize = (12, 8))
plt.subplot(3, 1, 1)
plt.plot(W/np.pi, mag)
plt.title('Frequency Response')
plt.xlabel('Normalized Frequency (0 to π)')
plt.ylabel('Magnitude')

plt.subplot(3, 1, 2)
plt.plot(W/np.pi, 20 * np.log10(mag))
plt.title('Magnitude Response in dB')
plt.xlabel('Normalized Frequency (0 to π)')
plt.ylabel('Magnitude (dB)')

plt.subplot(3, 1, 3)
plt.plot(W/np.pi, np.angle(H[1]) * 180 / np.pi)
plt.title('Phase Response')
plt.xlabel('Normalized Frequency (0 to π)')
plt.ylabel('Phase (degrees)')

plt.tight_layout()
plt.show()
```

运行程序,结果如图 6.3.7 所示。

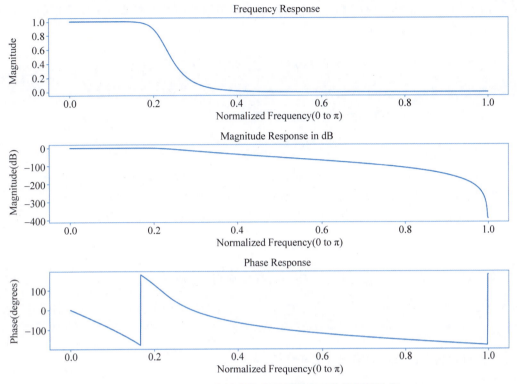

图 6.3.7 采用双线性变换法设计数字巴特沃斯滤波器

6.4 习题

1. 数字滤波器经常以图 6.4.1 所描述的方式来处理限带模拟信号。在理想情况下,模数转换器对模拟信号采样,产生序列 $x(n)=x_a(nT)$,而数模转换器又将采样 $y(n)$ 变换成限带波形。

$$y_a(t) = \sum_{n=-\infty}^{\infty} y(n) \frac{\sin\left[\frac{\pi}{T}(t-nT)\right]}{\frac{\pi}{T}(t-nT)}$$

整个系统等效为一个线性非时变模拟系统。

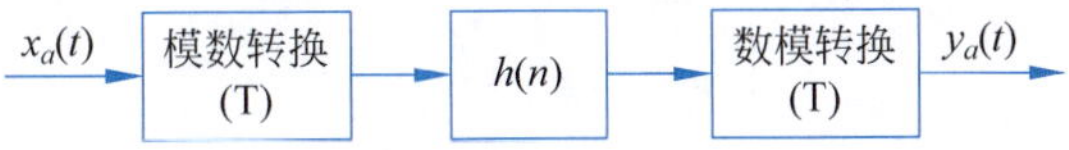

图 6.4.1 题 1 图

(1) 如果系统 $h(n)$ 的截止频率点为 $\frac{\pi}{8}$ rad,$\frac{1}{T}=10\text{kHz}$,求等效模拟滤波器的截止频率是多少?

(2) 设 $\frac{1}{T}=20\text{kHz}$,重复(1)。

2. 令 $h_a(t)$、$s_a(t)$ 和 $H_a(s)$ 分别表示连续时间线性非时变滤波器的冲激响应,阶跃响应和系统函数。令 $h(n)$、$s(n)$ 和 $H(z)$ 分别表示离散时间线性非时变数字滤波器的单位采样响应、阶跃响应和系统函数。

(1) 如果 $h(n)=h_a(nT)$，是否 $s(n)=\sum\limits_{k=-\infty}^{\infty}h_a(kT)$。

(2) 如果 $s(n)=s_a(nT)$，是否 $h(n)=h_a(nT)$。

3. 设模拟滤波器系统函数

$$H_a(s)=\frac{1}{s^2+s+1}$$

采样周期 $T=2$ 时，试用双线性变换法将以上模拟系统函数转变为数字系统函数 $H(z)$。

4. 用脉冲响应不变变换法将上题中的模拟系统函数转变为数字系统函数 $H(z)$。

5. 模拟滤波器的输入 $x_a(t)$ 与输出 $y_a(t)$ 的关系为线性常系数微分方程所决定

$$\frac{\mathrm{d}y_a(t)}{\mathrm{d}t}+0.9y_a(t)=x_a(t)$$

假设数字滤波器是由一阶前向差分替换一阶导数而得到，$x(n)$ 与 $y(n)$ 表示数字滤波器的输入与输出，则 $\left[\dfrac{y(n+1)-y(n)}{T}\right]+0.9y(n)=x(n)$。在本题中假定数字滤波器是符合因果律的。

(1) 确定模拟滤波器的幅频响应并作图。

(2) 确定数字滤波器幅频响应并作图，设 $T=\dfrac{10}{9}$。

(3) 确定数字滤波器的不稳定的 T 值范围(注意，模拟滤波器是稳定的)。

6. 设 $h_a(t)$ 表示模拟滤波器的冲激响应

$$h_a(t)=\begin{cases}\mathrm{e}^{-0.9t}, & t\geqslant 0\\ 0, & t<0\end{cases}$$

用脉冲响应不变变换法，由此模拟滤波器设计数字滤波器，$h(n)$ 表示单位采样响应，即 $h(n)=h_a(nT)$，确定系统函数 $H(z)$，并把 T 作为参数，证明对于 T 为任何值时，数字滤波器是稳定的，并说明此数字滤波器近似为低通滤波器还是高通滤波器？

7. 图 6.4.2 表示数字滤波器的频率响应。

(1) 确定采用脉冲响应不变变换法，映射成数字频率响应的模拟频率响应，并作图。

(2) 当采用双线性变换法时，画出映射成此数字频率响应特性的模拟频率响应。

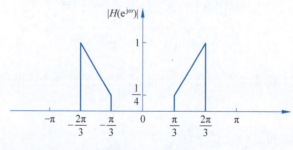

图 6.4.2 题 7 图

8. 令 $|H_a(j\Omega)|^2$ 表示 5 阶模拟巴特沃斯滤波器的幅度平方函数,其截止频率 Ω_c 为 $2\pi \times 10^3$,试在 s 平面上确定出系统函数 $H_a(s)$ 的极点,假定系统为稳定和因果的。

9. 设计一个数字低通滤波器,通带内幅度特性在低于 $\omega=0.2613\pi$ 的频率上维持在 0.75dB 内,阻带内幅度特性在 $\omega=0.4018\pi$ 和 π 之间的频率上衰减至少为 20dB。按上述指标要求用脉冲响应不变变换法将模拟滤波器映射成相应的数字滤波器,试确定最低阶巴特沃斯模拟滤波器系统函数的极点。并指出如何得到数字滤波器的系统函数。

10. 指标同题 9,用双线性变换法重复题 9。

11. 某低通滤波器的各种指标和参量要求如下:
(1) 巴特沃斯型响应的双线性变换设计;
(2) 当 $0 \leqslant f \leqslant 25\text{Hz}$ 时,衰减 $<3\text{dB}$;
(3) 当 $f \geqslant 50\text{Hz}$ 时,衰减 $\geqslant 38\text{dB}$;
(4) 采样频率 $= 200\text{Hz}$。

试确定系统函数 $H(z)$,并求出一级联系统的系统函数,但每级阶数不超过二阶。

第7章 有限冲激响应数字滤波器设计

IIR 数字滤波器虽有许多优异特性，但也有一些缺点，例如，对 IIR 数字滤波器必须注意稳定性问题。再者，若想利用快速傅里叶变换技术进行快速卷积实现滤波器，则必须要求单位脉冲响应是有限列长的。此外，上文的设计举例也清楚地说明了，IIR 数字滤波器的优异幅度响应，一般是以相位的非线性为代价的，非线性相位会引起频率色散。

FIR 数字滤波器具有严格的线性相位特性，这对于语音信号处理和数据传输是很重要的。在 FFT 出现之前，一般曾认为 FIR 数字滤波器在计算上是不可行的，现在 FIR 数字滤波器已经得到了越来越多的应用。

前文所讨论的各种变换法对 FIR 数字滤波器不适用，因为它们给出的是 IIR 函数。因此必须探讨 FIR 数字滤波器的设计方法。FIR 滤波器的单位脉冲响应 $h(n)$ 仅含有有限个 (N 个)非零值，是因果的有限长序列。该序列 $h(n)$ 的 z 变换为

$$H(z) = \sum_{n=0}^{n-1} h(n) z^{-n}$$

$H(z)$ 是 z^{-1} 的 $N-1$ 阶多项式。因此，$H(z)$ 有 $N-1$ 个零点可位于有限 z 平面的任何位置，它还有 $N-1$ 个极点位于 $z=0$ 处。频率响应 $H(e^{j\omega})$ 是一个三角多项式

$$H(e^{j\omega}) = \sum_{n=0}^{N-1} h(n) e^{-j\omega n}$$

因此 FIR 数字滤波器的设计问题，实际上就是求频率响应 $H(e^{j\omega})$ 的 N 个点处的采样值 $H(k)$（因为任一有限长序列完全由它的傅里叶变换的 N 个采样值确定）或 N 个 $h(n)$。

目前关于 FIR 数字滤波器的设计方法主要有两类：第一类是基于逼近理想滤波器特性的方法，包括窗函数法、频率采样法和等波纹最佳逼近法。第二类是最优设计法。本书主要讨论第一类设计法。下面介绍线性相位滤波器的特性，以便根据实际需要选择合适的 FIR 数字滤波器类型，并在设计时遵循相应的约束条件。

7.1 线性相位 FIR 数字滤波器

视频讲解

7.1.1 频率响应特点

FIR 数字滤波器的频率响应为

$$H(e^{j\omega}) = \sum_{n=0}^{N-1} h(n) e^{-j\omega n} \tag{7.1.1}$$

将 $H(e^{j\omega})$ 表示为极坐标的形式

$$H(e^{j\omega}) = \pm |H(e^{j\omega})| e^{j\theta(\omega)} \tag{7.1.2}$$

若 $h(n)$ 是实函数时,其傅里叶变换的幅度是 ω 的偶函数,而相位是 ω 的奇函数,即

$$|H(e^{j\omega})| = |H(e^{-j\omega})| \quad 0 \leqslant \omega \leqslant \pi \tag{7.1.3}$$

$$\theta(\omega) = -\theta(-\omega) \tag{7.1.4}$$

很多实际应用中的 FIR 数字滤波器要求有准确的线性相位,式(5.3.3)已指出了线性相位条件要求滤波器的单位采样响应 $h(n)$ 应满足

偶对称 $h(n) = h(N-1-n)$

奇对称 $h(n) = -h(N-1-n)$

对于 $h(n)$ 为偶对称和奇对称的分析又分别分为列长 N 为偶数和奇数两种情况。其单位脉冲采样序列 $h(n)$ 如图 7.1.1 及图 7.1.2 所示。因此共有 4 种类型的线性相位 FIR 数字滤波器。下面分别讨论它们的频率响应。在讨论中将频率响应 $H(e^{j\omega})$ 用相位函数 $\theta(\omega)$ 及幅度函数 $H(\omega)$ 表示为

$$H(e^{j\omega}) = H(\omega) e^{j\theta(\omega)} \tag{7.1.5}$$

其中 $H(\omega)$ 是一个纯实数,即等于 $\pm |H(e^{j\omega})|$。

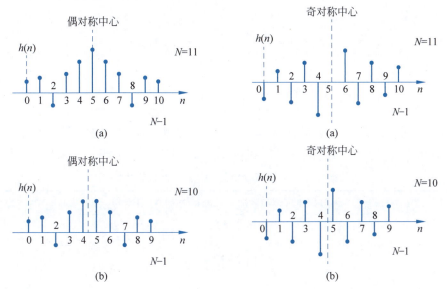

图 7.1.1 偶对称单位脉冲采样响应   图 7.1.2 奇对称单位脉冲采样响应

1. 情况 1

$h(n)$ 为偶对称,N 为奇数时,

$$H(e^{j\omega}) = \sum_{n=0}^{\frac{(N-3)}{2}} h(n) e^{-j\omega n} + h\left(\frac{N-1}{2}\right) e^{-j\omega\left(\frac{N-1}{2}\right)} + \sum_{n=\frac{N+1}{2}}^{N-1} h(n) e^{-j\omega n} \tag{7.1.6}$$

在式(7.1.6)右端第 3 项中,进行变量代换,代入 $m = N-1-n$,则

$$H(e^{j\omega}) = \sum_{n=0}^{\frac{(N-3)}{2}} h(n) e^{-j\omega n} + h\left(\frac{N-1}{2}\right) e^{-j\omega\left(\frac{N-1}{2}\right)} + \sum_{m=0}^{\frac{(N-3)}{2}} h(N-1-m) e^{-j\omega(N-1-m)}$$

$$\tag{7.1.7}$$

由于 $h(n)=h(N-1-n)$，故可合并式(7.1.7)第 1 项和第 3 项，并提出 $\mathrm{e}^{-\mathrm{j}\omega\frac{N-1}{2}}$，这样式(7.1.7)可写成

$$H(\mathrm{e}^{\mathrm{j}\omega})=\mathrm{e}^{-\mathrm{j}\omega\frac{N-1}{2}}\left[\sum_{n=0}^{\frac{N-3}{2}}h(n)\left\{\mathrm{e}^{\mathrm{j}\omega\left(\frac{N-1}{2}-n\right)}+\mathrm{e}^{-\mathrm{j}\omega\left(\frac{N-1}{2}-n\right)}\right\}+h\left(\frac{N-1}{2}\right)\right]$$

$$=\mathrm{e}^{-\mathrm{j}\omega\frac{N-1}{2}}\left\{\sum_{n=0}^{\frac{N-3}{2}}2h(n)\cos\left[\omega\left(\frac{N-1}{2}-n\right)\right]+h\left(\frac{N-1}{2}\right)\right\} \quad (7.1.8)$$

令 $m=\dfrac{N-1}{2}-n$，则式(7.1.8)变成

$$H(\mathrm{e}^{\mathrm{j}\omega})=\mathrm{e}^{-\mathrm{j}\omega\frac{N-1}{2}}\left[\sum_{m=1}^{\frac{N-1}{2}}2h\left(\frac{N-1}{2}-m\right)\cos(\omega m)+h\left(\frac{N-1}{2}\right)\right] \quad (7.1.9)$$

最后，令 $a(0)=h\left(\dfrac{N-1}{2}\right)$

$$a(n)=2h\left[\frac{N-1}{2}-n\right] \quad n=1,2,\cdots,\frac{N-1}{2} \quad (7.1.10)$$

则式(7.1.9)可写成

$$H(\mathrm{e}^{\mathrm{j}\omega})=\mathrm{e}^{-\mathrm{j}\omega\frac{N-1}{2}}\left[\sum_{n=0}^{\frac{N-1}{2}}a(n)\cos(\omega n)\right] \quad (7.1.11)$$

因此，对情况 1 可得

$$H(\omega)=\sum_{n=0}^{\frac{N-1}{2}}a(n)\cos(\omega n) \quad (7.1.12)$$

由于 $\cos n\omega$ 对 $\omega=0,\pi,2\pi$ 呈偶对称，所以 $H(\omega)$ 对这些频率呈偶对称特性。结论：N 为奇数时，若时域 $h(n)$ 为偶对称，则频域也是偶对称，频率响应特性如表 7.1.1 中第一栏所示。

表 7.1.1　4 种线性相位 FIR 数字滤波器特性

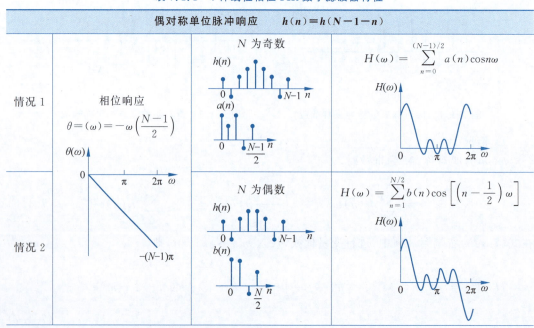

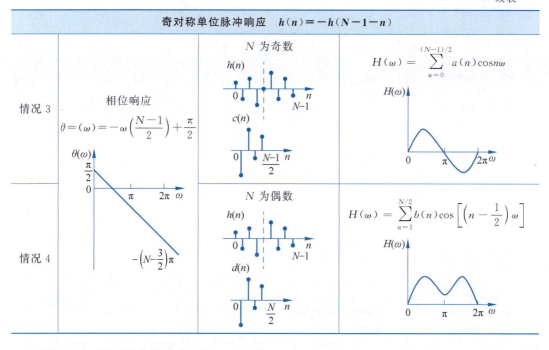

【例7.1】 绘制单位脉冲响应为 $h(n)=\begin{bmatrix}-3 & 1 & -1 & -2 & 5 & 6 & 5 & -2 & -1 & 1 & -3\end{bmatrix}$ 的 I 型线性相位滤波器的幅度函数。

```
import numpy as np
import matplotlib.pyplot as plt
plt.rcParams['font.sans-serif'] = ['SimHei']          # 设置中文字体为黑体
from scipy.signal import tf2zpk

def Hr_Type1(h):
    M = len(h)
    L = (M - 1) // 2
    a = np.concatenate(([h[L]], 2 * h[L-1::-1]))      # Type-1 LP filter coefficients
    n = np.arange(0, L+1)
    w = np.linspace(0, 2 * np.pi, 500)
    Hr = np.zeros_like(w)
    
    for i in range(len(w)):
        Hr[i] = np.sum(np.cos(w[i] * n) * a)
    
    return Hr, w, a, L

h = np.array([-3, 1, -1, -2, 5, 6, 5, -2, -1, 1, -3])
Hr, w, a, L = Hr_Type1(h)

# Plotting
plt.figure(figsize = (12, 8))

plt.subplot(2, 2, 1)
plt.stem(np.arange(len(h)), h)
```

```
plt.xlabel('n')
plt.ylabel('h(n)')
plt.title('单位脉冲响应')

plt.subplot(2, 2, 2)
plt.plot(w/np.pi, Hr)
plt.xlabel('Frequency (pi)')
plt.ylabel('Hr')
plt.title('I 型幅度函数')

plt.subplot(2, 2, 3)
plt.stem(np.arange(0, L + 1), a)
plt.xlabel('n')
plt.ylabel('a(n)')
plt.title('a(n)系数')

zeros, poles, _ = tf2zpk([1], h)
plt.subplot(2, 2, 4)
plt.scatter(np.real(zeros), np.imag(zeros), marker = 'o', color = 'b', label = 'Zeros')
plt.scatter(np.real(poles), np.imag(poles), marker = 'x', color = 'r', label = 'Poles')
plt.axhline(0, color = 'black', lw = 0.5)
plt.axvline(0, color = 'black', lw = 0.5)
circle = plt.Circle((0, 0), 1, color = 'gray', fill = False, linestyle = '--', linewidth = 1.5)
plt.gca().add_artist(circle)
plt.axis('equal')
plt.xlabel('Real')
plt.ylabel('Imaginary')
plt.title('Zero-Pole Plot')
plt.legend()

plt.tight_layout()
plt.show()
```

运行程序,结果如图 7.1.3 所示。

2. 情况 2

$h(n)$ 为偶对称,N 为偶数时,

$$H(\mathrm{e}^{\mathrm{j}\omega}) = \sum_{n=0}^{\frac{N}{2}-1} h(n)\mathrm{e}^{-\mathrm{j}\omega n} + \sum_{n=\frac{N}{2}}^{N-1} h(n)\mathrm{e}^{-\mathrm{j}\omega n} \tag{7.1.13}$$

对此等式右端第 2 项和式进行变量代换,代入 $m = N - 1 - n$,经过和情况 1 相同的变换,最后可得

$$H(\mathrm{e}^{\mathrm{j}\omega}) = \mathrm{e}^{-\mathrm{j}\omega\frac{N-1}{2}} \left\{ \sum_{n=0}^{\frac{N}{2}-1} 2h(n)\cos\left[\omega\left(\frac{N}{2} - n - \frac{1}{2}\right)\right] \right\}$$

令 $m = N/2 - n, b(n) = 2h(N/2 - n), n = 1, 2, \cdots, N/2$ 则

$$H(\mathrm{e}^{\mathrm{j}\omega}) = \mathrm{e}^{-\mathrm{j}\omega\frac{N-1}{2}} \left\{ \sum_{n=1}^{\frac{N}{2}} b(n)\cos\left[\omega\left(n - \frac{1}{2}\right)\right] \right\} \tag{7.1.14}$$

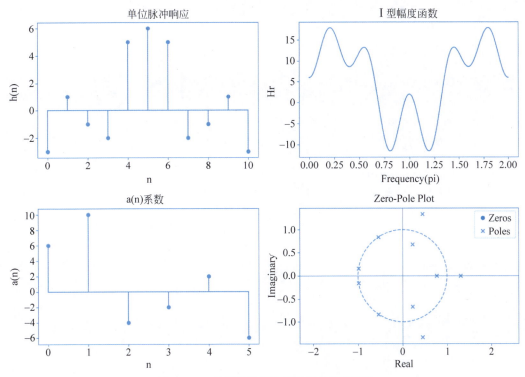

图 7.1.3　Ⅰ型线性相位滤波器的幅度函数

因此,对情况 2 可得

$$H(\omega)=\sum_{n=1}^{\frac{N}{2}}b(n)\cos\left[\omega\left(n-\frac{1}{2}\right)\right] \qquad (7.1.15)$$

这种情况的特点是

(1) 由于 $\cos[\omega(n-1/2)]$ 对 $\omega=\pi$ 呈奇对称,故 $H(\omega)$ 对 $\omega=\pi$ 呈奇对称;

(2) 当 $\omega=\pi$ 时,$\cos[\pi(n-1/2)]=0$,故不论 $b(n)$[即 $h(n)$]是多少,一定有 $H(\pi)=0$,即 $H(z)$ 在 $z=-1$ 处有零点。因此如果一个滤波器,在 $\omega=\pi$ 时,其频率响应不等于零(例如高通滤波器),则不能用此法来逼近。情况 2 的频率响应特性如表 7.1.1 中第二栏所示。

由情况 1 和情况 2 看出,对于偶对称的单位采样响应,其频率特性的相位响应为

$$\theta(\omega)=-\omega\frac{N-1}{2}$$

具有严格的线性相位。滤波器有 $(N-1)/2$ 个采样周期的延时,即其延时等于单位采样响应 $h(n)$ 列长的一半。$\theta(\omega)$ 的图形见表 7.1.1。

【例 7.2】　绘制单位脉冲响应为 $h(n)=\begin{bmatrix}1 & 2 & -1 & 3 & 4 & 4 & 3 & -1 & 2 & 1\end{bmatrix}$ 的Ⅱ型线性相位滤波器的幅度函数。

```
import numpy as np
import matplotlib.pyplot as plt
plt.rcParams['font.sans-serif'] = ['SimHei']      # 设置中文字体为黑体
from scipy.signal import tf2zpk
```

```python
def Hr_Type2(h):
    M = len(h)
    L = M // 2
    b = 2 * h[L - 1::-1]
    n = np.arange(1, L + 1) - 0.5
    w = np.linspace(0, 2 * np.pi, 500)
    Hr = np.zeros_like(w)

    for i in range(len(w)):
        Hr[i] = np.sum(np.cos(w[i] * n) * b)

    return Hr, w, b, L

h = np.array([1, 2, -1, 3, 4, 4, 3, -1, 2, 1])
Hr, w, b, L = Hr_Type2(h)

# Plotting
plt.figure(figsize = (12, 8))

plt.subplot(2, 2, 1)
plt.stem(np.arange(len(h)), h)
plt.xlabel('n')
plt.ylabel('h(n)')
plt.title('脉冲响应')

plt.subplot(2, 2, 2)
plt.plot(w/np.pi, Hr)
plt.xlabel('Frequency (pi)')
plt.ylabel('Hr')
plt.title('Ⅱ型幅度函数')

plt.subplot(2, 2, 3)
plt.stem(np.arange(1, L + 1), b)
plt.xlabel('n')
plt.ylabel('b(n)')
plt.title('b(n)系数')

zeros, poles, _ = tf2zpk(h, [1])
plt.subplot(2, 2, 4)
plt.scatter(np.real(zeros), np.imag(zeros), marker = 'o', color = 'b', label = 'Zeros')
plt.scatter(np.real(poles), np.imag(poles), marker = 'x', color = 'r', label = 'Poles')
plt.axhline(0, color = 'black', lw = 0.5)
plt.axvline(0, color = 'black', lw = 0.5)
circle = plt.Circle((0, 0), 1, color = 'gray', fill = False, linestyle = '--', linewidth = 1.5)
```

```
plt.gca().add_artist(circle)
plt.axis('equal')
plt.xlabel('Real')
plt.ylabel('Imaginary')
plt.title('零极点图')

plt.tight_layout()
plt.show()
```

运行程序,结果如图 7.1.4 所示。

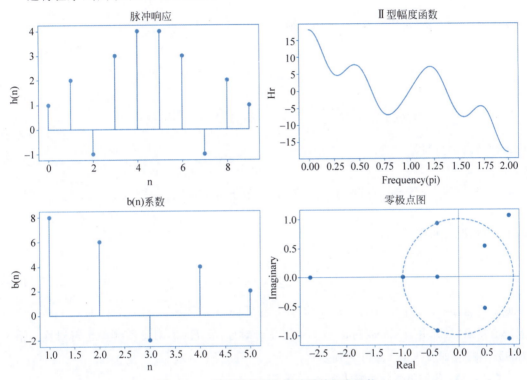

图 7.1.4 Ⅱ型线性相位滤波器的幅度函数

3. 情况 3

$h(n)$ 为奇对称,N 为奇数。

因为 $h(n)$ 为奇对称,则要求 $h\left(\dfrac{N-1}{2}\right)=-h\left(N-1-\dfrac{N-1}{2}\right)=-h\left(\dfrac{N-1}{2}\right)$,所以 $h\left(\dfrac{N-1}{2}\right)=0$。

$$H(\mathrm{e}^{\mathrm{j}\omega})=\sum_{n=0}^{\frac{N-1}{2}-1}h(n)\mathrm{e}^{-\mathrm{j}\omega n}+\sum_{n=\frac{N+1}{2}}^{N-1}h(n)\mathrm{e}^{-\mathrm{j}\omega n}$$

$$=\sum_{n=0}^{\frac{N-3}{2}}h(n)\mathrm{e}^{-\mathrm{j}\omega n}+\sum_{n=0}^{\frac{N-3}{2}}h(N-1-n)\mathrm{e}^{-\mathrm{j}\omega(N-1-n)}$$

$$= \sum_{n=0}^{\frac{N-3}{2}} h(n) e^{-j\omega \frac{N-1}{2}} \left[e^{j\omega \left(\frac{N-1}{2}-n\right)} - e^{-j\omega \left(\frac{N-1}{2}-n\right)} \right]$$

$$= e^{-j\omega \frac{N-1}{2}} j \left\{ \sum_{n=0}^{\frac{N-3}{2}} 2h(n) \sin\left[\omega \left(\frac{N-1}{2}-n\right)\right] \right\}$$

$$= e^{j\left(\frac{\pi}{2}-\frac{N-1}{2}\omega\right)} \left\{ \sum_{n=0}^{\frac{N-3}{2}} 2h(n) \sin\left[\omega \left(\frac{N-1}{2}-n\right)\right] \right\} \tag{7.1.16}$$

令 $m=(N-1)/2-n$ 代入式(7.1.16),则

$$H(e^{j\omega}) = e^{j\left(\frac{\pi}{2}-\frac{N-1}{2}\omega\right)} \left\{ \sum_{m=1}^{\frac{N-1}{2}} 2h\left(\frac{N-1}{2}-m\right) \sin(\omega m) \right\} \tag{7.1.17}$$

$$C(n) = 2h\left[\frac{N-1}{2}-n\right] \quad n=1,2,\cdots,\frac{N-1}{2}$$

则式(7.1.17)可写为

$$H(e^{j\omega}) = e^{-j\omega \frac{N-1}{2}} e^{j\frac{\pi}{2}} \left[\sum_{n=1}^{\frac{N-1}{2}} C(n) \sin(\omega n) \right]$$

因此,对情况 3 可得

$$H(\omega) = \sum_{n=1}^{\frac{N-1}{2}} C(n) \sin(\omega n) \tag{7.1.18}$$

由此式可看出:(1)当 $\omega=0,\pi,2\pi$ 时,不管 $C(n)$[即 $h(n)$]是多少,一定有 $H(z)$ 在 $z=\pm 1$ 上都有零点;(2)由于 $\sin n\omega$ 对 $\omega=0,\pi,2\pi$ 呈奇对称,故 $H(\omega)$ 对这些频率也奇对称。情况 3 的频率响应如表 7.1.1 第 3 栏所示。

【例 7.3】 绘制单位脉冲响应为 $h(n)=[-1\ \ 1\ \ -2\ \ 2\ \ -3\ \ 0\ \ 3\ \ -2\ \ 2\ \ -1\ \ 1]$ 的Ⅲ型线性相位滤波器的幅度函数。

```python
import numpy as np
import matplotlib.pyplot as plt
plt.rcParams['font.sans-serif'] = ['SimHei']        # 设置中文字体为黑体
from scipy.signal import tf2zpk

def Hr_Type3(h):
    M = len(h)
    L = (M-1) // 2
    c = 2 * h[L::-1]
    n = np.arange(0, L+1)
    w = np.linspace(0, 2*np.pi, 500)
    Hr = np.zeros_like(w)
    
    for i in range(len(w)):
```

```python
        Hr[i] = np.sum(np.sin(w[i] * n) * c)

    return Hr, w, c, L

h = np.array([-1, 1, -2, 2, -3, 0, 3, -2, 2, -1, 1])
Hr, w, c, L = Hr_Type3(h)

# Plotting
plt.figure(figsize = (12, 8))

plt.subplot(2, 2, 1)
plt.stem(np.arange(len(h)), h)
plt.xlabel('n')
plt.ylabel('h(n)')
plt.title('脉冲响应')

plt.subplot(2, 2, 2)
plt.plot(w/np.pi, Hr)
plt.xlabel('Frequency (pi)')
plt.ylabel('Hr')
plt.title('Ⅲ型幅度函数')

plt.subplot(2, 2, 3)
plt.stem(np.arange(L + 1), c)
plt.xlabel('n')
plt.ylabel('c(n)')
plt.title('c(n)系数')

zeros, poles, _ = tf2zpk(h, [1])
plt.subplot(2, 2, 4)
plt.scatter(np.real(zeros), np.imag(zeros), marker = 'o', color = 'b', label = 'Zeros')
plt.scatter(np.real(poles), np.imag(poles), marker = 'x', color = 'r', label = 'Poles')
plt.axhline(0, color = 'black', lw = 0.5)
plt.axvline(0, color = 'black', lw = 0.5)
circle = plt.Circle((0, 0), 1, color = 'gray', fill = False, linestyle = '--', linewidth = 1.5)
plt.gca().add_artist(circle)
plt.axis('equal')
plt.xlabel('Real')
plt.ylabel('Imaginary')
plt.title('零极点图')

plt.tight_layout()
plt.show()
```

运行程序,结果如图 7.1.5 所示。

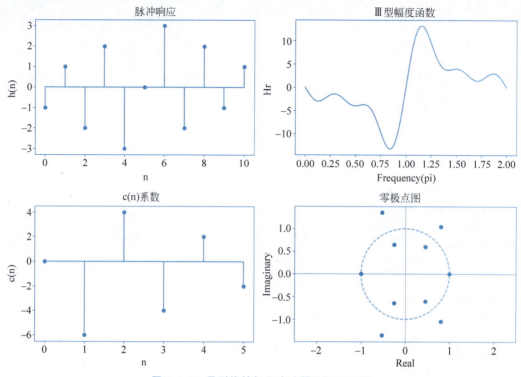

图 7.1.5　Ⅲ型线性相位滤波器的幅度函数

4. 情况 4

$h(n)$ 为奇对称, N 为偶数时,

$$H(e^{j\omega}) = \sum_{n=1}^{\frac{N-1}{2}} h(n)e^{-j\omega n} + \sum_{n=\frac{N}{2}}^{N-1} h(n)e^{-j\omega n}$$

类似情况 3 的化简可得

$$H(e^{j\omega}) = e^{j\left(\frac{\pi}{2} - \frac{N-1}{2}\omega\right)} \left\{ \sum_{n=0}^{\frac{N}{2}-1} 2h(n)\sin\left[\omega\left(\frac{N}{2} - n - \frac{1}{2}\right)\right] \right\} \quad (7.1.19)$$

令 $m = \frac{N}{2} - n$, 代入式(7.1.19), 并令 $d(n) = 2h\left(\frac{N}{2} - n\right), n = 1, 2, \cdots, \frac{N}{2}$, 则式(7.1.19)可写成

$$H(e^{j\omega}) = e^{j\left(\frac{\pi}{2} - \frac{N-1}{2}\omega\right)} \left\{ \sum_{n=1}^{\frac{N}{2}} d(n)\sin\left[\omega\left(n - \frac{1}{2}\right)\right] \right\}$$

因此对情况 4 可得

$$H(\omega) = \sum_{n=1}^{\frac{N}{2}} d(n)\sin\left[\omega\left(n - \frac{1}{2}\right)\right] \quad (7.1.20)$$

对此情况：(1) 由于 $\sin[\omega(n-1/2)]$ 在 $\omega = 0.2\pi$ 处为零, 所以 $H(\omega)$ 在 $\omega = 0.2\pi$ 处为零, 即 $H(z)$ 在 $z = 1$ 处有零点; (2) 由于 $\sin[\omega(n-1/2)]$ 在 $\omega = 0.2\pi$ 处呈奇对称, 故 $H(\omega)$ 在

$\omega=0.2\pi$ 处呈奇对称。

情况 3 和情况 4 线性相位 FIR 数字滤波器适合于逼近微分器、希尔伯特变换器等。由情况 3 和情况 4 看出,对于奇对称的单位采样响应,其频谱特性的相位响应为

$$\theta(\omega)=-\omega\left(\frac{N-1}{2}\right)+\frac{\pi}{2}$$

也是线性的。滤波器仍有 $(N-1)/2$ 个采样周期的延时为 $h(n)$ 列长的一半。对于相移而言,除具有 $-(N-1)\omega/2$ 的线性相移外,尚有 $\pi/2$ 的固定相移。其 $\theta(\omega)$ 的图形见表 7.1.1 所示。

综上所述,FIR 数字滤波器的单位脉冲响应只要满足对称条件,就一定具有线性相位频率特性。4 种情况的线性相位 FIR 数字滤波器的频率响应可以统一表示为

$$H(\mathrm{e}^{\mathrm{j}\omega})=H(\omega)\mathrm{e}^{\mathrm{j}\left(\frac{L}{2}\pi-\frac{N-1}{2}\omega\right)} \tag{7.1.21}$$

式中 $H(\omega)$ 是频率响应的幅度特性,为实函数。$L=0$ 或 1。$L=0$ 表示单位脉冲采样响应为偶对称; $L=1$ 表示单位脉冲采样响应为奇对称。

4 种情况的线性相位 FIR 数字滤波器的相位特性可表示为

$$\theta(\omega)=\frac{L}{2}\pi-\left(\frac{N-1}{2}\right)\omega$$

而群时延则为

$$\tau=-\frac{\mathrm{d}\theta(\omega)}{\mathrm{d}\omega}=\frac{N-1}{2}$$

线性相位 FIR 数字滤波器的缺点是群时延较大,当 N 为奇数时,滤波器群时延是采样间隔的整数倍,当 N 为偶数时,滤波器群时延是整数倍采样间隔再加上 1/2 采样间隔。

【例 7.4】 绘制单位脉冲响应为 $h(n)=\begin{bmatrix} -1 & 1 & -2 & 2 & -3 & 3 & -2 & 2 & -1 & 1 \end{bmatrix}$ 的 Ⅳ 型线性相位滤波器的幅度函数。

```
import numpy as np
import matplotlib.pyplot as plt
plt.rcParams['font.sans-serif'] = ['SimHei']       # 设置中文字体为黑体
from scipy.signal import tf2zpk

def Hr_Type4(h):
    M = len(h)
    L = M // 2
    d = 2 * h[L-1::-1]
    n = np.arange(1, L+1) - 0.5
    w = np.linspace(0, 2*np.pi, 500)
    Hr = np.zeros_like(w)

    for i in range(len(w)):
        Hr[i] = np.sum(np.sin(w[i] * n) * d)

    return Hr, w, d, L

h = np.array([-1, 1, -2, 2, -3, 3, -2, 2, -1, 1])
Hr, w, d, L = Hr_Type4(h)

# Plotting
```

```python
plt.figure(figsize = (12, 8))

plt.subplot(2, 2, 1)
plt.stem(np.arange(len(h)), h)
plt.xlabel('n')
plt.ylabel('h(n)')
plt.title('脉冲响应')

plt.subplot(2, 2, 2)
plt.plot(w/np.pi, Hr)
plt.xlabel('Frequency (pi)')
plt.ylabel('Hr')
plt.title('Ⅳ型幅度函数')

plt.subplot(2, 2, 3)
plt.stem(np.arange(1, L + 1), d)
plt.xlabel('n')
plt.ylabel('d(n)')
plt.title('d(n)系数')

zeros, poles, _ = tf2zpk(h, [1])
plt.subplot(2, 2, 4)
plt.scatter(np.real(zeros), np.imag(zeros), marker = 'o', color = 'b', label = 'Zeros')
plt.scatter(np.real(poles), np.imag(poles), marker = 'x', color = 'r', label = 'Poles')
plt.axhline(0, color = 'black', lw = 0.5)
plt.axvline(0, color = 'black', lw = 0.5)
circle = plt.Circle((0, 0), 1, color = 'gray', fill = False, linestyle = '--', linewidth = 1.5)
plt.gca().add_artist(circle)
plt.axis('equal')
plt.xlabel('Real')
plt.ylabel('Imaginary')
plt.ylim( - 1.25, 1.25)
plt.title('零极点图')

plt.tight_layout()
plt.show()
```

运行程序,结果如图 7.1.6 所示。

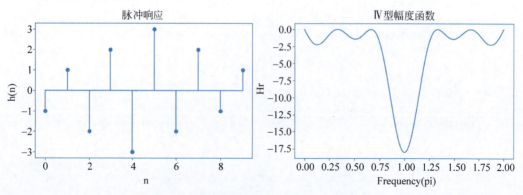

图 7.1.6　Ⅳ型线性相位滤波器的幅度函数

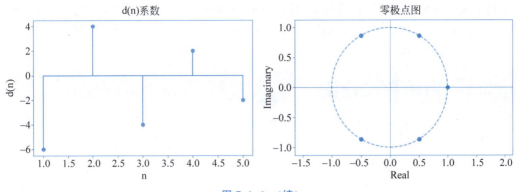

图 7.1.6 （续）

7.1.2 零点位置

当 $h(n)$ 为偶对称时，$h(n)=h(N-1-n)$ 则

$$H(z)=\sum_{n=0}^{N-1}h(n)z^{-n}=\sum_{n=0}^{N-1}h(N-1-n)z^{-n}$$

进行变量置换，将 $m=N-1-n$ 代入

$$H(z)=\sum_{m=0}^{N-1}h(m)z^{-(N-1-m)}=z^{-(N-1)}\sum_{m=0}^{N-1}h(m)z^{m}=z^{-(N-1)}\sum_{m=0}^{N-1}h(m)(z^{-1})^{-m}$$

因此

$$H(z)=z^{-(N-1)}H(z^{-1}) \qquad (7.1.22)$$

同理，当 $h(n)$ 为奇对称时，$h(n)=-h(N-1-n)$

$$H(z)=-z^{-(N-1)}H(z^{-1}) \qquad (7.1.23)$$

由式(7.1.22)与式(7.1.23)可知，线性相位滤波器的系统函数为

$$H(z)=\pm z^{-(N-1)}H(z^{-1}) \qquad (7.1.24)$$

由式(7.1.24)可见，若 $z=z_i$ 是 $H(z)$ 的零点，则 z_i 的倒数 $z=z_i^{-1}$ 也一定是 $H(z)$ 的零点，当 $h(n)$ 是实数时，$H(z)$ 的零点，必成共轭对出现，所以 $z=z_i^*$ 及 $z=z(z_i^*)^{-1}$ 也必定是零点。因此线性相位 FIR 数字滤波器的零点位置共有 4 种可能情况。

(1) z_i 是既不在实轴上又不在单位圆上的负零点，则必然是互为倒数的两组共轭对，如图 7.1.7 中零点 z_1 所示的情况。

(2) z_i 是既在单位圆上又在实轴的零点。因为该零点没有复共轭零点，其倒数又是它自身，所以 4 个互为倒数的共轭数都合为一点，这只有两种可能，或位于 $z=+1$，或位于 $z=-1$，如图 7.1.7 中零点 z_2 和 z_3 所示的情况。

(3) z_i 是在单位圆上，但不在实轴上的复零点。其复共轭零点也在单位圆上，共轭对的倒数就是其本身，如图 7.1.7 中零点 z_4 所示的情况。

(4) z_i 是不在单位圆上，但在实轴上的零点。显然这是实数零点，它没有共轭复零点，但有一个倒数零点 $z=z_i^{-1}$，如图 7.1.7 中零点 z_5 所示的情况。

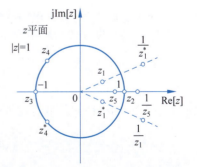

图 7.1.7 线性相位 FIR 数字滤波器零点位置图

由上文关于频率响应特点的讨论可知,$h(n)$ 为偶对称,N 为偶数时,有单根 $z=-1$ 的零点;而对 $h(n)$ 为奇对称,N 为偶数时,有单根 $z=1$ 的零点;在 $h(n)$ 为奇对称,N 为奇数时,$z=1$ 及 $z=-1$ 都为零点。

7.2 窗函数设计法

窗函数设计法也称傅里叶级数法。

7.2.1 设计原理

FIR 数字滤波器的设计问题,就是要使设计的 FIR 数字滤波器的频率响应 $H(e^{j\omega})$ 逼近要求的理想滤波器的频率响应 $H_d(e^{j\omega})$。从单位采样响应来看,就是所设计滤波器的单位采样响应 $h(n)$ 逼近理想滤波器的单位采样响应序列 $h_d(n)$。由第 2 章分析可知

$$H_d(e^{j\omega}) = \sum_{n=-\infty}^{\infty} h_d(n) e^{-j\omega n} \tag{7.2.1}$$

$$h_d(n) = \frac{1}{2\pi} \int_{-\pi}^{\pi} H_d(e^{j\omega}) e^{j\omega n} d\omega \tag{7.2.2}$$

一般来说,理想的选频滤波器的 $H_d(e^{j\omega})$ 是逐段恒定的,且在频带边界处有不连续点,因此序列 $h_d(n)$ 是无限长的,不能用式(7.2.1)中傅里叶级数系数来设计滤波器。因为第一,滤波器的单位采样响应 $h_d(n)$ 是无限长的,n 从 $-\infty \sim +\infty$ 无法求和;第二,由于 $h_d(n)$ 是从 $-\infty$ 开始,所以是非因果的,且不能用有限时延来实现它。

为解决上述问题,可采取如下办法:

(1) 用有限项和来逼近无限项和。由傅里叶级数理论可知,式(7.2.1)级数的有限部分和 $\sum_{n=-(N-1)/2}^{(N-1)/2} h_d(n) e^{-j\omega}$ 是 $H_d(e^{j\omega})$ 在均方意义下的最优逼近。这时用到的单位脉冲响应显然是 $h_d(n)$ 的一段,是有限长。

(2) 将有限长的 $h_d(n)$ 进行 $(N-1)/2$ 的有限延时,从而由非因果系统得到了因果系统。幅频特性完全不被时延所影响。因为时域的时延,在频域相应于线性相移,往往可以不考虑。

这种直接截取无限长序列以得到有限长序列的办法,可以形象地想象为 $h(n)$ 通过一个"窗口"所得到的一段 $h_d(n)$。因此 $h(n)$ 也可以表达为 $h_d(n)$ 和一个窗函数 $w(n)$ 的乘积,$h(n) = w(n) h_d(n)$。这里窗函数就是矩形序列 $R_N(n)$。

【例 7.5】 设计截止频率为 ω_c 理想低通滤波器的频率响应为

$$H'_d(e^{j\omega}) = \begin{cases} 1, & |\omega| \leqslant \omega_c \\ 0, & \omega_c \leqslant |\omega| \leqslant \pi \end{cases} \tag{7.2.3}$$

由式(7.2.2)的线性相位低通滤波器,得

$$h'_d(n) = \frac{1}{2\pi} \int_{-\omega_c}^{\omega_c} e^{j\omega n} d\omega = \frac{\sin\omega_c n}{\pi n}$$

其图形如图 2.5.2 所示,下文将其重画于图 7.2.1(a)中。为了用一个因果的有限长的序列去逼近 $h'_d(n)$,将 $h'_d(n)$ 进行 $(N-1)/2$ 的有限时延,此时 $H'_d(e^{j\omega})$ 变为

$$H_d(e^{j\omega}) = \begin{cases} e^{-j\omega\frac{N-1}{2}}, & |\omega| \leqslant \omega_c \\ 0, & \omega_c < |\omega| \leqslant \pi \end{cases}$$

而

$$h_d(n) = \frac{1}{2\pi}\int_{-\omega_c}^{\omega_c} e^{-j\omega\frac{N-1}{2}} e^{j\omega n} d\omega = \frac{\sin\left[\omega_c\left(n - \frac{N-1}{2}\right)\right]}{\pi\left(n - \frac{N-1}{2}\right)} \tag{7.2.4}$$

截取 $n=0\sim N-1$ 的一段 $h_d(n)$ 作为 $h(n)$，即

$$h(n) = h_d(n)R_N(n) = \begin{cases} h_d(n), & 0 \leqslant n \leqslant N-1 \\ 0, & \text{其他} \end{cases} \tag{7.2.5}$$

这个过程如图 7.2.1(b) 和图 7.2.1(c) 所示，这样就得到了所设计滤波器的单位采样响应 $h(n)$，它仍具有偶对称性，故所得到的是线性相位滤波器，这时 FIR 数字滤波器的频率响应为 $H(e^{j\omega}) = \sum_{n=0}^{N-1} h(n)e^{-j\omega n} = \sum_{n=0}^{N-1} h_d(n)e^{-j\omega n}$，也就是 $H_d(e^{j\omega})$ 的傅里叶级数有限部分的和。N 越大，$H(e^{j\omega})$ 和 $H_d(e^{j\omega})$ 的差别越小，但所需的计算量越大。N 的选择既要满足精度要求，又要尽可能地小。

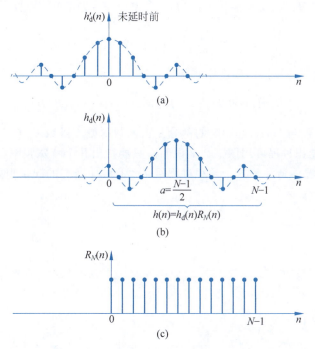

图 7.2.1　直接截取理想单位采样响应

7.2.2　矩形窗截断的影响

下文分析理想低通滤波器单位采样响应的加窗处理对频率响应将产生什么影响，这种逼近质量如何？

设 $W_R(e^{j\omega})$ 为矩形窗 $R_N(n)$ 的频谱,由复卷积定理可知,两序列乘积的频谱为

$$H(e^{j\omega}) = \frac{1}{2\pi}\int_{-\pi}^{\pi} H_d(e^{j\theta}) W_R[e^{j(\omega-\theta)}]d\theta \tag{7.2.6}$$

因此,逼近质量的好坏完全取决于窗函数的频率特性。由第3章可知,对于单边的矩形窗函数频谱

$$W_R(e^{j\omega}) = \frac{\sin\left(\frac{\omega N}{2}\right)}{\sin\frac{\omega}{2}} e^{-j\omega\left(\frac{N-1}{2}\right)} = W_R(\omega)e^{-j\omega a} \tag{7.2.7}$$

$e^{-j\omega}$ 是其线性相位部分,$a = (N-1)/2$。$W_R(\omega) = \sin\left(\frac{\omega N}{2}\right)/\sin\frac{\omega}{2}$ 是其幅度函数,它在 $\omega = \pm 2\pi/N$ 之内有一个主瓣,然后由两侧呈衰减振荡展开,形成许多副瓣,如图7.2.2(b)所示理想频率响应也可写成

$$H_d(e^{j\omega}) = H_d(\omega)e^{-j\omega a} \tag{7.2.8}$$

其幅度函数为 $H_d(\omega) = \begin{cases} 1, & |\omega| \leqslant \omega_c \\ 0, & \omega_c < |\omega| \leqslant \pi \end{cases}$

如图7.2.2(a)所示。将式(7.2.7)及式(7.2.8)的结果代入式(7.2.6),则

$$H(e^{j\omega}) = \frac{1}{2\pi}\int_{-\pi}^{\pi} H_d(\theta)e^{-j\theta a} W_R(\omega-\theta)e^{-j(\omega-\theta)a}d\theta$$

$$= e^{-j\omega a}\left[\frac{1}{2\pi}\int_{-\pi}^{\pi} H_d(\theta)W_R(\omega-\theta)d\theta\right]$$

因此实际的FIR数字滤波器的幅度函数 $H(\omega)$ 为

$$H(\omega) = \frac{1}{2\pi}\int_{-\pi}^{\pi} H_d(\theta)W_R(\omega-\theta)d\theta \tag{7.2.9}$$

可见对实际滤波器频响 $H(\omega)$ 起影响的部分是窗函数的幅度函数。

式(7.2.9)的卷积过程可用图7.2.2说明。只要找出几个特殊频率点的 $H(\omega)$,即可看出 $H(\omega)$ 的一般情况。请注意这个卷积过程给 $H(\omega)$ 响应造成的起伏现象。

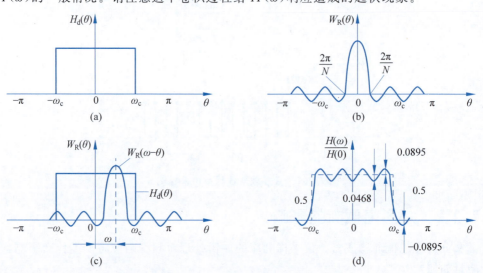

图 7.2.2 矩形窗函数的卷积过程

(1) 零频率 $\omega=0$ 时的响应值 $H(0)$。由式(7.2.9)可见，$H(0)$ 就是图 7.2.2(a)与(b)两函数乘积的积分，也就是 $W_R(\theta)$ 在 $\theta=-\omega_c \sim +\omega_c$ 一段的积分面积。由于一般情况下都满足 $\omega_c \gg \dfrac{2\pi}{N}$ 的条件，所以 $H(0)$ 可近似视为 θ 取 $-\pi \sim \pi$ 的 $W_R(\theta)$ 的全部积分面积。将 $H(0)$ 处的值归一化为 1。

(2) $\omega=\omega_c$ 时的响应值 $H(\omega_c)$。此时 $H_d(\theta)$ 与 $W_R(\omega-\theta)$ 的一半重叠，因此 $H(\omega_c)/H(0)=0.5$。

(3) $\omega=\omega_c-2\pi/N$ 时的响应值 $H(\omega_c-2\pi/N)$。这时 $W_R(\omega-\theta)$ 的全部主瓣都在 $H_d(\theta)$ 的通带内，因此频响 $H(\omega_c-2\pi/N)=\max$ 出现正肩峰。

(4) $\omega=\omega_c+2\pi/N$ 时的响应值 $H(\omega_c+N/2\pi)$。这时 $W_R(\omega-\theta)$ 的主瓣刚好全部在 $H_d(\theta)$ 通带外，而通带内的副瓣负的面积大于正的面积，因此 $H(\omega_c+2\pi/N)$ 出现负肩峰。

(5) 当 ω 继续在 $H_d(\theta)$ 的阻带内变化时，$W_R(\omega-\theta)$ 的左边副瓣将扫过通带，因此这时 $H(\omega)$ 将围绕着零波动；当 ω 由 ω_c 向 $H_d(\theta)$ 通带内变化时，$W_R(\omega-\theta)$ 的左副瓣和右副瓣将扫过通带，因此这时 $H(\omega)$ 将围绕 1 波动。图 7.2.2(c)表示 $H(\omega)$ 与 $W_R(\omega-\theta)$ 的卷积过程图。

综上所述，可以得到图 7.2.2(d)所示的 $H(\omega)/H(0)$，并得出加窗处理对理想特性产生以下 3 点影响。

(1) 使理想频率特性不连续边沿加宽，形成一个过渡带，过渡带 $W_R(\omega)$ 的宽度等于的主瓣宽度 $\Delta\omega=4\pi/N$。

(2) 在截止频率 ω_c 的两旁 $\omega=\omega_c\pm N/2\pi$ 的地方（即过渡带两旁），$H(\omega)$ 出现最大的肩峰值。最大肩峰值的两侧，形成长长的余振，它们取决于窗口频谱的副瓣，副瓣越多，余振也越多。副瓣相对值越大，则肩峰愈强。

(3) 增加截取长度 N，则窗函数主瓣附近的频谱结构为

$$W_R(\omega)=\frac{\sin\left(\dfrac{\omega N}{2}\right)}{\sin\dfrac{\omega}{2}} \approx \frac{\sin\left(\dfrac{\omega N}{2}\right)}{\dfrac{\omega}{2}}=N\frac{\sin x}{x}$$

其中 $x=\dfrac{\omega N}{2}$。

可见，改变长度 N，只能改变窗频谱的主瓣宽度和改变 ω 坐标的比例与 $W_R(\omega)$ 的绝对大小，而不能改变主瓣与副瓣的相对比例（但 N 太小时则会影响副瓣相对值），这个相对比例是由 $\sin x/x$ 决定的，即只决定于窗函数的形状。因此增加截取长度 N 只能相应地减小过渡带宽度，而不能改变肩峰值。例如在矩形窗的情况下，最大肩峰值为 8.95%，当 N 增加时，只能使起伏振荡变密，而最大肩峰却总是 8.95%，这种现象称为吉布斯效应(Gibbs Effect)。肩峰值大小直接决定着通带内的平稳和阻带的衰减，对滤波器的性能影响很大。

在矩形窗情况下，FIR 数字滤波器可以方便地设计成具有线性相位特性。如果
$$h_d(n)=h_d(N-1-n)$$
因矩阵窗序列满足 $R_N(n)=R_N(N-1-n)$。
则必有

$$h(n) = h(N-1-n)$$

这表示所设计的 FIR 数字滤波器的频率响应 $H(e^{j\omega})$ 必定是具有线性相位频率特性的。

【例 7.6】 在例 7.5 中已求得

$$h(n) = h_d(n) R_N(n) = \frac{\sin\left[\omega_c\left(n - \frac{N-1}{2}\right)\right]}{\pi\left(n - \frac{N-1}{2}\right)}, \quad n = 0, 1, \cdots, N-1$$

设 N 为奇数,则据式(7.1.8)可直接写出这个 FIR 低通数字滤波器的频率响应

$$H(e^{j\omega}) = e^{-j\omega\frac{N-1}{2}} \left\{ \sum_{n=0}^{\frac{N-1}{2}-1} \frac{2\sin\left[\omega_c\left(n - \frac{N-1}{2}\right)\right] \cos\left[\omega\left(n - \frac{N-1}{2}\right)\right]}{\pi\left(n - \frac{N-1}{2}\right)} + \frac{\omega_c}{\pi} \right\}$$

若 $N = 51, \omega_c = 0.5\pi$,则

$$h_d(n) = \frac{\sin[0.5\pi(n-25)]}{\pi(n-25)}$$

$$H(e^{j\omega}) = \left\{ \sum_{n=0}^{24} \frac{2\sin[0.5\pi(n-25)] \cos[\omega(n-25)]}{\pi(n-25)} + \frac{\omega_c}{\pi} \right\} e^{-j25\omega}$$

【例 7.7】 实现例 7.6 矩形窗函数设计法。

```
import numpy as np
import matplotlib.pyplot as plt
from scipy.signal import firwin, freqz

# 指定滤波器参数
N = 51
wc = 0.5

# 设计 FIR 数字滤波器
b = firwin(N, wc, window = 'rectangular')

# 计算频率响应
w, h = freqz(b, 1)

# 绘制单位脉冲响应
fig, ax = plt.subplots()
ax.stem(range(N), b)
ax.set_title('单位脉冲响应')
ax.set_xlabel('n')
ax.set_ylabel('hd(n)')

# 绘制频率响应
fig, ax = plt.subplots()
ax.plot(w/np.pi, 20 * np.log10(np.abs(h)))
ax.set_title('20 * log10|He(jw)|')
ax.set_xlabel('Frequency (normalized)')
ax.set_ylabel('Magnitude (dB)')
ax.grid()

plt.show()
```

运行程序,结果如图 7.2.3 所示。

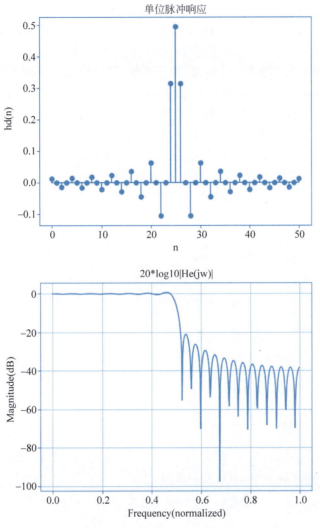

图 7.2.3 矩形窗设计 FIR 数字滤波器

7.2.3 窗口修正

矩形截断对所需幅度响应的影响是肩峰达 8.95%,致使阻带最小衰减只有 −21dB,这在工程上往往是不够的。为了改善阻带的衰减特性,只能从改善窗函数的形状上找出路。要使窗函数频谱产生的影响最小,由频域卷积公式(7.2.9)可见,就需要使函数的频谱逼近冲激函数,亦即大部分能量尽可能地集中在频谱的中点。显然理想的冲击函数频谱是不可能产生的,因为这需要无限长的窗宽,等于不加窗,没有意义。

一般希望窗函数满足两项要求:第 1 项主瓣尽可能地窄,以获得较陡的过渡带;第 2 项最大的副瓣相对于主瓣尽可能地小,也即能量集中在主瓣中。这样,就可以减少肩峰和余振,提高阻带的衰减。这两项要求不可能同时得到最佳,常用的窗函数是在这两个因素之间取得适当的折中。往往需要增加主瓣宽度以换取副瓣的抑制。如果选用一个窗函数的主要目的是得到较锐的截止,就应选用主瓣较窄的窗函数,这样在通带中将产生一些振荡,在阻带中会出现显著的波纹。如果主要目的是为了得到平坦的幅度响应和较小的阻带波纹,这时选用的窗函数的副瓣电平就要较小,但所设计的 FIR 数字滤波器的截止锐度就不会很大。

常用的窗函数在 3.8 节中已介绍过,如三角窗、汉宁窗、汉明窗、布拉克曼窗等,都是由于在边缘($n=0$ 和 $n=N-1$ 点附近)比矩形窗序列圆滑而减小了陡峭的边缘所引起的副瓣分量,但主瓣宽度却比矩形窗大,因而用这些窗函数所设计的 FIR 数字滤波器的阻带衰减和过渡带带宽都比矩形窗设计的 FIR 数字滤波器的大。

图 7.2.4~图 7.2.7 分别表示了用三角窗、汉宁窗、汉明窗和布拉克曼窗对同一指标 $N=51, \omega_c=0.5\pi$ 所设计的 FIR 数字滤波器的频率响应曲线。

【例 7.8】 采用三角窗实现窗函数设计法。

```python
import numpy as np
import matplotlib.pyplot as plt
from scipy.signal import firwin, freqz

# 指定滤波器参数
N = 51
wc = 0.5

# 设计 FIR 数字滤波器(三角窗)
b = firwin(N, wc, window = 'triang')

# 计算频率响应
w, h = freqz(b, 1)

# 设置中文字体为黑体
plt.rcParams['font.sans-serif'] = ['SimHei']

# 绘制单位脉冲响应
fig, ax = plt.subplots()
ax.stem(range(N), b)
ax.set_title('单位脉冲响应')
ax.set_xlabel('n')
ax.set_ylabel('hd(n)')
ax.grid()

# 绘制频率响应
fig, ax = plt.subplots()
ax.plot(w/np.pi, 20 * np.log10(np.abs(h)))
ax.set_title('20 * log10|He(jw)|')
ax.set_xlabel('Frequency (normalized)')
ax.set_ylabel('Magnitude (dB)')
plt.ylim(-120,20)
ax.grid()

# 手动替换负号为正确显示负号
```

```
plt.rcParams['axes.unicode_minus'] = False
plt.xticks(fontproperties = 'SimHei')
plt.yticks(fontproperties = 'SimHei')

plt.show()
```

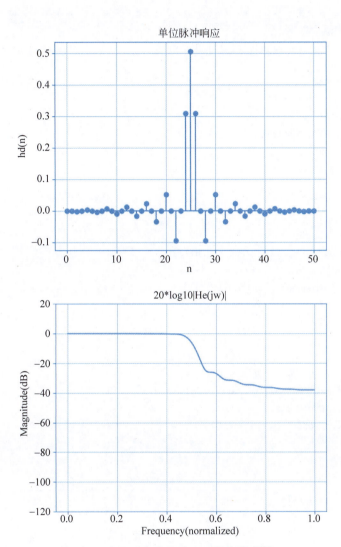

图 7.2.4　三角窗设计 FIR 数字滤波器

【例 7.9】 采用汉宁窗实现窗函数设计法。

```
import numpy as np
import matplotlib.pyplot as plt
from scipy.signal import firwin, freqz

# 指定滤波器参数
N = 51
wc = 0.5

# 设计 FIR 数字滤波器(汉宁窗)
```

```python
b = firwin(N, wc, window = 'hann')

# 计算频率响应
w, h = freqz(b, 1)

# 设置中文字体为黑体
plt.rcParams['font.sans-serif'] = ['SimHei']

# 绘制单位脉冲响应
fig, ax = plt.subplots()
ax.stem(range(N), b)
ax.set_title('单位脉冲响应')
ax.set_xlabel('n')
ax.set_ylabel('hd(n)')
ax.grid()

# 绘制频率响应
fig, ax = plt.subplots()
ax.plot(w/np.pi, 20 * np.log10(np.abs(h)))
ax.set_title('20 * log10|He(jw)|')
ax.set_xlabel('Frequency (normalized)')
ax.set_ylabel('Magnitude (dB)')
plt.ylim(-120, 20)
ax.grid()

# 手动替换负号为正确显示负号
plt.rcParams['axes.unicode_minus'] = False
plt.xticks(fontproperties = 'SimHei')
plt.yticks(fontproperties = 'SimHei')

plt.show()
```

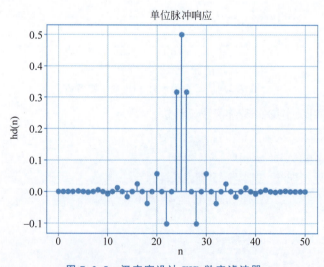

图 7.2.5　汉宁窗设计 FIR 数字滤波器

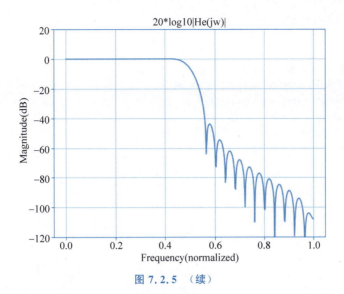

图 7.2.5 （续）

【例 7.10】 采用汉明窗实现窗函数设计法。

```python
import numpy as np
import matplotlib.pyplot as plt
from scipy.signal import firwin, freqz

# 指定滤波器参数
N = 51
wc = 0.5

# 设计 FIR 数字滤波器(汉明窗)
b = firwin(N, wc, window = 'hamming')

# 计算频率响应
w, h = freqz(b, 1)

# 设置中文字体为黑体
plt.rcParams['font.sans-serif'] = ['SimHei']

# 绘制单位脉冲响应
fig, ax = plt.subplots()
ax.stem(range(N), b)
ax.set_title('单位脉冲响应')
ax.set_xlabel('n')
ax.set_ylabel('hd(n)')
ax.grid()

# 绘制频率响应
fig, ax = plt.subplots()
ax.plot(w/np.pi, 20 * np.log10(np.abs(h)))
ax.set_title('20 * log10|He(jw)|')
ax.set_xlabel('Frequency (normalized)')
ax.set_ylabel('Magnitude (dB)')
```

```
plt.ylim(-120,20)
ax.grid()

# 手动替换负号为正确显示负号
plt.rcParams['axes.unicode_minus'] = False
plt.xticks(fontproperties = 'SimHei')
plt.yticks(fontproperties = 'SimHei')

plt.show()
```

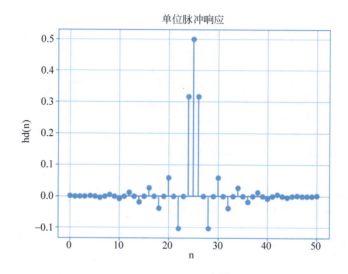

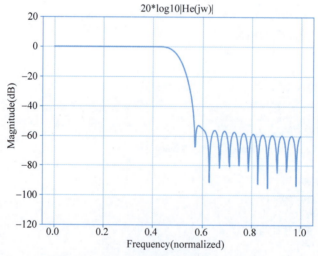

图 7.2.6 汉明窗设计 FIR 数字滤波器

【例 7.11】 采用布拉克曼窗实现窗函数设计法。

```
import numpy as np
import matplotlib.pyplot as plt
from scipy.signal import firwin, freqz

# 指定滤波器参数
N = 51
```

```
wc = 0.5

# 设计 FIR 数字滤波器(布拉克曼窗)
b = firwin(N, wc, window = 'blackman')

# 计算频率响应
w, h = freqz(b, 1)

# 设置中文字体为黑体
plt.rcParams['font.sans-serif'] = ['SimHei']

# 绘制单位脉冲响应
fig, ax = plt.subplots()
ax.stem(range(N), b)
ax.set_title('单位脉冲响应')
ax.set_xlabel('n')
ax.set_ylabel('hd(n)')
ax.grid()

# 绘制频率响应
fig, ax = plt.subplots()
ax.plot(w/np.pi, 20 * np.log10(np.abs(h)))
ax.set_title('20 * log10|He(jw)|')
ax.set_xlabel('Frequency (normalized)')
ax.set_ylabel('Magnitude (dB)')
plt.ylim(-120,20)
ax.grid()

# 手动替换负号为正确显示负号
plt.rcParams['axes.unicode_minus'] = False
plt.xticks(fontproperties = 'SimHei')
plt.yticks(fontproperties = 'SimHei')

plt.show()
```

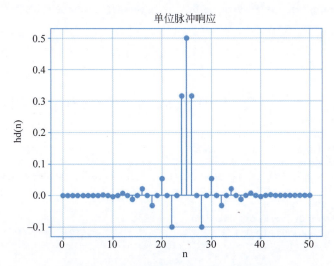

图 7.2.7　布拉克曼窗设计 FIR 数字滤波器

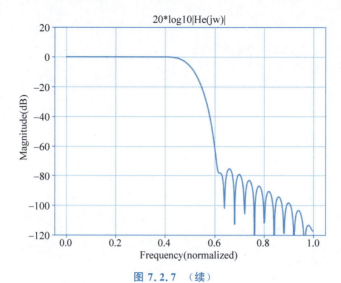

图 7.2.7 （续）

【例 7.12】 比较 5 种窗设计的 FIR 数字滤波器。

```python
import numpy as np
import matplotlib.pyplot as plt
from scipy.signal import firwin, freqz

# 指定滤波器参数
N = 51
wc = 0.5

# 设计不同窗函数的 FIR 数字滤波器
windows = ['boxcar', 'triang', 'hann', 'hamming', 'blackman']
colors = ['b', 'g', 'r', 'c', 'm']
fig, ax = plt.subplots()
for window, color in zip(windows, colors):
    b = firwin(N, wc, window = window)
    w, h = freqz(b, 1)
    ax.stem(range(N), b, linefmt = color + '-', markerfmt = color + 'o', label = window)
ax.legend()
ax.set_title('单位脉冲响应')
ax.set_xlabel('n')
ax.set_ylabel('hd(n)')
ax.grid()

# 绘制频率响应
fig, ax = plt.subplots()
for window, color in zip(windows, colors):
    b = firwin(N, wc, window = window)
    w, h = freqz(b, 1)
    ax.plot(w/np.pi, 20 * np.log10(np.abs(h)), color = color, label = window)
ax.legend()
ax.set_title('20 * log10|He(jw)|')
ax.set_xlabel('Frequency (normalized)')
ax.set_ylabel('Magnitude (dB)')
ax.grid()

# 手动替换负号为正确显示负号
plt.rcParams['axes.unicode_minus'] = False
```

```
plt.xticks(fontproperties = 'SimHei')
plt.yticks(fontproperties = 'SimHei')

plt.show()
```

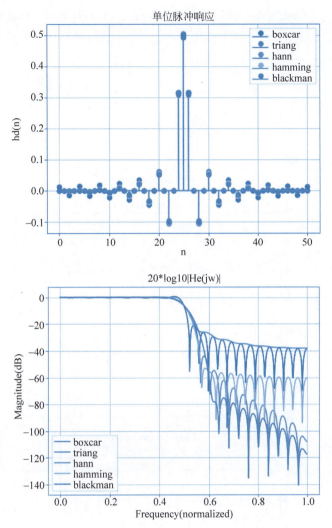

图 7.2.8　5 种窗设计的 FIR 数字滤波器比较

图 7.2.9 表示增加窗的长度 N 对低通滤波器设计的影响。由图可见，N 增大，阻带衰减不变，过渡区变小。由图 7.2.2 的矩形窗与理想频响的卷积过程可知，过渡区决定于窗的主瓣宽度，窗的主瓣宽度与 N 成反比。

综上所述，在设计 FIR 数字滤波器时，可以通过选择窗函数的形状和窗函数列长 N 对设计过程加以控制。

在 3.8 节中给出了偶对称的凯塞窗函数。这里为适应 FIR 数字滤波器的设计，写出单边表示的凯塞窗函数

$$w(n) = \frac{I_0\left[\pi a \sqrt{1-\left[\frac{2n}{(n-1)}-1\right]^2}\right]}{I_0(\pi a)}, \quad 0 \leqslant n \leqslant N-1 \qquad (7.2.10)$$

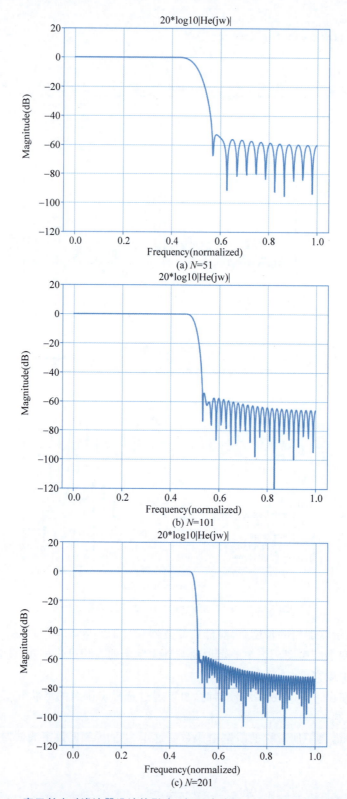

图 7.2.9　窗口长度对滤波器设计的影响（低通滤波器，$\omega_c = 0.5\pi$，汉明窗口函数）

(πa)值可自由选择,以便在主瓣宽度与副瓣电平之间得到调节。(πa)值选得越高,其频谱的副瓣越小,但主瓣宽度也相应增加。由式(7.2.10)可知$(\pi a)=0$时就是矩形窗。表 7.2.1 表示凯塞窗函数在不同(πa)值下的特点。参数(πa)多选择在 $4<(\pi a)<9$ 范围内。

表 7.2.1 凯塞窗(πa)参数的影响

(πa)	过渡带 $\Delta\omega$	通带波动(dB)	阻带最小衰减(dB)
2.120	$3.00\pi/N$	± 0.27	-30
3.384	$4.46\pi/N$	± 0.0864	-40
4.583	$5.86\pi/N$	± 0.0274	-50
5.658	$7.24\pi/N$	± 0.00868	-60
6.764	$8.64\pi/N$	± 0.00275	-70
7.865	$10.0\pi/N$	± 0.000868	-80
8.960	$11.4\pi/N$	± 0.000275	-90
10.056	$12.8\pi/N$	± 0.000087	-100

单边表示的凯塞窗函数的曲线如图 7.2.10 所示。在中点,$n=(N-1)/2$,$w((N-1)/2)=I_0(\pi a)/I_0(\pi a)=1$。当 n 从中点向两边变化时,$w(n)$ 逐渐减小。参数(πa)值越大,$w(n)$变化越快,最后 $n=0$ 及 $n=N-1$ 时,$w(0)=w(N-1)=1/I_0(\pi a)$。

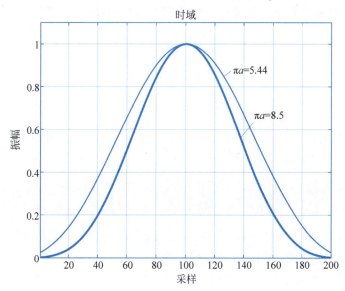

图 7.2.10 凯塞窗函数

表 7.2.2 归纳了前面提到的几种窗函数的主要性能,可供设计 FIR 数字滤波器时参考。

表 7.2.2 6 种窗函数的基本参数

窗 函 数	过渡带 $\Delta\omega$	阻带最小衰减(dB)
矩形窗	$4\pi/N$	-21
三角窗	$8\pi/N$	-25
汉宁窗	$8\pi/N$	-44
汉明窗	$8\pi/N$	-53
布拉克曼窗	$12\pi/N$	-74
凯塞窗	$10\pi/N$	-80

必须指出,由于上述函数全是对称的,故可用于设计线性相位 FIR 数字滤波器。

7.2.4 设计步骤与存在问题

综上所述,可得窗函数法设计 FIR 数字滤波器的步骤如下:

(1) 给定要求的频率响应函数 $H_d(e^{j\omega})$。

(2) 用式(7.2.2)计算 $h_d(n)$。

(3) 根据过渡带宽及阻带最小衰减的要求,由表 7.2.1 和表 7.2.2 选定窗的形状及 N 的大小,可通过几次尝试而最后确定下来。

(4) 根据所选择的合适的窗函数 $w(n)$ 按式(7.2.5)来修正 $h_d(n)$,得到所设计的 FIR 数字滤波器的单位采样响应

$$h(n) = w(n)h_d(n), \quad n = 0, 1, \cdots, N-1$$

因此,窗函数法设计的主要工作是计算 $h_d(n)$ 及 $w(n)$,再将它们相乘。

计算中的主要问题是:

(1) 当 $H_d(e^{j\omega})$ 很复杂或不能用它按式(7.2.2)直接算出积分时,就很难得到或根本得不到表达式,这时可用求和代替积分,以便于在计算机上进行计算。将积分限分成 M 段,对 $H_d(e^{j\omega})$ 采样,M 个采样频率点是 $(2\pi/M) \cdot k, k = 0, 1, \cdots, M-1$,于是

$$h_M(n) = \frac{1}{M} \sum_{k=0}^{M-1} H_d(e^{j\frac{2\pi k}{M}}) \cdot e^{j\frac{2\pi kn}{M}} \tag{7.2.11}$$

频域的采样,造成时域序列的周期延拓,延拓周期是 M,即

$$h_M(n) = \sum_{r=-\infty}^{\infty} h_d(n+rM) \tag{7.2.12}$$

因 $h_d(n)$ 可能是无限长序列,因而严格说必须 $M \to \infty$ 时,$h_M(n)$ 才能等于 $h_d(n)$ 而不产生混叠现象,即

$$h_d(n) = \lim_{M \to \infty} h_M(n) \tag{7.2.13}$$

实际上,由于 $h_d(n)$ 随 n 的增加,衰减很快,一般只要 M 足够大,即 $M \gg N$,近似就足够了。这是因为窗只在 $h_M(n)$ 中的 N 点内有值。式(7.2.11)正是 $H_d(k) = H_d(e^{j\frac{2\pi}{M}k})$ 的 M 点离散傅里叶逆变换,因此可用 FFT 来计算,很快得出结果。

(2) 在计算凯塞窗时,对零阶贝塞尔函数 $I_0(x)$ 可用 3.8 节中提到的无穷级数。

$$I_0(x) = 1 + \sum_{k=1}^{\infty} \left[\frac{1}{k!} \left(\frac{x}{2} \right)^k \right]^2$$

这个无穷级数可以用有限项级数去近似,取项的多少取决于所需要的精度。

(3) 窗函数设计法的另一个困难是需要预先确定窗函数的形式和窗的列长 N,以满足预定的频率响应指标,但是这一困难可以利用数字计算机程序,采用试探法来确定而方便地解决。

窗函数大多有封闭公式可循,所以窗函数设计法简单、方便、实用。

【例 7.13】 用窗函数法设计一个 $h(n)$ 偶对称的线性相位 FIR 低通滤波器,给定通带截止频率 $\omega_p = 0.3\pi$,阻带截止频率为 $\omega_{st} = 0.5\pi$,阻带衰减为 $A_s = 40\text{dB}$。

理想低通滤波器的频率响应和单位抽样响应分别为

$$H_d(e^{j\omega}) = \begin{cases} e^{-j\omega\tau}, & 0 \leqslant |\omega| \leqslant \omega_c \\ 0, & \omega_c < |\omega| \leqslant \pi \end{cases}$$

$$h_d(n) = \frac{1}{2\pi}\int_{-\omega_c}^{\omega_c} e^{-j\omega\tau} e^{j\omega n} d\omega = \int_{-\omega_c}^{\omega_c} e^{j\omega(n-\tau)} d\omega$$

$$= \begin{cases} \dfrac{\sin[\omega_c(n-\tau)]}{\pi(n-\tau)}, & n \neq \tau \\ \omega_c/\pi, & n = \tau(\tau \text{ 为整数时}) \end{cases}$$

为满足线性相位，$\tau = (N-1)/2$，设计程序如下。

```python
import numpy as np
from math import pi
from scipy import signal, fft
import matplotlib.pyplot as plt
from matplotlib.ticker import MaxNLocator

# 滤波器参数
wp = 0.3 * pi
ws = 0.5 * pi                          # 通带和阻带截止频率
wc = (wp + ws) / 2
Bt = np.abs(wp - ws)                   # 截止频率和过渡带宽

# 确定汉宁窗
N = np.ceil((6.6 * pi) / Bt) + 1
N = int(N + (N + 1) % 2)               # 滤波器长度点数(取奇数)
wn = signal.windows.hann(N)            # 汉宁窗的 wn 值

# 理想低通滤波器的单位采样响应
t = int((N - 1) / 2)
n1 = np.arange(N)
n1 = np.delete(n1, t)
hd = np.sin(wc * (n1 - t)) / (pi * (n1 - t))
hd = np.insert(hd, t, wc / pi)

# 绘制单位脉冲响应
fig, ax = plt.subplots()
ax.stem(range(N), hd)
ax.set_title('单位脉冲响应')
ax.set_xlabel('n')
ax.set_ylabel('hd(n)')
ax.grid()

# 线性相位 FIR 数字滤波器
h = hd * wn
N0 = N * 1000
He = np.abs(fft.fft(h, N0))
He = He / np.max(He)
Ar = 20 * np.log10(He)
N1 = int(N0 / 2)
f = np.linspace(0, 1, N1)

# 绘制滤波器的幅度响应
```

```
fig, ax = plt.subplots()
ax.plot(f, Ar[:N1])
ax.grid()
ax.set_title('使用汉宁窗设计的 FIR 数字滤波器的幅度响应')
ax.set_xlabel(r' $ \omega / \pi $ ')
ax.set_ylabel(r' $ 20log_{10}| H (e^{j \omega}) | $ ')
ax.set_xlim([0, 1])
ax.set_ylim([-100, 1])                            # 修正 y 轴范围
ax.xaxis.set_major_locator(MaxNLocator(11))
ax.yaxis.set_major_locator(MaxNLocator(11))

plt.rcParams['font.sans-serif'] = ['SimHei']      # 正常显示中文标签
plt.rcParams['axes.unicode_minus'] = False        # 显示负号
fig.savefig('./fir_window1.png', dpi = 500)

plt.show()
```

运行程序,结果如图 7.2.11 所示。

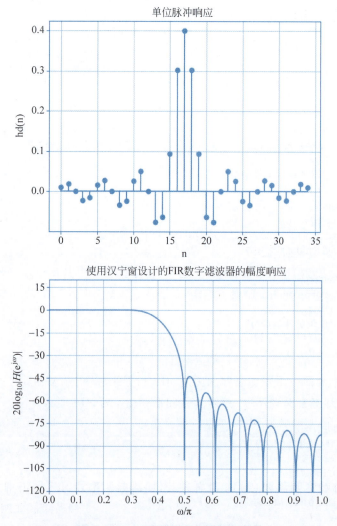

图 7.2.11　FIR 数字滤波器幅度响应

由图 7.2.11 可以看出，各项指标均得到了满足，FIR 数字滤波器设计完成。

【例 7.14】 用窗函数法设计一个 $h(n)$ 偶对称的线性相位 FIR 高通滤波器，给定通带截止频率 $\omega_p = 0.4\pi$，阻带截止频率为 $\omega_{st} = 0.2\pi$，阻带衰减为 $A_s = 50\text{dB}$。

理想高通滤波器的频率响应和单位抽样响应分别为

$$H_d(e^{j\omega}) = \begin{cases} e^{-j\omega\tau}, & \omega_c \leqslant |\omega| \leqslant \pi \\ 0, & 0 \leqslant |\omega| < \omega_c \end{cases}$$

$$h_d(n) = \frac{1}{2\pi}\int_{-\pi}^{-\omega_c} e^{-j\omega\tau} e^{j\omega n} d\omega + \frac{1}{2\pi}\int_{\omega_c}^{\pi} e^{-j\omega\tau} e^{j\omega n} d\omega$$

$$= \begin{cases} -\dfrac{\sin[\omega_c(n-\tau)]}{\pi(n-\tau)}, & n \neq \tau \\ 1 - \omega_c/\pi, & n = \tau (\tau \text{ 为整数时}) \end{cases}$$

为满足线性相位，$\tau = (N-1)/2$，设计程序如下。

```python
import numpy as np
from math import pi
from scipy import signal, fft
import matplotlib.pyplot as plt
from matplotlib.ticker import MaxNLocator

# 滤波器参数
wp = 0.4 * pi
ws = 0.2 * pi                                    # 通带和阻带截止频率
wc = (wp + ws) / 2
Bt = np.abs(wp - ws)                             # 截止频率和过渡带宽

# 确定汉明窗
N = np.ceil((6.6 * pi) / Bt) + 1
N = int(N + (N + 1) % 2)                         # 滤波器长度点数(取奇数)
wn = signal.windows.hamming(N)                   # 汉明窗的 wn 值

# 理想低通滤波器的单位采样响应
t = int((N - 1) / 2)
n1 = np.arange(N)
n1 = np.delete(n1, t)
hd = - np.sin(wc * (n1 - t)) / (pi * (n1 - t))
hd = np.insert(hd, t, (1 - wc / pi))

# 绘制单位脉冲响应
fig, ax = plt.subplots()
ax.stem(range(N), hd)
ax.set_title('单位脉冲响应')
ax.set_xlabel('n')
ax.set_ylabel('hd(n)')
ax.grid()

# 线性相位 FIR 数字滤波器
h = hd * wn
N0 = N * 1000
He = np.abs(fft.fft(h, N0))
He = He / np.max(He)
Ar = 20 * np.log10(He)
```

```
N1 = int(N0 / 2)
f = np.linspace(0, 1, N1)

# 绘制滤波器的幅度响应
fig, ax = plt.subplots()
ax.plot(f, Ar[:N1])
ax.grid()
ax.set_title('使用汉明窗设计的FIR数字滤波器的幅度响应')
ax.set_xlabel('k')
ax.set_ylabel(r'$ 20log_{10}|H(e^{j\omega})| $')
ax.xaxis.set_major_locator(MaxNLocator(11))
ax.yaxis.set_major_locator(MaxNLocator(11))
plt.rcParams['font.sans-serif'] = ['SimHei']      # 用来正常显示中文标签
plt.rcParams['axes.unicode_minus'] = False        # 用来显示负号
plt.show()
```

采用汉明窗设计的FIR数字滤波器幅度响应如图7.2.12所示。

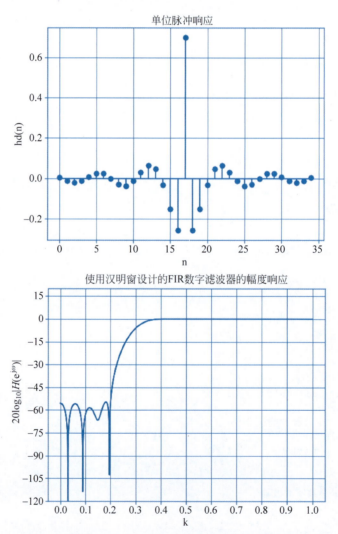

图 7.2.12　FIR 数字滤波器幅度响应

由图 7.2.12 可以看出，各项指标均得到了满足，FIR 数字滤波器设计完成。

【例 7.15】 用窗函数法设计一个 $h(n)$ 偶对称的线性相位 FIR 带通滤波器，给定下阻带截止频率 $f_{st_1}=2\text{kHz}$，上阻带截止频率 $f_{st_2}=6\text{kHz}$，通带下截止频率为 $f_{p_1}=3\text{kHz}$，通带上截止频率为 $f_{p_2}=5\text{kHz}$，阻带最小衰减为 $A_s=55\text{dB}$，抽样频率为 $f_s=20\text{kHz}$。

理想带通滤波器的频率响应和单位抽样响应分别为

$$H_d(e^{j\omega}) = \begin{cases} e^{-j\omega\tau}, & \omega_1 \leqslant |\omega| \leqslant \omega_2 \\ 0, & 0 \leqslant |\omega| < \omega_1, \omega_2 < |\omega| \leqslant \pi \end{cases}$$

$$h_d(n) = \frac{1}{2\pi}\int_{-\omega_2}^{-\omega_1} e^{-j\omega\tau} e^{j\omega n} d\omega + \frac{1}{2\pi}\int_{\omega_1}^{\omega_2} e^{-j\omega\tau} e^{j\omega n} d\omega$$

$$= \begin{cases} \dfrac{\sin[\omega_2(n-\tau)] - \sin[\omega_1(n-\tau)]}{\pi(n-\tau)}, & n \neq \tau \\ (\omega_2 - \omega_1)/\pi, & n = \tau\,(\tau\text{ 为整数时}) \end{cases}$$

为满足线性相位，$\tau=(N-1)/2$，设计程序如下。

```python
import numpy as np
from math import pi
from scipy import signal, fft
import matplotlib.pyplot as plt
from matplotlib.ticker import MaxNLocator

# 滤波器参数
fs = 20000                                        # 抽样频率
wp1 = 2 * pi * 3000 / fs
wp2 = 2 * pi * 5000 / fs                          # 通带截止频率
ws1 = 2 * pi * 2000 / fs
ws2 = 2 * pi * 6000 / fs                          # 阻带截止频率
w1 = (wp1 + ws1) / 2
w2 = (wp2 + ws2) / 2
Bt = np.array([np.abs(wp1 - ws1), np.abs(wp2 - ws2)])
Bt = Bt.min()                                     # 过渡带宽

# 确定布拉克曼窗
N = np.ceil((11 * pi) / Bt) + 1
N = int(N + (N + 1) % 2)                          # 滤波器长度点数(取奇数)
wn = signal.windows.blackman(N)                   # 布拉克曼窗的 wn 值

# 理想低通滤波器的单位采样响应
t = int((N - 1) / 2)
n1 = np.arange(N)
n1 = np.delete(n1, t)
hd = (np.sin(w2 * (n1 - t)) - np.sin(w1 * (n1 - t))) / (pi * (n1 - t))
hd = np.insert(hd, t, (w2 - w1) / pi)

# 绘制单位脉冲响应
fig, ax = plt.subplots()
```

```python
ax.stem(range(N), hd)
ax.set_title('单位脉冲响应')
ax.set_xlabel('n')
ax.set_ylabel('hd(n)')
ax.grid()

# 线性相位FIR数字滤波器
h = hd * wn
N0 = N * 1000
He = np.abs(fft.fft(h, N0))
He = He / np.max(He)
Ar = 20 * np.log10(He)
N1 = int(N0 / 2)
f = np.linspace(0, 1, N1)

# 绘制滤波器的幅度响应
fig, ax = plt.subplots()
ax.plot(f, Ar[:N1])
ax.grid()
ax.set_title('使用布拉克曼窗设计的FIR数字滤波器的幅度响应')
ax.set_xlabel(r'$ \omega / \pi $')
ax.set_ylabel(r'$ 20log_{10}| H(e^{j \omega}) | $')
ax.set_xlim([0, 1])
ax.set_ylim([-100, 1])
ax.xaxis.set_major_locator(MaxNLocator(11))
ax.yaxis.set_major_locator(MaxNLocator(11))
plt.rcParams['font.sans-serif'] = ['SimHei']      # 正常显示中文标签
plt.rcParams['axes.unicode_minus'] = False        # 显示负号
plt.show()
```

采用布拉克曼窗设计的FIR数字滤波器幅度响应如图7.2.13所示。

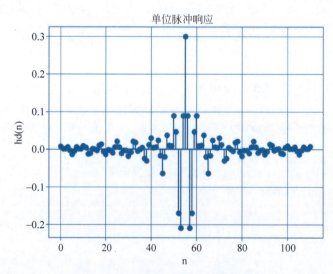

图7.2.13 FIR数字滤波器幅度响应

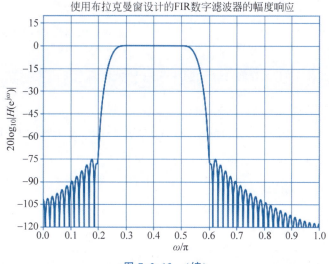

图 7.2.13 （续）

由图 7.2.13 可以看出，各项指标均得到了满足，FIR 数字滤波器设计完成。

【例 7.16】 用窗函数法设计一个 $h(n)$ 偶对称的线性相位 FIR 带阻滤波器，给定阻带下截止频率 $f_{\text{st}_1}=40\,\text{Hz}$，阻带上截止频率 $f_{\text{st}_2}=60\,\text{Hz}$，下通带截止频率为 $f_{\text{p}_1}=15\,\text{Hz}$，上通带截止频率为 $f_{\text{p}_2}=80\,\text{Hz}$，阻带最小衰减为 $A_{\text{s}}=50\,\text{dB}$，抽样频率为 $f_{\text{s}}=250\,\text{Hz}$。

理想带阻滤波器的频率响应和单位抽样响应分别为

$$H_{\text{d}}(\text{e}^{\text{j}\omega})=\begin{cases}\text{e}^{-\text{j}\omega\tau}, & 0\leqslant|\omega|\leqslant\omega_1,\omega_2\leqslant|\omega|\leqslant\pi\\ 0, & \omega_1<|\omega|<\omega_2\end{cases}$$

$$\begin{aligned}h_{\text{d}}(n)&=\frac{1}{2\pi}\int_{-\pi}^{-\omega_2}\text{e}^{-\text{j}\omega\tau}\text{e}^{\text{j}\omega n}\text{d}\omega+\frac{1}{2\pi}\int_{-\omega_1}^{\omega_1}\text{e}^{-\text{j}\omega\tau}\text{e}^{\text{j}\omega n}\text{d}\omega+\frac{1}{2\pi}\int_{\omega_2}^{\pi}\text{e}^{-\text{j}\omega\tau}\text{e}^{\text{j}\omega n}\text{d}\omega\\ &=\begin{cases}\dfrac{\sin[\pi(n-\tau)]-\sin[\omega_2(n-\tau)]+\sin[\omega_1(n-\tau)]}{\pi(n-\tau)}, & n\neq\tau\\ 1-(\omega_2-\omega_1)/\pi, & n=\tau(\tau\text{ 为整数时})\end{cases}\end{aligned}$$

为满足线性相位，$\tau=(N-1)/2$，设计程序如下。

```
import numpy as np
from math import pi
from scipy import signal, fft
import matplotlib.pyplot as plt
from matplotlib.ticker import MaxNLocator

# 滤波器参数
fs = 250                                      # 抽样频率
wp1 = 2 * pi * 15 / fs
wp2 = 2 * pi * 80 / fs                        # 通带截止频率
ws1 = 2 * pi * 40 / fs
ws2 = 2 * pi * 60 / fs                        # 阻带截止频率
w1 = (wp1 + ws1) / 2
w2 = (wp2 + ws2) / 2
Bt = np.array([np.abs(wp1 - ws1), np.abs(wp2 - ws2)])
Bt = Bt.min()                                 # 过渡带宽
```

```python
# 确定汉明窗
N = np.ceil((6.6 * pi) / Bt) + 1        # 滤波器长度点数(取奇数)
N = int(N + (N + 1) % 2)
wn = signal.windows.hamming(N)           # 汉明窗的 wn 值

# 理想低通滤波器的单位采样响应
t = int((N - 1) / 2)
n1 = np.arange(N)
n1 = np.delete(n1, t)
hd = (np.sin(pi * (n1 - t)) - np.sin(w2 * (n1 - t)) + np.sin(w1 * (n1 - t))) / (pi * (n1 - t))
hd = np.insert(hd, t, (1 - ((w2 - w1) / pi)))

# 线性相位 FIR 数字滤波器
h = hd * wn
N0 = N * 1000
He = np.abs(fft.fft(h, N0))
He = He / np.max(He)
Ar = 20 * np.log10(He)
N1 = int(N0 / 2)
f = np.linspace(0, 1, N1)

# 绘制滤波器的幅度响应
fig, ax = plt.subplots()
ax.plot(f, Ar[:N1])
ax.grid()
ax.set_title('使用汉明窗设计的 FIR 数字滤波器的幅度响应')
ax.set_xlabel(r'$ \omega / \pi $')
ax.set_ylabel(r'$ 20log_{10}| H(e^{j \omega}) | $')
ax.set_xlim([0, 1])
ax.set_ylim([-100, 1])
ax.xaxis.set_major_locator(MaxNLocator(11))
ax.yaxis.set_major_locator(MaxNLocator(11))
plt.rcParams['font.sans-serif'] = ['SimHei']   # 正常显示中文标签
plt.rcParams['axes.unicode_minus'] = False     # 显示负号
fig.savefig('./fir_window4.png', dpi=500)
plt.show()
```

用汉明窗设计的 FIR 数字滤波器幅度响应如图 7.2.14 所示。

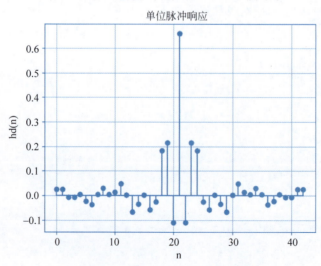

图 7.2.14　FIR 数字滤波器幅度响应

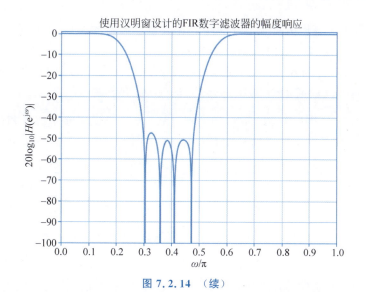

图 7.2.14 （续）

由图 7.2.14 可以看出，各项指标均得到了满足，FIR 数字滤波器设计完成。

7.3 频率采样设计法

7.3.1 设计原理

窗函数法设计的出发点是从时域开始，用窗函数截取理想的 $h_d(n)$ 得 $h(n)$，以有限长 $h(n)$ 近似理想的 $h_d(n)$，这样得到的频率响应 $H(e^{j\omega})$ 逼近于理想的频响 $H_d(e^{j\omega})$。频率采样设计法是从频域出发。因为有限长序列 $h(n)$ 又可用其离散傅里叶变换 $H(k)$ 来唯一确定，$H(k)$ 与所要求的 FIR 数字滤波器系统函数 $H_d(z)$ 之间存在着频率采样关系，即 $H_d(z)$ 在 z 平面单位圆上按角度等分的采样值等于 $H_d(k)$ 的各相应值，就以此 $H_d(k)$ 值作为实际 FIR 数字滤波器频率特性的采样值 $H(k)$，或者说 $H(k)$ 正是所要求的频率响应 $H_d(e^{j\omega})$ 的 N 个等间隔的采样值。这就是

$$H(k) = H_d(k) = H_d(z)\Big|_{z=e^{j\frac{2\pi}{N}k}} \tag{7.3.1}$$

或

$$H(k) = H_d(k) = H_d(e^{j\omega})\Big|_{\omega=\frac{2\pi k}{N}}, \quad k=0,1,\cdots,N-1 \tag{7.3.2}$$

而由式(5.3.6)得

$$H(z) = \frac{(1-z^{-N})}{N} = \sum_{k=0}^{N-1} \frac{H(k)}{1-W_N^{-k}z^{-1}} \tag{7.3.3}$$

或由式(3.5.9)和式(3.5.10)得到

$$H(e^{j\omega}) = \sum_{k=0}^{N-1} H(k) \phi\left(\omega - k\frac{2\pi}{N}\right)$$

$$= \frac{1}{N} e^{-j\frac{N-1}{2}\omega} \sum_{k=0}^{N-1} H(k) e^{-j\frac{k\pi}{N}} \frac{\sin\frac{N\omega}{2}}{\sin\left(\frac{\omega}{2} - \frac{\pi k}{N}\right)} \tag{7.3.4}$$

上述分析提供了直接由频域出发设计 FIR 数字滤波器的途径,即按照给定的滤波器频率响应特性指标 $H_d(e^{j\omega})$(或说 $H_d(z)$),在 z 平面单位圆上等角度采样得 $H(k)$。据所得的 $H(k)$,由式(7.3.3)与式(7.3.4)可以求出所设计的滤波器的系统函数 $H(z)$ 或频率响应 $H(e^{j\omega})$。这个 $H(z)$ 或 $H(e^{j\omega})$ 将逼近于 $H_d(z)$ 或 $H_d(e^{j\omega})$。

下文分析 $H(e^{j\omega})$ 逼近于 $H_d(e^{j\omega})$ 的情况。式(7.3.4)说明除了线性相位因子 $e^{-j\frac{N-1}{2}\omega}$ 外,滤波器频率响应是频率采样值与以下内插函数的线性组合。

$$S(\omega,k) = \frac{1}{N} e^{-j\frac{\pi k}{N}} \frac{\sin\left(\frac{\omega N}{2}\right)}{\sin\left(\frac{\omega}{2} - \frac{\pi k}{N}\right)} = \frac{1}{N} e^{-j\frac{\pi k}{N}} \frac{\sin\left[N\left(\frac{\omega}{2} - \frac{\pi k}{N}\right)\right]}{\sin\left(\frac{\omega}{2} - \frac{\pi k}{N}\right)} (-1)^k \quad (7.3.5)$$

这样,在各频率采样点上,实际滤波器的频率响应是严格地和所要求的滤波器的频率响应一致的,即 $H(e^{j\frac{2\pi}{N}k}) = H_d(e^{j\frac{2\pi}{N}k})$,逼近误差等于零。但在采样点之间的频率响应是由各采样点的内插函数的延伸叠加形成,其逼近误差是有限的。误差的大小取决于频率响应曲线的圆滑程度和采样点的密度。频率响应曲线越圆滑,误差越小;采样点数越多,即采样频率越高,误差越小。图 7.3.1 表示所要求的频率响应 $H_d(e^{j\omega})$ 及由频率采样的连续内插所得到的 $H(e^{j\omega})$,黑圆点表示采样值。

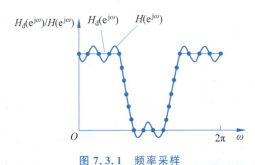

图 7.3.1 频率采样

频率采样设计法特别适用于设计窄带选频滤波器。因为这时非零值 $H(k)$ 的个数很少,因而计算量小。这种方法也有很大缺点,当 ω_c 不是 $2\pi/N$ 的整倍数时,而各 $H(k)$ 的 k 值只能取 $2\pi/N$ 的整数倍的值,所以不能确保 ω_c 的准确取值。要想实现精确的截止频率值 ω_c,N 必须足够大,计算量也就很大。

应该指出,本节所讨论的频率采样法设计与本章前面所讨论的频率采样型结构并不完全是一回事,然而两者的理论根据都是第 3 章所介绍的频率采样理论。应用频率采样理论建立的 FIR 数字滤波器的结构,对于任何 FIR 系统函数都能适用。而频率采样设计法,只是应用频率采样理论来设计 FIR 数字滤波器的系统函数,并不涉及滤波器的结构。它所设计的系统函数,既可采用频率采样结构,也可采用直接型结构,或其他结构实现。

7.3.2 线性相位约束条件

当要设计线性相位 FIR 数字滤波器时,其采样值 $H(k)$ 的幅度和相位一定要满足在表 7.1.1 中所归纳的约束条件。

如对第一类线性相位滤波器,即 $h(n)$ 为偶对称,N 为奇数时,由表 7.1.1 第一栏得

$$H(\mathrm{e}^{\mathrm{j}\omega}) = H(\omega)\mathrm{e}^{-\mathrm{j}\frac{N-1}{2}\omega} \tag{7.3.6}$$

其中幅度函数 $H(\omega)$ 应为偶对称，即

$$H(\omega) = H(2\pi - \omega) \tag{7.3.7}$$

对 $H(\mathrm{e}^{\mathrm{j}\omega})$ 在 $0 \sim 2\pi$ 之间等间隔采样 N 点，得到 $H(k)$

$$H(k) = H(\mathrm{e}^{\mathrm{j}\omega})\Big|_{\omega = \frac{2\pi}{N}k}, \quad k = 0, 1, \cdots, N-1 \tag{7.3.8}$$

将 $H(k)$ 写成幅度 H_k（纯标量）和相位 θ_k 的形式

$$H(k) = H_k \mathrm{e}^{\mathrm{j}\theta_k}$$

则由式(7.3.6)可得

$$\theta_k = -\left(\frac{N-1}{2}\right)\frac{2\pi}{N}k = -k\pi\left(1 - \frac{1}{N}\right) \tag{7.3.9}$$

由式(7.3.7) H_k 必须满足偶对称

$$H_k = H_{N-k} \tag{7.3.10}$$

对于 $h(n)$ 为偶对称，N 为偶数的情况，由表 7.1.1 第二栏知，其相位约束仍为式(7.3.9)的条件，但幅度函数是奇对称的，$H(\omega) = -H(2\pi - \omega)$，所以这时也应满足奇对称要求

$$H_k = -H_{N-k} \tag{7.3.11}$$

其他两类线性相位 FIR 数字滤波器的设计，同样要遵循幅度和相位的相应约束。

7.3.3 过渡带采样的优化设计

为了提高频率采样设计法的逼近质量，使得逼近误差更小，可以使某些频率采样点不受限制，然后用计算机运算找出这些不受限制变量的最佳值。通常可选择不受限制的频率采样点位于过渡带，这和窗函数设计法的想法是一样的。通过"自由"选择过渡带的频率采样值，增加了过渡带，但减小了频带边沿两采样点间的突变，也就减小了起伏振荡，增加了止带最小衰减。这些采样点上取值不同，效果也将不同。由式(7.3.5)可知，每个频率采样值 $H(k)$，都要产生一个与常数 $\sin(N\omega/2)/\sin(\omega/2)$ 成正比，并且在频率轴上位移 $k\pi/N$ 的频率响应，而 FIR 数字滤波器的频率响应就是 $H(k)$ 与内插函数 $S(\omega, k)$ 的线性组合。如果精心设计过渡带的采样值，从这些频率采样值算出的内插值 $\pm H(k)\mathrm{e}^{-\mathrm{j}(k\pi/N)} \times [\sin N(\omega/2 - k\pi/N)]/\sin(\omega/2 - k\pi/N)$ 就有可能对它的相邻频带(即通、阻带)提供良好的波纹消除，设计出较好的滤波器来。一般在过渡带取一、二或三点采样值即可得到满意结果。阻带衰减在不加过渡带采样时为 $-20\mathrm{dB}$ 左右，在过渡带加一点采样时为 $-44\mathrm{dB} \sim -54\mathrm{dB}$，加二点采样时为 $-65\mathrm{dB} \sim -75\mathrm{dB}$，而加三点采样则为 $-85\mathrm{dB} \sim -95\mathrm{dB}$。

为求出不受限制的频率采样值 $H(k)$ 的最佳值，需要写出一组满足最优化要求的数学方程。下文从简单的例子入手，引出一般结果。

图 7.3.2 表示频率采样法设计滤波器的典型技术条件。图中域 1 和域 2 两个频带的频率响应是给定的，黑点表示选定的频率采样值。过渡带的频率采样值以 T_1 和 T_2 表示，在图中没有确定，其值由最佳求解决定。

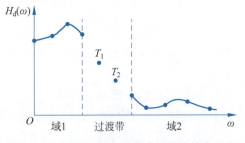

图 7.3.2 频率采样法设计滤波器的技术要求

图 7.3.2 只画出了频率采样值的一半,要使脉冲响应 $h(n)$ 是实数,频率采样值 $H(k)$ 必须是以中心对称的复共轭序列。同时 $H(k)$ 的位置,如前所述还要进一步受限,才能得到线性相位的 FIR 数字滤波器。

按式(7.3.4)和式(7.3.5),$H(e^{j\omega})$ 可表示成

$$H(e^{j\omega}) = e^{-j\frac{N-1}{2}\omega} \sum_{k=0}^{kM} H(k) S(\omega, k) = e^{-j\frac{N-1}{2}\omega} H(\omega) \quad (7.3.12)$$

式中

$$H(\omega) = \sum_{k=0}^{kM} H(k) S(\omega, k) \quad (7.3.13)$$

$H(\omega)$ 是滤波器的幅度响应,是实数。$kM+1$ 是规定的需要的频率采样数。式(7.3.12)中的线性相位项 $e^{-j\frac{N-1}{2}\omega}$ 在滤波器的设计中可以不加考虑,图 7.3.2 所对应的 $H(\omega)$ 可简化为

$$H(\omega) = B(\omega) + T_1 A_1(\omega) + T_2 A_2(\omega) \quad (7.3.14)$$

$B(\omega)$ 为所有固定频率取样值对 $H(\omega)$ 提供的部分;$A_1(\omega)$ 和 $A_2(\omega)$ 表示幅度为 T_1 和 T_2 的不受限制的频率取样值对 $H(\omega)$ 提供的部分。

为了求解未知的频率采样值,应写出域 1 和域 2 的约束方程。

(1) $|H(\omega) - H_d(\omega)| \leqslant \varepsilon$,$\omega$ 在域 1 中,这里 ε 是规定的容限。

(2) 确定 $\{T_1, T_2\}$,使 $|H(\omega) - H_d(\omega)|$ 的最大值为最小,ω 在域 2 中。可写为

极小化,极大 $|H(\omega) - H_d(\omega)| \{T_1, T_2\} \{\omega$ 在域 2 中$\}$

另一组可能的约束是

极小化,极大 $|W(e^{j\omega})[H(\omega) - H_d(\omega)]| \{T_1, T_2\} \{\omega$ 在域 1 和域 2 中$\}$

这里 $W(e^{j\omega})$ 是频率响应逼近误差的加权函数,是已知的。

利用式(7.3.14)在一组较密的频率 ω 上计算每个约束方程的值,就能把上述第一组约束表示为以下不等式

$$\left. \begin{array}{l} T_1 A_1(\omega_m) + T_2 A_2(\omega_m) \leqslant \varepsilon - B(\omega_m) + H_d(\omega_m) \\ -T_1 A_1(\omega_m) - T_2 A_2(\omega_m) \leqslant \varepsilon + B(\omega_m) - H_d(\omega_m) \end{array} \right\} \omega_m \text{ 在域 1 中}$$

$$\left. \begin{array}{l} T_1 A_1(\omega_m) + T_2 A_2(\omega_m) - T_3 \leqslant -B(\omega_m) + H_d(\omega_m) \\ -T_1 A_1(\omega_m) - T_2 A_2(\omega_m) - T_3 \leqslant B(\omega_m) - H_d(\omega_m) \end{array} \right\} \omega_m \text{ 在域 2 中}$$

式中 T_3 表示域 2 内最大的逼近误差。同样,第二组约束也可写成变量 T_1、T_2 和 T_3 的线性不等式组,上述不等式方程组可以用线性规划法求解。

7.3.4 频率采样的两种方法

频率采样法设计滤波器的基本依据是在环绕单位圆的 N 个等间隔点上规定一组所要求的频率响应采样值。频率点的采样方式可有 Ⅰ 型频率采样和 Ⅱ 型频率采样两种类型。

1. 线性相位的 Ⅰ 型频率采样

Ⅰ 型的频率采样值为

$$H(k) = H_d(z) \Big|_{z = e^{j\frac{2\pi}{N}k}} = H_d(e^{j\omega}) \Big|_{\omega = \frac{2\pi k}{N}}, \quad k = 0, 1, \cdots, N-1 \quad (7.3.15)$$

采样点频率为 $f_k = k/N, k = 0, 1, \cdots, N-1$。它对应于计算 N 点 DFT 所用的 N 个频率。I 型设计的起始点在 $f = 0$，即 $z = e^{j0°}$ 处，它可分为偶数和奇数两种情况，如图 7.3.3 所示。

I 型频率采样时的频率响应为

$$H(e^{j\omega}) = \frac{e^{-j\frac{\omega(N-1)}{2}}}{N} \sum_{k=0}^{N-1} H(k) e^{-j\frac{\pi k}{N}} \frac{\sin\left(\frac{N\omega}{2}\right)}{\sin\left(\frac{\omega}{2} - \frac{\pi k}{N}\right)} \qquad (7.3.16)$$

在线性相位滤波器的情况下有 $(N-1)/2$ 个采样点的延迟，按线性相位频率响应关系式，将频率采样 $H(k)$ 表示成幅度响应 $|H(k)|$ 及相位响应 $\theta(k)$ 的形式，即

$$H(k) = |H(k)| e^{j\theta(k)} \quad k = 0, 1, \cdots, N-1 \qquad (7.3.17)$$

$$H(k) = \sum_{n=0}^{N-1} h(n) e^{-j\frac{2\pi}{N}nk}$$

当 $h(n)$ 为实数时，$H(k) = H^*(N-k)$
由此得出

$$|H(k)| = |H(N-k)| \quad k = \frac{N+1}{2}, \cdots, N-1 \qquad (7.3.18)$$

$$\theta(k) = -\theta(N-k) \qquad (7.3.19)$$

也即 $H(k)$ 的模 $|H(k)|$ 以 $k = (N/2)$ 为对称中心呈偶对称，$H(k)$ 的相角 $\theta(k)$ 以 $k = (N/2)$ 为对称中心呈奇对称。再利用线性相位条件 $\theta(\omega) = -[(N-1)/2]\omega$，即可得到

当 N 为奇数时得

$$\theta(k) = \begin{cases} -\frac{2\pi}{N}k\left(\frac{N-1}{2}\right), & k = 0, \cdots, \frac{N-1}{2} \\ \frac{2\pi}{N}(N-k)\left(\frac{N-1}{2}\right), & k = \frac{N+1}{2}, \cdots, N-1 \end{cases} \qquad (7.3.20)$$

当 N 为偶数时得

$$\theta(k) = \begin{cases} -\frac{2\pi}{N}k\left(\frac{N-1}{2}\right), & k = 0, 1, \cdots, \left(\frac{N}{2} - 1\right) \\ \frac{2\pi}{N}(N-k)\left(\frac{N-1}{2}\right), & k = \left(\frac{N}{2} + 1\right), \cdots, N-1 \\ 0, & k = \frac{N}{2} \end{cases} \qquad (7.3.21)$$

$$H\left(\frac{N}{2}\right) = 0 \qquad (7.3.22)$$

式(7.3.22)说明单位脉冲响应的列长 N 为偶数时的线性相位滤波器，在 $\omega = \pi$ 处，$H(e^{j\omega}) = 0$，这和上文讨论是一致的。

当 N 为奇数时，利用式(7.3.20)，可将式(7.3.17)写成

$$H(k) = \begin{cases} |H(k)| e^{-j\frac{2\pi}{N}k\frac{N-1}{2}}, & k = 0, 1, \cdots, \frac{N-1}{2} \\ |H(k)| e^{j\frac{2\pi}{N}(N-k)\frac{N-1}{2}}, & k = \frac{N+1}{2}, \cdots, N-1 \end{cases} \qquad (7.3.23)$$

将式(7.3.23)代入式(7.3.16)得

$$H(e^{j\omega}) = e^{-j\omega\frac{N-1}{2}} \frac{\sin\left(\frac{\omega N}{2}\right)}{N} \left[\sum_{k=0}^{\frac{N-1}{2}} \frac{|H(k)| e^{-j\frac{2\pi}{N}k\frac{N-1}{2}} e^{-j\frac{\pi}{N}k}}{\sin\left(\frac{\omega}{2} - \frac{\pi}{N}k\right)} + \sum_{k=\frac{N+1}{2}}^{N-1} \frac{|H(k)| e^{j\frac{2\pi}{N}(N-k)\left(\frac{N-1}{2}\right)} e^{-j\frac{\pi}{N}k}}{\sin\left(\frac{\omega}{2} - \frac{\pi}{N}k\right)} \right]$$

$$= e^{-j\omega\frac{N-1}{2}} \frac{\sin\left(\frac{\omega N}{2}\right)}{N} \left[\sum_{k=0}^{\frac{N-1}{2}} \frac{|H(k)| e^{-jk\pi}}{\sin\left(\frac{\omega}{2} - \frac{\pi}{N}k\right)} + \sum_{k=\frac{N+1}{2}}^{N-1} \frac{|H(k)| e^{j(N-1-k)\pi}}{\sin\left(\frac{\omega}{2} - \frac{\pi}{N}k\right)} \right]$$

对方括弧内第二项进行变量代换：$l = N - k$，并利用式(7.3.18)可得

$$\sum_{k=\frac{N+1}{2}}^{N-1} \frac{|H(k) e^{j(N-1-k)\pi}|}{\sin\left(\frac{\omega}{2} - \frac{\pi}{N}k\right)} = \sum_{l=1}^{\frac{N-1}{2}} \frac{|H(N-l)| e^{j(l-1)\pi}}{\sin\left[\frac{\omega}{2} - \frac{\pi}{N}(N-l)\right]} = \sum_{l=1}^{\frac{N-1}{2}} \frac{|H(l)| e^{jl\pi}}{\sin\left[\frac{\omega}{2} + \frac{\pi}{N}l\right]}$$

故有

$$H(e^{j\omega}) = \frac{e^{-j\omega\frac{N-1}{2}} \sin\left(\frac{\omega N}{2}\right)}{N} \left[\frac{H(0)}{\sin\frac{\omega}{2}} + \sum_{k=1}^{\frac{N-1}{2}} \frac{|H(k)| e^{-jk\pi}}{\sin\left(\frac{\omega}{2} - \frac{\pi}{N}k\right)} + \sum_{k=1}^{\frac{N-1}{2}} \frac{|H(k)| e^{jk\pi}}{\sin\left(\frac{\omega}{2} + \frac{\pi}{N}k\right)} \right]$$

利用欧拉公式及三角恒等式可得

$$H(e^{j\omega}) = e^{-j\omega\frac{N-1}{2}} \left\{ \frac{|H(0)| \sin\left(\frac{\omega N}{2}\right)}{N \sin\frac{\omega}{2}} + \right.$$

$$\left. \sum_{k=1}^{\frac{N-1}{2}} \frac{|H(k)|}{N} \left[\frac{\sin\left[N\left(\frac{\omega}{2} - \frac{\pi}{N}k\right)\right]}{\sin\left(\frac{\omega}{2} - \frac{\pi}{N}k\right)} + \frac{\sin\left[N\left(\frac{\omega}{2} + \frac{\pi}{N}k\right)\right]}{\sin\left(\frac{\omega}{2} + \frac{\pi}{N}k\right)} \right] \right\} \quad (7.3.24)$$

当 N 为偶数时，利用式(7.3.21)和式(7.3.22)可将式(7.3.17)写成

$$H(k) = \begin{cases} |H(k)| e^{-j\left(\frac{2\pi}{N}\right)k\left(\frac{N-1}{2}\right)}, & k = 0, 1, \cdots, \left(\frac{N}{2} - 1\right) \\ 0, & k = \frac{N}{2} \\ |H(k)| e^{j\left(\frac{2\pi}{N}\right)(N-k)\left(\frac{N-1}{2}\right)}, & k = \left(\frac{N}{2} + 1\right), \cdots, N-1 \end{cases} \quad (7.3.25)$$

经过类似于 N 为奇数时的推导，可得 N 为偶数的 Ⅰ 型线性相位滤波器设计公式为

$$H(e^{j\omega}) = e^{-j\omega\frac{N-1}{2}} \left\{ \frac{|H(0)| \sin\left(\frac{\omega N}{2}\right)}{N \sin\frac{\omega}{2}} + \right.$$

$$\left. \sum_{k=1}^{\frac{N-1}{2}} \frac{|H(k)|}{N} \left[\frac{\sin\left[N\left(\frac{\omega}{2} - \frac{\pi k}{N}\right)\right]}{\sin\left(\frac{\omega}{2} - \frac{\pi k}{N}\right)} + \frac{\sin\left[N\left(\frac{\omega}{2} + \frac{\pi k}{N}\right)\right]}{\sin\left(\frac{\omega}{2} + \frac{\pi k}{N}\right)} \right] \right\} \quad (7.3.26)$$

2. 线性相位的Ⅱ型频率采样

Ⅱ型的频率采样值为

$$H(k) = H_d(z)\Big|_{z=e^{j\frac{2\pi}{N}(k+\frac{1}{2})}}$$
$$= H_d(e^{j\omega})\Big|_{\omega=\frac{2\pi(k+\frac{1}{2})}{N}} \quad k=0,1,2,\cdots,N-1 \quad (7.3.27)$$

采样点频率是 $f_k = (k+1/2)/N$。若频率采样点之间的角度是 $\theta = 1/N$，则Ⅱ型设计的起点在 $f = \theta/2$，即 $z = e^{j\frac{\pi}{N}}$。Ⅱ型采样亦可分为偶数和奇数两种情况，如图7.3.3所示。

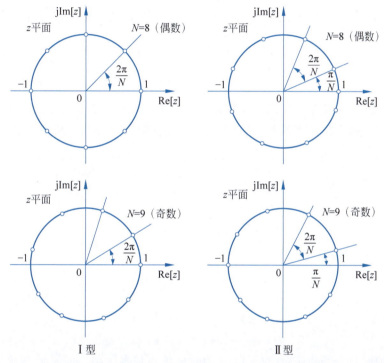

图 7.3.3 z 平面单位圆上按等分角度采样的 4 种可能情况

Ⅱ型频率采样方式的重要性在于它使设计方法更加灵活。若给定的频带边界频率距Ⅱ型频率采样点比Ⅰ型的近，则把Ⅱ型的设计用于最优化处理。一旦得出了各型滤波器的实函数 $H(\omega)$［式(7.3.13)］，两种设计都能用来获得滤波器系数。

由式(7.3.27)可以得到频率采样值 $H(k)$ 同滤波器的单位采样响应 $h(n)$ 的关系为

$$H(k) = \sum_{n=0}^{N-1} h(n) e^{j\left(\frac{2\pi}{N}\right)n\left(k+\frac{1}{2}\right)} = \sum_{n=0}^{N-1} \underbrace{h(n) e^{-j\frac{n\pi}{N}}}_{g(n)} \cdot e^{-j\frac{2\pi}{N}kn}$$

可以得出 $H(k)$ 是序列 $g(n) = h(n) e^{-j\left(\frac{n\pi}{N}\right)}$ 的 DFT，所以 $g(n)$ 是 $H(k)$ 的逆 DFT，即

$$g(n) = h(n) e^{-j\left(\frac{n\pi}{N}\right)} = \frac{1}{N} \sum_{k=0}^{N-1} H(k) e^{j\frac{2\pi}{N}nk}$$

或

$$h(n) = \frac{1}{N} \sum_{k=0}^{N-1} H(k) e^{j\left(\frac{2\pi}{N}\right)n\left(k+\frac{1}{2}\right)} \quad (7.3.28)$$

对 $h(n)$ 取 z 变换，即得 II 型设计的 FIR 数字滤波器的系统函数为

$$H(z) = \sum_{n=0}^{N-1} h(n) z^{-n} = \sum_{n=0}^{N-1} \left[\frac{1}{N} \sum_{k=0}^{N-1} H(k) e^{j\left(\frac{2\pi}{N}\right) n \left(k + \frac{1}{2}\right)} \right] z^{-n}$$

$$= \sum_{n=0}^{N-1} \frac{H(k)}{N} \sum_{k=0}^{N-1} \left[e^{j\left(\frac{2\pi}{N}\right) n \left(k + \frac{1}{2}\right)} z^{-n} \right] = \sum_{k=0}^{N-1} \frac{H(k)(1 - e^{j2\pi\left(k + \frac{1}{2}\right)}) z^{-N}}{N(1 - e^{j\frac{2\pi}{N}\left(k + \frac{1}{2}\right)} z^{-1})}$$

$$= \frac{1 + z^{-N}}{N} \sum_{k=0}^{N-1} \frac{H(k)}{1 - z^{-1} e^{j\frac{2\pi}{N}\left(k + \frac{1}{2}\right)}} \tag{7.3.29}$$

在式(7.3.29)中令 $z = e^{j\omega}$，并简化之，即得 II 型设计的 FIR 数字滤波器的频率响应

$$H(e^{j\omega}) = e^{-j\omega \frac{N-1}{2}} \frac{\cos\left(\frac{\omega N}{2}\right)}{N} \left\{ \sum_{k=0}^{N-1} \frac{H(k) e^{-j\frac{\pi}{N}\left(k + \frac{1}{2}\right)}}{j \sin\left[\frac{\omega}{2} - \frac{\pi}{N}\left(k + \frac{1}{2}\right)\right]} \right\} \tag{7.3.30}$$

对于 II 型设计，在线性相位滤波器的情况下，[有 $(N-1)/2$ 个采样点的延迟]，按线性相位频率响应关系式，将频率采样 $H(k)$ 表示成幅度响应 $|H(k)|$ 及相位响应 $\theta(k)$ 的形式，即

$$H(k) = |H(k)| e^{j\theta(k)}, \quad k = 0, 1, 2, \cdots, N-1$$

而

$$H(k) = \sum_{n=0}^{N-1} h(n) e^{-j\frac{2\pi}{N}(k+1/2)n}$$

当 $h(n)$ 是实数时，满足

$$H(k) = H^*(N - 1 - k)$$

也即

$$|H(k)| = |H(N - 1 - k)|$$
$$\theta(k) = -\theta(N - 1 - k)$$

此时，$H(k)$ 的模 $|H(k)|$ 以 $k = (N-1)/2$ 为对称中心呈偶对称，$H(k)$ 的相角 $\theta(k)$ 以 $k = (N-1)/2$ 为对称中心呈奇对称。再利用线性相位条件 $\theta(\omega) = -[(N-1)/2]\omega$ 即可得到：

当 N 为奇数时

$$\theta(k) = \begin{cases} -\frac{2\pi}{N}\left(k + \frac{1}{2}\right)\frac{N-1}{2}, & k = 0, 1, \cdots, \frac{N-3}{2} \\ 0, & k = \frac{N-1}{2} \\ \frac{2\pi}{N}\left(N - k - \frac{1}{2}\right)\frac{N-1}{2}, & k = \frac{N+1}{2}, \cdots, N-1 \end{cases} \tag{7.3.31}$$

$$H(k) = \begin{cases} |H(k)| e^{-j\frac{2\pi}{N}\left(k + \frac{1}{2}\right)\left(\frac{N-1}{2}\right)}, & k = 0, 1, \cdots, \frac{N-3}{2} \\ \left|H\left(\frac{N-1}{2}\right)\right|, & k = \frac{N-1}{2} \\ |H(k)| e^{j\frac{2\pi}{N}\left(N - k - \frac{1}{2}\right)\left(\frac{N-1}{2}\right)}, & k = \frac{N+1}{2}, \cdots, N-1 \end{cases} \tag{7.3.32}$$

因此

$$H(e^{j\omega}) = e^{-j\omega\frac{N-1}{2}}\left\{\frac{\left|H\left(\frac{N-1}{2}\right)\right|\cos\left(\frac{\omega N}{2}\right)}{N\cos\left(\frac{\omega}{2}\right)} + \right.$$

$$\sum_{k=0}^{\frac{N-3}{2}} \frac{|H(k)|}{N}\left[\frac{\sin\left\{N\left[\frac{\omega}{2}-\frac{\pi}{N}\left(k+\frac{1}{2}\right)\right]\right\}}{\sin\left[\frac{\omega}{2}-\frac{\pi}{N}\left(k+\frac{1}{2}\right)\right]} + \right.$$

$$\left.\left.\frac{\sin\left\{N\left[\frac{\omega}{2}+\frac{\pi}{N}\left(k+\frac{1}{2}\right)\right]\right\}}{\sin\left[\frac{\omega}{2}+\frac{\pi}{N}\left(k+\frac{1}{2}\right)\right]}\right]\right\} \quad (7.3.33)$$

当 N 为偶数时有

$$\theta(k) = \begin{cases} -\frac{2\pi}{N}\left(k+\frac{1}{2}\right)\frac{N-1}{2}, & k=0,1,\cdots,\frac{N}{2}-1 \\ \frac{2\pi}{N}\left(N-k-\frac{1}{2}\right)\frac{N-1}{2}, & k=\frac{N}{2},\cdots,N-1 \end{cases} \quad (7.3.34)$$

$$H(k) = \begin{cases} |H(k)|e^{-j\frac{2\pi}{N}(k+\frac{1}{2})(\frac{N-1}{2})}, & k=0,1,\cdots,\frac{N}{2}-1 \\ |H(k)|e^{j\frac{2\pi}{N}(N-k-\frac{1}{2})(\frac{N-1}{2})}, & k=\frac{N}{2},\cdots,N-1 \end{cases} \quad (7.3.35)$$

因此

$$H(e^{j\omega}) = e^{-j\omega\frac{N-1}{2}}\left\{\sum_{k=0}^{\frac{N}{2}-1}\frac{|H(k)|}{N}\left[\frac{\sin\left\{N\left[\frac{\omega}{2}-\frac{\pi}{N}\left(k+\frac{1}{2}\right)\right]\right\}}{\sin\left[\frac{\omega}{2}-\frac{\pi}{N}\left(k+\frac{1}{2}\right)\right]} + \frac{\sin\left\{N\left[\frac{\omega}{2}+\frac{\pi}{N}\left(k+\frac{1}{2}\right)\right]\right\}}{\sin\left[\frac{\omega}{2}+\frac{\pi}{N}\left(k+\frac{1}{2}\right)\right]}\right]\right\} \quad (7.3.36)$$

式(7.3.24)、式(7.3.26)、式(7.3.33)和式(7.3.36)都可在最优化设计线性相位 FIR 数字滤波器中使用。N 选偶数还是奇数,用Ⅰ型还是Ⅱ型设计,这要由使用者选择,并且主要取决于待设计的滤波器。

【例 7.17】 设计一个低通数字滤波器,其理想频率特性是矩形的

$$|H_d(e^{j\omega})| = \begin{cases} 1, & 0 \leqslant \omega \leqslant \omega_c \\ 0, & \text{其他} \end{cases} \quad (7.3.37)$$

并已知 $\omega_c = 0.5\pi$,采样点数为奇数,$N=33$,要求滤波器具有线性相位特性。

图 7.3.4 表示指标要求的矩形频率特性,并画出以 $N=33$ 进行采样所得的 $H(k)$ 序列(用粗黑点表示)。理想低通滤波器特性曲线是对称于 $\omega=\pi$ 的,值得研究的是 $0 \leqslant \omega \leqslant \pi$ 区间。$\pi \leqslant \omega \leqslant 2\pi$ 即 $17 \leqslant k \leqslant 32$ 的图形略去不画。截止频率 $\omega_c = 0.5\pi$ 处在 $\omega = 16\pi/33 \sim 17\pi/33$ 之间。

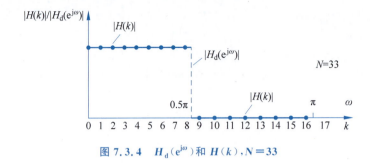

图 7.3.4 $H_d(e^{j\omega})$ 和 $H(k)$，$N=33$

【例 7.18】 采用频率采样法设计例 7.17 所示的低通滤波器。

```python
import numpy as np
import matplotlib.pyplot as plt
from scipy.fft import ifft
from scipy.signal import freqz

# 设计参数
N = 33                                          # 滤波器阶数
Wc = 0.5 * np.pi                                # 截止频率

# 计算采样点
alpha = (N - 1) / 2
l = np.arange(N)
wl = (2 * np.pi / N) * l
kt = int(N * Wc / (2 * np.pi))

# 理想频率响应
Hrs = np.concatenate((np.ones(kt + 1), np.zeros(N - 2 * kt - 1), np.ones(kt)))

# 线性相位响应的角度部分
k1 = np.arange(0, int((N - 1) / 2) + 1)
k2 = np.arange(int((N - 1) / 2) + 1, N)
angH = np.concatenate((-alpha * (2 * np.pi) / N * k1, alpha * (2 * np.pi) / N * (N - k2)))

# 计算复数频率响应
H = Hrs * np.exp(1j * angH)

# IFFT 得到滤波器系数
h = np.real(ifft(H, N))

# 计算频率响应
w, H_freq = freqz(h, worN = 8000)

# 绘图
plt.figure(figsize = (12, 8))

# 理想频率响应图
plt.subplot(2, 2, 1)
# plt.plot(wl[:alpha + 1] / np.pi, Hrs[:alpha + 1], 'o')
plt.plot(wl[:int(round(alpha)) + 1] / np.pi, Hrs[:int(round(alpha)) + 1], 'o')

plt.plot([0, Wc / np.pi, Wc / np.pi, 1], [1, 1, 0, 0], 'r')  # 绘制理想矩形窗函数
```

```python
plt.title('Ideal Frequency Response')
plt.xlabel('Normalized Frequency ( × π rad/sample)')
plt.ylabel('Amplitude')
plt.grid(True)

# 滤波器系数图
plt.subplot(2, 2, 2)
plt.stem(l, h, use_line_collection = True)
plt.title('Filter Coefficients')
plt.xlabel('Sample Number')
plt.ylabel('Amplitude')
plt.grid(True)

# 实际频率响应幅度图
plt.subplot(2, 2, 3)
plt.plot(w / np.pi, np.abs(H_freq))
# plt.plot(wl[:alpha + 1] / np.pi, Hrs[:alpha + 1], 'o', label = 'Ideal') # 叠加理想频率响应点

alpha_int = (N - 1) // 2                           # 使用整数除法得到 alpha 的整数部分
plt.plot(wl[:alpha_int + 1] / np.pi, Hrs[:alpha_int + 1], 'o', label = 'Ideal')
                                                    # 叠加理想频率响应点
plt.title('Actual Frequency Response Magnitude')
plt.xlabel('Normalized Frequency ( × π rad/sample)')
plt.ylabel('Magnitude')
plt.legend()
plt.grid(True)

# 实际频率响应分贝图
plt.subplot(2, 2, 4)
plt.plot(w / np.pi, 20 * np.log10(np.abs(H_freq)))
plt.title('Actual Frequency Response in dB')
plt.xlabel('Normalized Frequency ( × π rad/sample)')
plt.ylabel('Amplitude (dB)')
plt.grid(True)
plt.ylim( - 110, 10)

# 显示图形
plt.tight_layout()
plt.show()
```

运行程序,结果如图 7.3.5 所示。

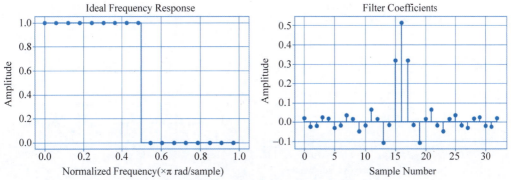

图 7.3.5　频率采样法设计低通滤波器设计结果

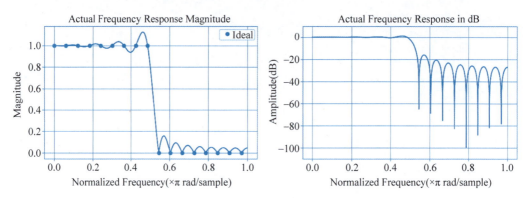

图 7.3.5 （续）

按 I 型频率采样方式设计，这时 $N=33$

$$|H(k)|=\begin{cases}1, & 0\leqslant \operatorname{Int}\left[\dfrac{N\omega_c}{2\pi}\right]=\dfrac{N-1}{4}\\ 0, & \operatorname{Int}\left[\dfrac{N\omega_c}{2\pi}\right]+1\leqslant k\leqslant \dfrac{N-1}{2}\end{cases}$$

将这些具体数值代入式(7.3.24)，即有

$$H(e^{j\omega})=e^{-j16\omega}\left\{\dfrac{\sin\left(\dfrac{33}{2}\omega\right)}{33\sin\dfrac{\omega}{2}}+\sum_{k=1}^{8}\left[\dfrac{\sin\left[33\left(\dfrac{\omega}{2}-\dfrac{k\pi}{33}\right)\right]}{33\sin\left(\dfrac{\omega}{2}-\dfrac{k\pi}{33}\right)}+\dfrac{\sin\left[33\left(\dfrac{\omega}{2}+\dfrac{k\pi}{33}\right)\right]}{33\sin\left(\dfrac{\omega}{2}+\dfrac{k\pi}{33}\right)}\right]\right\}$$

按此式计算 $20\log_{10}|H(e^{j\omega})|$ 的结果如图 7.3.5 所示，在阻带内的零采样点处衰减是无限的。由图可见在 $16\pi/33$ 到 $18\pi/33$ 之间有一个平滑的过渡区。但是最小的阻带衰减略小于 20dB，对大多数应用场合来说，这种滤波器不能令人满意。

为改善滤波器频率特性，满足指标要求，如在设计原理中所述，可在通带和阻带的交界处安排一个或几个不等于零也不等于 1 的采样值。本例在采样点 $k=9$ 处取 $|H(9)|=0.5$，而不为零，则得到如图 7.3.6 所示的结果。这相当于把指标要求的频率响应曲线边缘处圆滑了一些，降低了矩形特性的要求。过渡带加宽了一倍左右，最小阻带衰减也显著地加大了。这种做法是牺牲了过渡带指标要求，换取了阻带特性的改善。

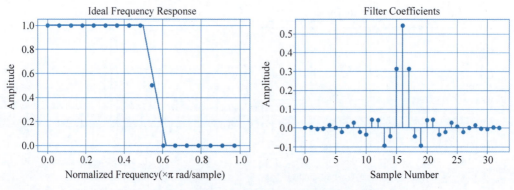

图 7.3.6　增加 1 个过渡点采样非零值及其影响

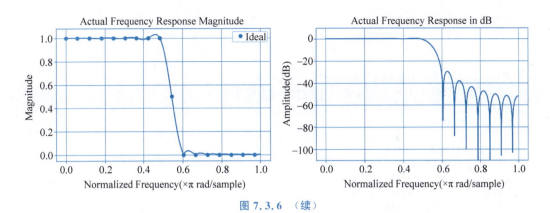

图 7.3.6 （续）

【例 7.19】 实现上文所述增加 1 个过渡点采样非零值后的设计。

```
import numpy as np
import matplotlib.pyplot as plt
from scipy.fft import ifft
from scipy.signal import freqz

# 设计参数
N = 33                                          # 滤波器阶数
Wc = 0.5 * np.pi                                # 截止频率

# 计算采样点
alpha = (N - 1) / 2
l = np.arange(N)
wl = (2 * np.pi / N) * l
kt = int(N * Wc / (2 * np.pi))

# 理想频率响应
Hrs = np.concatenate((np.ones(kt + 1), np.zeros(N - 2 * kt - 1), np.ones(kt)))

# 引入过渡带的要求
Hrs[9] = 0.5
Hrs[24] = 0.5

# 线性相位响应的角度部分
k1 = np.arange(0, int((N - 1) / 2) + 1)
k2 = np.arange(int((N - 1) / 2) + 1, N)
angH = np.concatenate((-alpha * (2 * np.pi) / N * k1, alpha * (2 * np.pi) / N * (N - k2)))

# 计算复数频率响应
H = Hrs * np.exp(1j * angH)

# IFFT 得到滤波器系数
h = np.real(ifft(H, N))

# 计算频率响应
w, H_freq = freqz(h, worN=8000)

# 绘图
plt.figure(figsize=(12, 8))

# 理想频率响应图
```

```python
plt.subplot(2, 2, 1)
plt.plot(wl[:int(round(alpha)) + 1] / np.pi, Hrs[:int(round(alpha)) + 1], 'o')
plt.plot([0, Wc / np.pi, Wc / np.pi + 2/N, Wc / np.pi + 4/N, 1], [1, 1, 0.5, 0, 0], 'r')
                                                        # 绘制理想矩形窗函数
plt.title('Ideal Frequency Response')
plt.xlabel('Normalized Frequency (×π rad/sample)')
plt.ylabel('Amplitude')
plt.grid(True)

# 滤波器系数图
plt.subplot(2, 2, 2)
plt.stem(l, h, use_line_collection = True)
plt.title('Filter Coefficients')
plt.xlabel('Sample Number')
plt.ylabel('Amplitude')
plt.grid(True)

# 实际频率响应幅度图
plt.subplot(2, 2, 3)
plt.plot(w / np.pi, np.abs(H_freq))
alpha_int = (N - 1) // 2                                # 使用整数除法得到 alpha 的整数部分
plt.plot(wl[:alpha_int + 1] / np.pi, Hrs[:alpha_int + 1], 'o', label = 'Ideal')
                                                        # 叠加理想频率响应点
plt.title('Actual Frequency Response Magnitude')
plt.xlabel('Normalized Frequency (×π rad/sample)')
plt.ylabel('Magnitude')
plt.legend()
plt.grid(True)

# 实际频率响应分贝图
plt.subplot(2, 2, 4)
plt.plot(w / np.pi, 20 * np.log10(np.abs(H_freq)))
plt.title('Actual Frequency Response in dB')
plt.xlabel('Normalized Frequency (×π rad/sample)')
plt.ylabel('Amplitude (dB)')
plt.grid(True)
plt.ylim(-110, 10)

# 显示图形
plt.tight_layout()
plt.show()
```

如果还要得到进一步阻带衰减,可再添上第二个不等于1也不等于零的采样。若 N 保持不变,则使过渡区又加宽一倍,但得到了更大的阻带衰减。如果不允许增大过渡带宽,而又希望阻带衰减的指标得到改善,则必须采用既插进非零值 $|H(k)|$,又增多采样点数 N 的办法。例如同样是 $\omega_c=0.5\pi$ 的低通滤波器,以 $N=65$ 进行采样,并在 $k=17$ 和 $k=18$ 处插进两个非零采样值 $|H(17)|=0.5886$ 和 $|H(18)|=0.1065$(它们非常接近于最优化解),则其结果如图 7.3.7 所示。由图可见,其过渡带带宽比 $N=33$,只有一个过渡区的非零采样值的过渡带带宽要稍窄一些,而阻带的衰减却可达 60dB 以上。然而 N 值增大,计算量必然增大,这就是改善滤波器性能时所付出的代价。

【例 7.20】 实现上文所述增加 2 个过渡点采样非零值后的设计。

```python
import numpy as np
import matplotlib.pyplot as plt
```

```python
from scipy.fft import ifft
from scipy.signal import freqz

# 设计参数
N = 65                                          # 滤波器阶数
Wc = 0.5 * np.pi                                # 截止频率

# 计算采样点
alpha = (N - 1) / 2
l = np.arange(N)
wl = (2 * np.pi / N) * l
kt = int(N * Wc / (2 * np.pi))

# 理想频率响应
Hrs = np.concatenate((np.ones(kt + 1), np.zeros(N - 2 * kt - 1), np.ones(kt)))

# 引入过渡带的要求
Hrs[17] = 0.5886
Hrs[18] = 0.1065

Hrs[47] = 0.1065
Hrs[48] = 0.5886

# 线性相位响应的角度部分
k1 = np.arange(0, int((N - 1) / 2) + 1)
k2 = np.arange(int((N - 1) / 2) + 1, N)
angH = np.concatenate((-alpha * (2 * np.pi) / N * k1, alpha * (2 * np.pi) / N * (N - k2)))

# 计算复数频率响应
H = Hrs * np.exp(1j * angH)

# IFFT 得到滤波器系数
h = np.real(ifft(H, N))

# 计算频率响应
w, H_freq = freqz(h, worN = 8000)

# 绘图
plt.figure(figsize = (12, 8))

# 理想频率响应图
plt.subplot(2, 2, 1)
plt.plot(wl[:int(round(alpha)) + 1] / np.pi, Hrs[:int(round(alpha)) + 1], 'o')
plt.plot([0, Wc / np.pi, Wc / np.pi + 2/N, Wc / np.pi + 4/N, Wc / np.pi + 6/N, 1], [1, 1, 0.5886, 0.1065, 0, 0], 'r')           # 绘制理想矩形窗函数
plt.title('Ideal Frequency Response')
plt.xlabel('Normalized Frequency ( × π rad/sample)')
plt.ylabel('Amplitude')
plt.grid(True)

# 滤波器系数图
plt.subplot(2, 2, 2)
plt.stem(l, h, use_line_collection = True)
plt.title('Filter Coefficients')
plt.xlabel('Sample Number')
```

```python
plt.ylabel('Amplitude')
plt.grid(True)

# 实际频率响应幅度图
plt.subplot(2, 2, 3)
plt.plot(w / np.pi, np.abs(H_freq))
alpha_int = (N - 1) // 2      # 使用整数除法得到 alpha 的整数部分
plt.plot(wl[:alpha_int + 1] / np.pi, Hrs[:alpha_int + 1], 'o', label = 'Ideal')
                              # 叠加理想频率响应点
plt.title('Actual Frequency Response Magnitude')
plt.xlabel('Normalized Frequency (×π rad/sample)')
plt.ylabel('Magnitude')
plt.legend()
plt.grid(True)

# 实际频率响应分贝图
plt.subplot(2, 2, 4)
plt.plot(w / np.pi, 20 * np.log10(np.abs(H_freq)))
plt.title('Actual Frequency Response in dB')
plt.xlabel('Normalized Frequency (×π rad/sample)')
plt.ylabel('Amplitude (dB)')
plt.grid(True)
plt.ylim(-110, 10)

# 显示图形
plt.tight_layout()
plt.show()
```

运行程序,结果如图 7.3.7 所示。

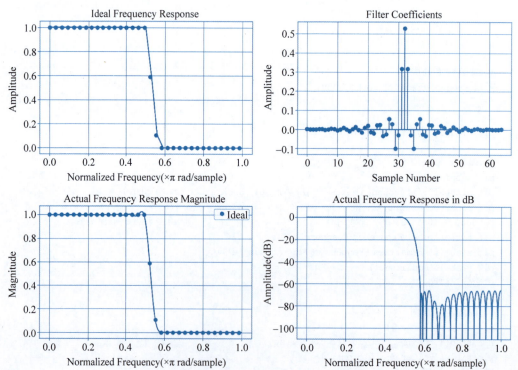

图 7.3.7　增加 2 个过渡点采样非零值及其影响

7.4 习题

1. 设某 FIR 数字滤波器的系统函数为

$$H(z) = \frac{1}{10}(1 + 2z^{-1} + 4z^{-2} + 2z^{-3} + z^{-4})$$

试求 $H(e^{j\omega})$ 的振幅响应和相位响应,并求出 $h(n)$ 的表示式,画出该滤波器的直接结构和线性相位结构形式。

2. 用矩形窗口法设计 FIR 线性相位低通数字滤波器。

已知:$\omega_c = 0.5\pi$,$N = 21$,画出 $h_d(n)$ 和 $20\log_{10}|H(e^{j\omega})|$ 曲线。

参 考 文 献

[1] Oppenheim A. V.,Schafer. R. W.,Back J. R. 离散时间信号处理. 刘树棠,黄建国,译. 2版. 西安:西安交通大学出版社,2001.
[2] 周利清,苏菲,罗仁泽. 数字信号处理基础[M]. 3版. 北京:北京邮电大学出版社,2012.
[3] 程佩青. 数字信号处理教程[M]. 5版. 北京:清华大学出版社,2017.
[4] 胡广书. 数字信号处理:理论、算法与实现[M]. 3版. 北京:清华大学出版社,2012.
[5] 陈怀琛. 数字信号处理教程——MATLAB释义与实现[M]. 3版. 北京:电子工业出版社,2013.
[6] 姚天任,孙洪. 现代数字信号处理[M]. 武汉:华中科技大学出版社,2018.
[7] 陶然,张惠去,王越. 多抽样率数字信号处理理论及其应用[M]. 北京:清华大学出版社,2007.
[8] 陈后金,薛健,胡健,等. 数字信号处理[M]. 北京:高等教育出版社,2018.
[9] 张学智,张峰,石现峰. 数字信号处理原理及应用[M]. 北京:电子工业出版社,2012.
[10] 郑南宁,程进. 数字信号处理[M]. 北京:清华大学出版社,2007.
[11] Allen B. Downey. Think DSP:Digital Signal Processing in Python[M]. O'Reilly Media,Inc,USA. 2016.
[12] Phillip D. Brooker. Programming With Python For Social Scientists[M]. SAGE Publications. 2019.
[13] Ivan Vasilev,Daniel Slater,Gianmario Spacagna,et al. Python Deep Learning Second Edition[M]. Packt Publishing. 2019.
[14] 黄永祥. 精通Python自动化编程[M]. 北京:机械工业出版社,2021.
[15] 李金. 自学Python:编程基础、科学计算及数据分析[M]. 2版. 北京:机械工业出版社,2022.